Aus dem Amerikanischen
von Helmut Mennicken

James Trefil

Physik im Strandkorb

Von Wasser, Wind und Wellen

Wunderlich

Die Originalausgabe erschien 1984 unter dem Titel
«A Scientist at the Seashore» bei Macmillan
Publishing Company, New York

Umschlag- und Einbandgestaltung
Bernhard Kunkler

1. Auflage März 1991

Illustratorin Gloria Walters
Gesetzt aus der Times (Linotronic 500)
Gesamtherstellung Clausen & Bosse, Leck
Printed in Germany
ISBN 3 8052 0504 X

James Trefil
Physik im Strandkorb
Von Wasser, Wind und Wellen

Inhalt

Einleitung

Zusätzlich zu ihrer Fähigkeit, das Verhalten aller Gegenstände – von den Galaxien bis hin zu den Elektronen – zu beschreiben und vorauszusagen, bietet uns die Physik eine einzigartige Sicht der Welt. Der Begriff des Naturgesetzes spielt in der Sichtweise eines Physikers eine zentrale Rolle. Ist die Periode der Wirren, die die Geburt einer neuen Wissenschaft begleitet, erst einmal vorüber, so rechnet der Physiker damit, ein Bündel grundlegender Regelmäßigkeiten zu finden, die im untersuchten Bereich Bestand haben. Isaac Newton zum Beispiel faßte im Jahr 1687 die Prinzipien der Mechanik (der Zweig der Wissenschaft, der sich mit der Bewegung materieller Systeme beschäftigt) in drei Bewegungsgesetzen zusammen. Alles, was mit Bewegung zu tun hat – von den Planetenbahnen bis zum Fall eines Apfels –, wird mit diesen drei einfachen Gesetzen beschrieben. Im 19. Jahrhundert wurden zwei weitere Naturbereiche auf eine entsprechende Weise erklärt: die Wärme (durch drei Gesetze der Thermodynamik) sowie die Elektrizität und der Magnetismus (durch vier Maxwellsche Gleichungen genannte Gesetze). In diesem Jahrhundert wurden die Gravitation (ein allgemeines Prinzip der Relativität) und die Quantenmechanik (vier oder fünf grundlegende Postulate, je nachdem, von welcher Seite aus man die laufenden Debatten betrachtet) der Liste der Bereiche hinzugefügt.

Aus diesen Entwicklungen sollte man folgendes lernen: Wenn alles, was in der Welt geschieht, aufgrund nur einiger weniger Naturgesetze organisiert werden kann, dann müssen viele anscheinend verschiedene Erscheinungen miteinander in Beziehung stehen. Und tatsächlich ist die Welt, so wie die Physiker sie sehen, wie ein großes, beziehungsreich miteinander verwobenes Spinnennetz. Beginnt man mit dem, was unseren Sinnen sofort zugänglich ist, so wird dieses Spinnennetz, je länger wir ihm folgen, immer enger, bis schließlich jeder Faden an einem der obengenannten großen physikalischen Prinzipien endet.

Aus dieser Sicht auf die Natur kann eine wichtige Folgerung gezogen werden. Wenn jede Erscheinung, der wir begegnen, uns letzten Endes zu einem der allgemeinen Gesetze führt, dann ist es gleich, wo wir beginnen. *Alles* kann als Ausgangspunkt für eine Erkundung des Funktionierens der materiellen Welt dienen. Man braucht nicht in einem Labor zu beginnen, da im eigentlichen Sinn die ganze Welt ein einziges Physiklabor ist. Diese Wahrheit ist so wichtig, daß sich dieses Buch ausschließlich der Erkundung eines Ortes widmet, und zwar dem Strand als dem Schlüssel zum grundlegenden Funktionieren des Universums.

Ebbe und Flut, so werden wir erkennen, hängen damit zusammen, daß niemand von der Erdoberfläche aus die Rückseite des Mondes sehen kann und die Gezeiten auch mit der Suche nach neuen Planeten im Sonnensystem verknüpft sind – eine Suche, die sogar heute noch nicht abgeschlossen ist. Wellen und Brandung sind mit neuen Kommunikationstechnologien und mit der Erforschung des früheren Erdklimas verbunden. Etwas so Kurzlebiges und Belangloses wie eine Seifenblase veranlaßt uns, die Kräfte zu betrachten, die einen Atomkern zusammenhalten. Sogar ein gewöhnliches Segelboot kann uns etwas erzählen und lehren. Bei jedem Törn finden wir eine erneute Bestätigung des schönen und eleganten Begriffs vom Naturgesetz.

Bevor wir nun zum Strand hinuntergehen, möchte ich noch etwas zur Sehweise des Physikers sagen, die in diesem Buch anzutreffen ist. Vermutlich wird zuerst auffallen, daß sämtliche Gegenstände, die ich als Grundlage für meine Ausführungen ausgesucht habe, unbewegliche Dinge sind – Wellen, Sand, Steine und so weiter. Dies kommt nicht etwa daher, daß ich wildlebende Pflanzen und Tiere am Strand nicht sehe oder nicht mag. Ganz im Gegenteil. Doch als Physiker kann ich darüber nichts Ungewöhnliches aussagen. Weder habe ich eine zoologische oder botanische Ausbildung genossen, mit deren Hilfe ich das Netz erkennen könnte, das Sandkrebse und Möwen miteinander verbindet, noch verfüge ich über mehr als ein laienhaftes Wissen darüber, aus welchen Gründen sie so geworden sind, wie sie sind. Daher muß ich mich auf die Themen beschränken, bei denen meine eigene Spezialausbildung von Nutzen ist. Ich kann also nur Emersons altem Ausspruch folgen: «Erzähl uns, was du weißt.»

Der zweite Punkt, den ich ansprechen möchte, hat mit einer Haltung zu tun, der ich manchmal bei Menschen begegne, mit denen ich über wissenschaftliche Vorstellungen diskutiere. Sie behaupten, irgendwie beeinträchtige es die Wertschätzung der Schönheit einer Sache, wenn wir erfahren, wie sie funktioniere. Ich erinnere mich besonders an das Buch eines Autors, den ich als Student im höheren Semester las. Er zitierte einige Zeilen von Keats über die Schönheit der Sonnenstrahlen auf dem Wasser und stellte sie einer Textstelle in einem Buch über Hydrodynamik gegenüber, die etwas über die Bildung von kleinen Wellen aussagte. Ich muß zugeben, daß mich dieses Beispiel eines non sequitur verwirrte, besonders da ich das Buch am Ufer des Lagunita-Sees auf dem Campus von Stanford las, an dem ich für gewöhnlich in meiner Mittagspause las und mich an den Sonnenstrahlen auf dem Wasser erfreute. Doch von persönlichen Gefühlen einmal abgesehen, habe ich nie verstehen können, wieso etwas dadurch an Schönheit verliert, daß ich es verstehe. Versteht man das Verhalten von Licht, so bedeutet das doch nicht, daß dadurch die Schönheit eines Gemäldes von Botticelli geschmälert würde. Versteht man die Rolle von Zug- und Druckbelastung in der Architektur einer Kathedrale, so wird das Herumwandeln darin doch um keinen Deut weniger unwiderstehlich. In meinen Augen ermöglicht ein tieferes Verständnis eine reichhaltigere Erfahrung. Da macht der Strand – vielleicht der angenehmste Aufenthaltsort in der Natur – keine Ausnahme. Ein Forscher, der über den Sand spaziert, sieht dort dieselben Dinge, die jedermann dort sehen kann. Die Tatsache, daß er mehr weiß über einige Teile dessen, was er sieht, mindert weder das Vermögen der Wertschätzung noch die Qualität seiner Freude.

Mit dieser Zusicherung möchte ich Sie einladen, mit mir an meinen Lieblingsstrand zu kommen, wobei Sie lernen werden, Ihre Erfahrung, die Sie teilweise mit meinen Augen erleben, gründlicher zu würdigen.

James Trefil
Charlottesville, Virginia

1 All das viele Wasser

Kleine Tropfen Wasser,
kleine Körner Sand
bilden den großen Ozean
und das schöne Land.

Julia Carney,
Kleine Dinge

Ich stehe am Saum meines Lieblingsstrands und sehe aufs Wasser hinaus. Das ist einer der ungewöhnlichsten Ausblicke, den das Universum für uns bereithält: den auf riesige Wassermengen in flüssigem Zustand. Zudem blicke ich auf ein Wasser, das seit Millionen Jahren mehr oder weniger in seinem jetzigen Zustand existiert.

Die Ozeane der Erde werden erst seit kurzem als einzigartige Erscheinungen wahrgenommen. Wer Science-fiction-Literatur gelesen hat, erinnert sich lebhaft an die «Kanäle auf Mars» und die «Sümpfe auf Venus». Vor weniger als einem Vierteljahrhundert gingen die besten wissenschaftlichen Annahmen über die Beschaffenheit unserer Nachbarplaneten noch davon aus, daß es dort riesige Wassermengen gebe. Die weißen Polkappen auf Mars deuteten auf eine so niedrige Temperatur hin, daß das Wasser sich nicht mehr in flüssigem Zustand befinden kann, so daß man annahm, es sei in Eisflächen eingeschlossen. Die Wolkendecke auf Venus hindert uns zwar daran, einen Blick auf ihre Oberfläche zu werfen, jedoch nicht, uns den Planeten als eine übergroße Ausgabe der

Everglades vorzustellen, jenes Sumpfgebiets an der Südspitze Floridas. In beiden Fällen war unsere Ansicht über die Nachbarplaneten von der Erwartung bestimmt, daß das auf der Erde so reichlich vorhandene Wasser im übrigen Sonnensystem ebenso reichlich vorhanden sein müsse.

Das amerikanische Forschungsprogramm zur Erkundung der Planeten hat viele unserer Sichtweisen auf das Sonnensystem und seine Umgebung verändert. Das neue Konzept vom «Raumschiff Erde» hat revolutionäre Veränderungen in unseren Ansichten über die Erde zur Folge gehabt und uns das Gefühl vermittelt, welch einzigartiges Gefühl es ist, ein Erdling zu sein.

Im Gefolge der kopernikanischen Revolution hat der Mensch gelernt, die Erde als einen Planeten zu betrachten – und zwar als einen unter vielen, die um die Sonne kreisen. Sir Isaac Newton entwickelte das Bild von einem Universum, in dem die Erde von denselben Gesetzen der Physik, die überall gelten, geformt und bestimmt wird. Es mag einem daher sehr überraschend erscheinen, daß diese Gesetze einen Planeten geschaffen haben, der sich von seinen Nachbarn so radikal unterscheidet, obwohl auf der Erde dieselben Gesetze wie anderswo gelten. Nirgendwo wird dieser Unterschied augenfälliger als in der Existenz der Ozeane.

Die Viking-Raumsonden zum Mars haben uns Fotos von einer dürren, leblosen Oberfläche zur Erde gefunkt; die Polkappen stellten sich als gefrorenes Kohlendioxid (Trockenschnee) heraus. Proben ergaben nichts, das nicht auf der Grundlage gewöhnlicher chemischer Reaktionen erklärt werden könnte – sollte dort Wasser vorhanden sein, so ist es tief im Boden eingeschlossen. Auf eine ähnliche Weise weiß man inzwischen vom Planeten Venus mit seiner Oberflächentemperatur von 427° Celsius, daß er viel zu heiß ist, um Wasser führen zu können. Unter allen Körpern unseres Sonnensystems kommen nur auf der Erde Ozeane vor. Wenn die Menschen sich von der Erdoberfläche wegzubewegen beginnen und im nächsten Jahrhundert die ersten ständigen außerirdischen Unterkünfte gebaut werden, dann ist die seit alters her geschätzte Wohltat eines Spaziergangs am Strand für unsere raumfahrenden Nachkommen längst zu einer Angelegenheit vergangener Zeiten geworden.

Also stellen die Ozeane der Erde uns vor ein Rätsel. Was ist denn – angesichts derselben Naturgesetze, die überall im Sonnensystem gelten – an unserem Planeten so besonders, daß nur wir das Privileg haben, über große Massen flüssigen Wassers an seiner Oberfläche zu verfügen? Welches sind die einzigartigen Kennzeichen, die die Erde von allen anderen Planeten unterscheidet, obwohl hier dieselben Gesetze gelten wie anderswo auch?

Um dieses Rätsel zu lösen, müssen wir zwei verschiedene Kernfragen beantworten: Wie kommt die Erde überhaupt zu einer solch großen Menge Wassers, und, nachdem es vorhanden war, wie hat sie es gestaut? Die erste dieser beiden Fragen setzt ein Verständnis für die Entstehung der Erde voraus; die zweite betrifft die Evolution der Erde und ihrer Atmosphäre.

Wir wissen, daß die Planeten und die Sonne sich in einem einzigen Vorgang gebildet haben, bei dem eine Wolke wirbelnder Gase sich unter dem Einfluß der eigenen Schwerkraft langsam zusammengezogen hat. Wie von diesem Bild angenommen werden darf, muß der größte Körper im Sonnensystem sich im Zentrum befinden, wo sich die größte Gasmenge sammelt. Dieser Körper ist der Stern, den wir Sonne nennen. Im Kern der Sonne wurde die von den sich zersetzenden Gasen erzeugte Wärme schließlich so groß, daß sich die Reaktion der Kernfusion in Gang setzte. Bei der hohen Temperatur im Sonnen-Kern verwandeln sich die Wasserstoffatome in Helium, und die bei dieser Reaktion freigesetzte Wärme, die vom Kern nach außen drängte, stabilisierte zeitweilig die Sonne gegen einen weiteren Zusammenbruch. Diese «zeitweilige» Stabilisierung hat bisher 4,5 Milliarden Jahre angehalten und wird in Zukunft über eine ähnliche Zeitspanne hinweg andauern. In jenem Augenblick, da die Sonne ihren bei der ursprünglichen Kontraktion zusammengerafften Brennstoffvorrat ganz aufgebraucht hat, stirbt sie.

Außerhalb der Sonne lief im Sonnensystem ein anderer Vorgang ab – ein Vorgang, den wir noch nicht bis ins kleinste Detail verstehen. Einzelne Gasmassen, die sich zu schnell drehten, um in die Ur-Sonne zu fallen und deshalb auf einer Umlaufbahn verharrten, begannen sich zu verbinden und bildeten Massenansammlungen nach genau demselben Schwerkraftmechanismus, der zur

Entstehung der Sonne geführt hatte. In Entfernungen von der Sonne, die nun die Umlaufbahnen der Planeten kennzeichnen, begannen sich solche Gasmassen zusammenzuschließen. Soviel wir wissen, lief dieser Vorgang willkürlich ab. Irgendwo innerhalb dieser dünnen, rotierenden Wolke fanden sich ein paar Atome nahe genug beieinander. Die vergrößerte Anziehungskraft dieser Ansammlung von Atomen zog noch weitere Atome an, die ihrerseits die Anziehungskraft wiederum vergrößerten. Es fällt nicht schwer sich vorzustellen, daß dieser Vorgang schließlich zur Konzentration einer maximalen Masse an einem Punkt innerhalb eines bestimmten Gebiets führte.

So hat man sich eine Zeitlang die Entstehung der Erde vorgestellt: ein zufälliges Ereignis war Anlaß zu einem Zusammenbruch, bis alle verfügbare Materie in einem einzigen Körper zusammengefegt war. Im letzten Jahrzehnt allerdings ist diese Vorstellung verfeinert worden. Die besten zur Zeit angebotenen Theorien beschreiben die Entstehung unseres Planeten als einen Vorgang in zwei Schritten. Zuerst fand der oben beschriebene Zusammenbruch durch Anziehung statt, bei dem kleine, sternartige Körper – sogenannte kleine meteorähnliche Körper – gebildet wurden, von denen einige so groß sind wie $\frac{1}{500}$ der Erdmasse. Diese kleinen meteorähnlichen Körper begannen dann zusammenzustoßen und sich zu den größeren Planetenkörpern zusammenzuschließen. Die auf die Oberfläche der anwachsenden Erde herabprasselnden Körper erzeugten so große Wärmemengen, daß die schwereren Elemente wie Eisen sich zum Zentrum hin bewegten. In diesem Sinn ist die Erde tatsächlich mit einem Eisenkern geboren.

Als der Planet noch ziemlich klein war, nahm ein anderer interessanter physikalischer Vorgang seinen Anfang. Schlägt irgendwo ein Meteor ein, so bleibt Substanz hängen und einiges wird durch den Aufprall ins All zurückgeschleudert. Einiges von dieser zurückgeschleuderten Substanz bewegt sich noch so schnell, daß sie wieder auf eine Umlaufbahn gelangt, anderes wird schließlich vom Planeten angezogen. Je geringer die Dichte der Substanz, um so wahrscheinlicher ist ihr Entwischen. Die Erde hat also in den frühen Stadien ihrer Entstehung schweres Material angehäuft und leichtere Substanzen (wie Silizium und Wasser) auf einer Umlaufbahn um die Sonne belassen.

Als die Erde sich jedoch ihrer heutigen Größe annäherte, wurde es dank der ständig zunehmenden Schwerkraft für Trümmer immer schwieriger zu entwischen. Zu jener Zeit bestanden die überwiegenden Substanzen in der Umgebung der Erdumlaufbahn aus Trümmern früherer Ansammlungen und waren deshalb hauptsächlich aus leichteren Elementen zusammengesetzt. Die Erde fegte durch diese Substanzen und fing die Massen etwa so ein, wie die Windschutzscheibe bei der Autofahrt an einem Sommernachmittag Insekten einfängt. Das Silizium, aus dem der Sand am Strand besteht, wie auch das Wasser der Ozeane, wurde der Erde in dieser letzten Phase der Anwachsens hinzugefügt. Jedes Sandkorn oder jeder Wassertropfen ist daher wahrscheinlich mehr als einmal im Laufe seiner Geschichte im All gewesen.

Die Entstehung der Erde aus kleinen, meteorähnlichen Körpern und die der Sonne aus dem Volumen der ursprünglichen Gaswolken verlief gleichzeitig und nahm einige hundert Millionen Jahre in Anspruch. Zu jener Zeit, da die Erde ihre jetzige Größe erreichte, setzte die Fusionsreaktion in der Sonne ein. Dies war kein sanfter Vorgang, sondern kann mit dem Kaltstart eines Automotors an einem Wintermorgen verglichen werden. Die Sonne stotterte, stockte und hatte eine Weile lang Fehlzündungen – eine Situation, die Astronomen bei der Sternenevolution als *T Tauri*-Zustand bezeichnen. Bei jedem Ausbruch der Sonne entwichen starke Partikelströme. Diese Partikel fegten die übriggebliebenen Gase aus dem inneren Sonnensystem hinaus und gaben ihm seine heutige Gestalt. Wäre die Erde bei ihrer Entstehung mit dem Geschenk einer gebrauchsfertigen Atmosphäre bedacht worden, so wäre sie zu jener Zeit hinweggejagt worden, und die frühe Erde hätte als schwankende Kugel weder Luft noch Wasser an ihrer Oberfläche gehabt.

Doch wenn all das Wasser in der Atmosphäre durch die Ausbrüche der Sonne aus dem Sonnensystem hinausgeblasen worden ist, woher stammen dann die Ozeane? Die Antwort, so paradox sie auch erscheinen mag, lautet, daß sie aus dem Erdinnern kommen. Die äußere Schicht des Planeten war mit leichten Substanzen angereichert, darunter auch Wasser, das mit hinweggefegt wurde. Die neue Welt war ein turbulenter Ort, mit Vulkanen und Erdbeben und anderen Arten von Aktivitäten, die wir heute tektonische nennen. Jedesmal wenn ein Vulkan oder ein Geysir ausbrach, trat Substanz (in erster Linie Wasserdampf, jedoch mit Gasen aller Arten vermischt) aus dem Erdinnern in die neue Atmosphäre. Ein solcher Vorgang einer Freisetzung flüchtiger Stoffe wird Entgasung genannt. Während einer relativ kurzen Zeitperiode – etwa 100 Millionen Jahre lang – wurden auf diese Weise genügend flüchtige Substanzen freigesetzt, um die Ozeane zu bilden und der Erde eine Atmosphäre zu geben. Es war allerdings keine Atmosphäre, so wie wir sie kennen; es gab fast keinen ungebundenen Sauerstoff, sondern vielmehr eine Ansammlung von Gasen, die durch die Schwerkraft an der Oberfläche des Planeten gehalten wurden und deshalb den Namen einer Atmosphäre verdienen.

In der Frühzeit ihrer Geschichte, vielleicht fast von Anfang an, fiel die Temperatur der Erde unter 100° Celsius, und das Wasser kondensierte zu den Ozeanen, wie wir sie heute kennen. Das bedeutet nicht, daß unsere heutigen Ozeane vor 4,5 Milliarden Jahren entstanden sind – weit gefehlt. Daraús ergibt sich lediglich, daß die riesigen Wassermengen, die wir mit den Ozeanen in Verbindung bringen, innerhalb einiger hundert Millionen Jahre nach Entstehung der Erde vorhanden waren. Wie im nächsten Kapitel beschrieben, ist die gegenwärtige Struktur der Ozeane eher neueren Datums, der Atlantik etwa ist nur 165 Millionen Jahre alt.

Das Gewicht der geologischen Beweise verweist auf eine weitere verblüffende Tatsache über die frühen Ozeane. Die Wassermenge der Ozeane hat sich seit ihrer Entstehung nicht nennenswert verändert. Die Wassermasse der Ozeane (etwa 10^{24} g) entspricht heute mehr oder weniger der Wassermasse in der Erdkruste zu dem Zeitpunkt, als die Entgasung einsetzte. Zudem können wir die Geschwindigkeit schätzen, mit der heutzutage Wasser verbraucht wird. Das Wassermolekül ist zu schwer, um sich einfach aus der Anziehungskraft der Erde zu lösen, doch Wassermoleküle in der Luft spalten sich gelegentlich auf (sie zerfallen in ihre Bestandteile Wasserstoff und Sauerstoff). Der auf diese Weise freigesetzte Wasserstoff ist leicht genug, um ins All zu entweichen; daher ist in der Erdatmosphäre so wenig Wasserstoff zu finden. Die Nettowirkung des Wasserstoffverlusts hat daher eine Abnahme der Wasserdampfmenge in der Atmosphäre zur Folge – Wasserdampf, der durch die Verdunstung der Ozeane ersetzt wird.

Etwa 5×10^{11} g Wasser gehen auf diese Weise pro Jahr verloren. Dies entspricht einem Würfel von 90 Metern Kantenlänge – dem Inhalt eines kleinen Sees also. Die Gesamtwassermenge, die seit dem Bestehen der Erde ans All verlorenging, beläuft sich auf etwa 2×10^{21} g – das sind weniger als 0,2 Prozent der Wassermenge in den Ozeanen. Tatsächlich entspricht die Gesamtmenge an verlorenem Wasser von Anfang an einer Ozeanfläche von 1500 Quadratkilometern. Das bedeutet also: Der überwiegende Teil des Wassers, das ich sehe, wenn ich am Strand stehe, ist genau derselbe, der aus dem Erdinnern entgast wurde, als die Erde erst ein paar hundert Millionen Jahre alt war.

Die geringe Wassermenge, die ans All abgegeben wurde, wird im Verlauf derselben geologischen Vorgänge ersetzt, die die heutigen Ozeanbecken gebildet haben. Im nächsten Kapitel beschreibe ich den Vorgang, durch den neuer Meeresboden geschaffen wird, indem die neue, an die Oberfläche tretende Substanz den alten Meeresboden beiseite drückt. Diese aufsteigende Substanz enthält etwas Wasser, das die Wassermenge des Ozeans vergrößert und die Wasserabgabe ans All ausgleicht. Geologen nennen diese den Ozeanen hinzugefügte Substanz «junges Wasser». (Wenn ich eine so herrliche wissenschaftliche Bezeichnung sehe wie diese, dann kommen mir die Tränen angesichts meines eigenen Fachgebiets, der Elementarteilchenphysik, deren Beiträge sich in solchen Begriffen wie «Quark» und verqueren Bezeichnungen wie «Fremdheit» und «Farben» niederschlägt. Mehr darüber in meinem Buch *From Atoms to Quarks**.)

Jedenfalls stellt das Gleichgewicht zwischen dem ans All abgegebenen Wasser und dem aus dem Erdinnern hinzugefügten jungen Wasser sicher, daß die Gesamtwassermenge an der Erdoberfläche über lange Zeitperioden hinweg mehr oder weniger konstant sein muß. Während der Eiszeit war eine nennenswerte

* New York: Charles Scribner's Sons, 1980.

Wassermenge aus den jetzigen Ozeanen in Gletschern eingeschlossen. Wenn es eine endliche Wassermenge an der Erdoberfläche gibt, dann folgt daraus, daß Gletscher nur zu Lasten der Ozeane wachsen können. Als daher Eis vor achtzehntausend Jahren den größten Teil Nordamerikas und Europas bedeckte, war der Wasserspiegel der Ozeane niedriger als heutzutage. Weite Teile der Nord- und Ostsee waren trockenes Land, und England war mit dem europäischen Kontinent verbunden. Die Ostküste der Vereinigten Staaten befand sich etwa zweihundert Kilometer weiter östlich als heute, und was gegenwärtig Teil des Meeresbodens ist, war von Landtieren und Menschen bevölkert.

In ähnlicher Weise sind die gegenwärtigen Küstenlinien auf der Erde so, wie sie sind, weil ein Teil der Wassermenge in den Eiskappen am Pol gebunden ist, hauptsächlich in der Antarktis. Würden die Eiskappen abschmelzen und all das Wasser in die Ozeane fließen, stiege der Wasserpegel um hundert Meter an und der größte Teil der tiefer liegenden Küstengegenden auf der Welt wäre überflutet. Ein solches Abschmelzen der Eiskappen am Pol könnte wegen der Anreicherung der Atmosphäre mit Kohlendioxid ausgelöst werden, eine Folge der Verbrennung von Kohle und Kohlenwasserstoff. Die Erhöhung der Erdtemperatur durch den «Treibhauseffekt» (der Vorgang, bei dem überschüssiges Kohlendioxid die Infrarotstrahlung zur Erde zurückstrahlt und Wärme sich an der Erdoberfläche staut) ist eine Tatsache, an der man bei der künftigen Energieplanung nicht vorbeikommt. Doch in jedem Fall befindet sich mein Lieblingsstrand dort, wo er ist, und nicht etwa ein paar hundert Kilometer weiter weg im Meer (oder auf dem Festland), weil die gesamte Wassermenge auf der Erde sich aufteilt in eine flüssige Form in den Ozeanen und in eine feste Form in Gletschern und Eiskappen am Pol.

Da wir den Ursprung der Ozeane aus dem Vorgang der Entstehung der Erde erklärt haben, wollen wir zum zweiten (und schwierigeren) Problem zurückkehren, das ich früher aufgeworfen habe. Da es genug Wasser gab, damit sich früh im Laufe der Erdgeschichte Ozeane bildeten, wie kommt es, daß dieses Wasser heutzutage, etwa vier Milliarden Jahre später, noch da ist? Wahrscheinlich hätte das oben skizzierte Schema eines nach seiner Entstehung sich entgasenden Planeten auf gleich welchem der Nachbarplaneten im Sonnensystem auch so ablaufen können, auch auf dem Mond. Warum hat dann allein die Erde ihre Ozeane bewahrt?

Im Fall des Mondes ist es leicht zu verstehen. Wegen seiner leichten Masse fiel es den Atomen in der frühen Atmosphäre des Mondes ziemlich leicht, ins All zu entweichen. Vor langer Zeit entwichen sie und ließen die dem Vakuum ausgesetzte Oberfläche so, wie wir sie heute vorfinden. Im Fall der anderen Planeten ist der Sachverhalt etwas komplizierter. Um den derzeitigen Zustand der Erde zu begreifen, wenden wir uns daher dem bemerkenswerten Begriff des «ständig bewohnbaren Gürtels» (SBG) zu, den der Astrophysiker Michael Hart 1978 in die Debatte geworfen hat.

Doch zuerst müssen wir uns vergegenwärtigen, daß im Verlauf der Existenz der Erde mehrere größere Veränderungen in der Umwelt stattgefunden haben, deren jede einzelne für den Fortbestand der Ozeane möglicherweise katastrophal hätte sein können. Betrachten wir zuerst die Helligkeit der Sonne. Von der Entstehung der Erde bis zum heutigen Tag hat sie um fünfundzwanzig Prozent zugenommen. Wäre dies ohne ausgleichende Veränderungen in der Atmosphäre geschehen, die Ozeane wären schon vor langer Zeit verdampft. Ebenso hat sich der durch die Photosynthese der Algen in den Weltmeeren entstandene Sauerstoff seit etwa zwei Milliarden Jahren in der Atmosphäre angereichert. Dieser Sauerstoff hat mehrere Gase zerstört, die in der Atmosphäre vorhanden waren, indem er chemische Verbindungen mit ihnen einging. Die wichtigsten darunter sind Ammoniak und Methan. Diese beiden Gasmischungen tragen zum Treibhauseffekt bei – sie sind Teil der atmosphärischen «Decke», die die Erde warmhält. Sie zu entfernen hieße, Löcher in diese Decke zu reißen; Wärme würde beginnen wegzuströmen, und die Erde kühlte rasch ab – in einem fast katastrophalen Ausmaß. Wäre die Abkühlung nur ein wenig stärker und die von der Sonne stammende Energie nur ein wenig schwächer gewesen, die Erde wäre zu einem festen Eisblock gefroren, sobald eine bedeutende Sauerstoffmenge sich in der Atmosphäre zusammengeballt hätte.

Michael Hart kam zu dem Schluß, daß es einen sehr begrenzten Gürtel um die Sonne herum gibt – den er SBG nannte –, innerhalb dessen es einem Planeten möglich ist, sich auf dem schmalen Grat zwischen Kochen und Erfrieren zu bewegen. Vermutlich besaß der Planet Venus zum Beispiel deshalb nie einen Ozean, weil er sich so nah der Sonne befindet. Die durch die Entgasung gebildete Atmosphäre, die durch den Treibhauseffekt wirkt, hielt den Planeten so warm, daß die Temperatur nie bis auf jenen Punkt fiel, an dem Wasser kondensieren konnte. Zur Atmosphäre hinzugefügte neue Gase verblieben einfach dort, erhöhten die Wirkung der Decke und trugen zur weiteren Erhöhung der Oberflächentemperatur bei. Der Planet Mars dagegen ist das genaue Gegenteil. Wegen seiner geringen Masse und großen Entfernung zur Sonne hat sich jegliches Wasser, das eventuell auf ihm vorhanden war, seit langem bereits verflüchtigt oder ist gefroren und hat ihn zu dem dürren Ball gemacht, den wir heute kennen.

Die Existenz der SBG sagt uns daher etwas darüber aus, wo ein Planet sich relativ zu seiner Sonne befinden muß, damit er auf seiner Oberfläche während der Milliarden Jahre, die für die Entwicklung von Leben notwendig sind, Wasser in flüssigem Zustand speichern kann. In unserem Sonnensystem dehnt sich der SBG zwischen einem Radius aus, der um ein Prozent größer ist als derjenige der Umlaufbahn der Erde, und einem Radius, der um fünf Prozent kleiner ist. Mit anderen Worten: Hätte der zufällige Vorgang, der zur Entstehung der Erde geführt hat, seinen Ausgangspunkt ein Prozent weiter weg von der Sonne oder fünf Prozent näher zu ihr hin genommen, als es tatsächlich der Fall war, so hätten sich keine höheren Lebensformen auf unserem Planeten entwickelt und die Erde wäre heutzutage entweder wie der Planet Venus – das Opfer eines durchgegangenen Treibhauseffektes – oder in den letzten zwei Milliarden Jahren zu einem festen Zustand gefroren. Genau dies meinte ich, als ich sagte, die Ozeane auf der Erde seien einzigartig.

Dieselbe Art der Schlußfolgerung, die zu den eher scharf gezogenen Grenzen führte, innerhalb deren ein Planet sich aufhalten muß, um noch Ozeane zu besitzen, kann auch auf die Eigenschaften der Erde und der Sonne selbst angewendet werden. Wäre zum

Beispiel die Masse der Sonne kleiner als 83 Prozent ihrer tatsächlichen Masse, würde jeder Planet gefrieren, wenn sich Sauerstoff in seiner Atmosphäre ansammelte; es gäbe einfach nicht genügend Wärme, um einer Bildung von Gletschern entgegenzuwirken. Wäre andererseits die Masse der Sonne um 20 Prozent größer, so hätte sie ihren gesamten atomaren Brennstoffvorrat vor Ablauf von einer Milliarde Jahren aufgebraucht. Folglich besitzen nur Sterne, die der Masse der Sonne nahe genug sind – von den Astronomen G-Sterne genannt –, einen SBG und eine ausreichende Lebensdauer, so daß Planeten ihre eigenen Ozeane haben können wie unsere Erde. Große Sterne besitzen einen großen SBG, leben jedoch nur eine relativ kurze Zeit lang. Kleine Sterne besitzen keinen SBG, leben dafür jedoch länger. Damit Wasser auf der Oberfläche eines Planeten für mehrere Milliarden Jahre flüssig bleibt, bedarf es daher eines empfindlichen Gleichgewichts zwischen Langlebigkeit und Energieausstoß im Stern eines Planeten.

Ebenso gilt: Wäre die Masse der Erde um zehn Prozent größer, so hätte die im Entgasungsvorgang frei gewordene Substanz genug Kohlendioxid enthalten, um einen durchgegangenen Treibhauseffekt zu erzeugen, unabhängig von der Art des betroffenen Sterns. Besäße die Erde 94 Prozent ihrer tatsächlichen Masse, so wäre keine ausreichend große Ozonschicht entstanden, um die Oberfläche vor der ultravioletten Strahlung der Sonne abzuschirmen, und Leben – wenn es überhaupt entstanden wäre – hätte nie aus dem Meer kommen können.

Allein die Tatsache, daß wir an einem Strand stehen und heute – etwa 4,5 Milliarden Jahre nach Entstehung der Erde – auf das Meer hinaussehen können, sagt uns, daß die Erde ein einzigartiger Ort ist. Einzigartig ist sie nicht nur im Hinblick auf unser eigenes Sonnensystem, sondern im Hinblick auf die gesamte Milchstraßengalaxis. Wir können nur deshalb an den Strand gehen, weil wir auf einem Planeten leben, der weder zu groß noch zu klein ist, und der in genau der richtigen Entfernung seinen Stern umkreist, der ebenfalls weder zu groß noch zu klein ist. Und all diese Voraussetzungen mußten erfüllt sein, bevor der Planet ein Wesen erzeugen konnte, fähig, all das zu bedenken, was sich daraus ergibt, daß man am Strand steht.

Harts Entdeckung des SBG ist typisch für eine (unbemerkte) Hauptströmung in der jüngsten wissenschaftlichen Forschung. Als in den späten fünfziger Jahren zum erstenmal die Frage einer außerirdischen Intelligenz (AI) wissenschaftlich seriös wurde, war relativ wenig über die Entwicklung des Sonnensystems oder die der frühen Erde bekannt. Da überall im Universum dieselben Naturgesetze gelten, unterstellte man, daß die Erde und ihre Umgebung ziemlich typisch sein müßten für das, was wir vorfänden, wenn wir andere Teile der Galaxis besuchten. Dies ist ein Grund dafür, weshalb die Annahme über das Vorhandensein von Wasser auf Mars und Venus so weit verbreitet war. Diese Vorstellung, auch die Annahme des Mittelmaßes genannt, führte zu der häufig veröffentlichten Schlußfolgerung, daß es mannigfaltige Formen intelligenten Lebens im Universum geben müsse, wobei die menschliche Rasse ein sehr junges Mitglied im galaktischen Klub sei.

In den letzten zwanzig Jahren jedoch gab es eine enorme Erweiterung unseres Wissens über die Erde und das Leben auf ihr und darüber, wie beides entstand. Das Konzept des SBG ist ein Beispiel für diese neue Art des Wissens. Es ist typisch für einen Großteil unserer Kenntnisse, da sie uns zeigen, daß – obwohl die *Gesetze*, die auf der Erde gelten, dieselben sind wie überall anderswo im Universum – die *Voraussetzungen*, unter denen diese Gesetze gelten, es nicht sind. Die Erde entspricht – wegen ihrer Größe, ihrer Lage und der Art des Sterns, den sie umkreist – einem besonderen und anspruchsvollen Bündel von Kriterien. Sie ist ungewöhnlich, da sie einer der wenigen Orte in der Galaxis ist, auf dem Ozeane existieren können.

Wie eine außergewöhnliche Entdeckung mag einem das nicht erscheinen – bis man sich darauf besinnt, daß das Leben auf der Erde sich aus den Ozeanen entwickelt hat. Es ist ziemlich einleuchtend, daß intelligentes Leben – sollte es sich anderswo aus einer Kohlenstoffchemie heraus entwickeln, die auf etwas Ähnlichem wie dem DNS* gründet, wie das bei uns Menschen der Fall

* Die Gründe dafür, warum dies so sein muß und die Begründungen, weshalb alles Leben auf Kohlenstoff basieren muß, sind in dem Buch *Are We Alone?* von R. T. Rood und mir zu finden (New York: Charles Scribner's Sons, 1981).

ist – sich im Wasser entwickeln müßte. Daher entspricht die Behauptung, die Erde sei einer der wenigen Orte, auf denen Ozeane existieren könnten, jener Behauptung, die Erde sei einer der wenigen Orte, auf dem sich intelligentes Leben entwickeln könne. Das reicht aus, um die Erde zu einer tatsächlich besonderen Erscheinung zu machen.

Wenn Sie also nächstes Mal an Ihrem Lieblingsstrand entlanglaufen, so halten Sie kurz inne, um einen Augenblick über die enorme Unwahrscheinlichkeit des Ozeans, des Strands und Ihrer Anwesenheit nachzudenken. Und einen kurzen Augenblick lang sollten Sie dem Gedanken widmen, wie sich diese äußerst unwahrscheinlichen und sehr kostbaren Naturreichtümer für unsere Kinder bewahren lassen.

2 Das salzige Salzmeer

In einem alten norwegischen Volksmärchen heißt es, das Meer sei salzig, weil irgendwo auf dem Meeresgrund eine magische Salzmühle mahle. Das Märchen ist vollkommen wahr. Nur die Einzelheiten bedürfen noch der Klärung.

Ferren MacIntyre, Ozeanograph

Das Meer ist salzig, darüber ist kein Zweifel möglich. Um sich dessen zu vergewissern, braucht man nur einen Finger ins Wasser zu stecken und abzuschmecken. Das Meerwasser besteht zu drei Prozent aus diversen Mineralien, den größten Anteil darunter – ungefähr neun Zehntel der Gesamtmenge – nimmt das gewöhnliche, altbekannte Tafelsalz ein, eine Verbindung der Elemente Natrium und Chlor. Die beiden Fragen, woher diese beiden Elemente des Salzes im Meer stammen und wieso es dazu kommt, daß sie die Chemie der Ozeane beherrschen, sind – bei aller offensichtlichen Einfachheit – äußerst tiefsinnig.

Den ersten wissenschaftlichen Versuch, den Ursprung des Salzes in den Ozeanen zu erklären, unternahm der anglo-irische Forscher Robert Boyle im Jahrzehnt ab 1670. Im Verlauf seiner Studien über die Chemie der Atmosphäre und der Erscheinungen der Farbe nahm er Messungen vor, die ergaben, daß Flüsse auf ihrem Weg ins Meer winzige Mengen Salz beförderten. Dies führte zu der Ansicht über den Ursprung des Salzes, die jahrhundertelang als Standarderklärung diente – und tatsächlich lernte ich sie noch im Grundschulunterricht. Sie lautet so: Ständig wäscht das Regenwasser aus Steinen und aus dem Boden Mineralien heraus, die schließlich ins abfließende Regenwasser gelangen, das die regionalen Rinnsale nährt, danach in die Flüsse und schließlich ins Meer. Jeder Wassertropfen, der den Weg ins Meer findet, befördert geringe Mengen Mineralien vom Land, und diese Mineralien bleiben im Meer zurück, wenn der Wassertropfen schließlich verdunstet und wieder zu einem Regentropfen wird. In diesem Bild stellt das Netz der Flüsse auf der Erde eine Art ständig laufendes Förderband dar, das Substanzen ins Meer schwemmt und sie zurückläßt, wenn das Wasser wieder den Kreislauf von Verdunstung und Niederschlag antritt. Dieses Bild erklärt, warum der Ozean salzig ist, während das Flußwasser frisch ist, da die Menge der gelösten Substanzen, die in gleich welchem Fluß befördert wird, sehr gering ist. Nur über eine längere Zeitperiode hinweg, so würde man erwarten, steigt der Anteil der gelösten Mineralien im Ozean an.

Leider ist diese einfache Erklärung der chemischen Inhalte von Ozeanen nicht schlüssig. Zum einen ist es vergleichsweise einfach zu berechnen, wie lange es dauern würde, bis die Meere ihren aktuellen Grad der Versalzung erreicht haben, bedenkt man dabei die Salzmenge, die die Flüsse in die Ozeane befördern. Das Resultat ergäbe eine überraschend kurze Zeitperiode – etwas weniger als 100 Millionen Jahre. Da dies bedeutend weniger ist als das wirkliche Erdalter, ergibt sich hier ein eindeutiger Widerspruch.

Ein weiteres Problem hängt mit einer stillschweigenden Annahme in dieser Erklärung zusammen. Falls die Ozeane lediglich die passiven Auffangbecken für die aus dem Boden ausgewaschenen Substanzen wären, dann müßten sie im Verlauf der Zeit ständig salziger werden. In Wirklichkeit aber ergeben Untersuchungen alter Sedimente, daß die Salzkonzentration im Meer vor 200 Millionen Jahren dieselbe war wie heute, trotz allen Wassers, das sich in die Ozeane ergossen hat. Die Meßwerte, über die wir verfügen, besagen, daß die Ozeane seit ihrer Entstehung einen konstanten Salzgehalt von drei Prozent beibehalten haben.

Schließlich haben Geologen darauf hingewiesen, daß – wäre der Salzvorrat im Meer einfach durch den Zustrom der Flüsse gespeist worden – wir bald kein Land mehr hätten. Würde beispielsweise Kalzium in der heute gemessenen Menge dem Meer zugeführt und nicht ersetzt, so wäre in 100 Millionen Jahren sämtlicher fossiler Kalkstein auf dem Festland (die Hauptquelle für Kalzium in den Flüssen) erschöpft. Wir stellen erneut fest, daß die Vorstellung, die Ozeane seien riesige Auffangbecken für Abgänge vom Land, mit den Tatsachen nicht in Übereinstimmung zu bringen ist.

Die Wahrheit ist natürlich, daß die frühere einfache Sichtweise über die Rolle des Meers nicht das berücksichtigt, was mit den Substanzen geschieht, *nachdem* sie ins Meer gelangt sind. Statt das Meer als einen riesiggroßen Kessel zu schildern, der passiv aufnimmt, was immer man ihm zuführt, sollten wir es vielmehr als ein großes Chemielabor betrachten, das von den Flüssen tatsächlich mit Rohstoffen versorgt wird, die jedoch durch chemische Reaktionen zu dem umgewandelt werden, was wir heute dort vorfinden. Nur durch das Studium der aktiven Natur der Chemie des Meeres können wir erwarten, daß es uns gelingt zu verstehen, weshalb das Meerwasser salzig ist und weshalb der Salzgehalt konstant zu sein scheint.

Der beste Weg, diese Ansicht durchzusetzen, besteht vielleicht in einem Vergleich der Mengen bestimmter typischer Substanzen im Meer mit den geschätzten Mengen, die von Flüssen zugeführt werden. Dies geschieht durch die folgende Tabelle:

Konzentration der Elemente im Wasser (in g/kg oder ppt)

Substanz und chemisches Zeichen	*Gehalt im Meerwasser*	*Nettogehalt in Flüssen*
Natrium (Na^+)	10,7	0,002
Chlor (Cl^-)	19,7	0
Bikarbonat ($HCO^-{}_3$)	1,4	0,06
Magnesium (Mg^+)	1,2	0,003
Kalium (K^+)	0,4	0,002
Kalzium (Ca^{++})	0,4	0,015

Sämtliche in der Tabelle angeführten Chemikalien existieren als Ionen (statt elektrisch neutral zu sein) in Lösungen. Das Plus- oder Minuszeichen bedeutet jeweils die elektrische Ladung der Atome in Lösungen. Übernommen und abgewandelt aus Peter Weyl, *Oceanography*. New York: John Wiley & Sons, 1970.

Die Angaben über den Gehalt von Meerwasser sind eher einfach zu ermitteln, doch diejenigen über den Gehalt von Flußwasser verlangen zwei gesonderte Informationen. Zuerst einmal braucht man eine Vorstellung von der Konzentration der verschiedenen Substanzen, die ins Meer befördert werden. Dies ist keine einfache Sache, da einige Flüsse, wie der Colorado River, sehr salzig sind, wenn sie sich ins Meer ergießen, während andere, wie der Columbia River, es nicht sind. Die Gesamtmenge der eingespeisten Substanzen muß daher für alle Flüsse der Erde gemittelt werden.

Noch wichtiger ist, daß einige Elemente, die die Flüsse mit sich führen, zuallererst tatsächlich aus den Ozeanen stammen. So können zum Beispiel kleine, zerstäubte Tropfen Meerwasser so lange in der Atmosphäre schweben, daß sie austrocknen, was nichts anderes bedeutet, als daß winzige, vom Wind fortgetragene Salzkristalle in der Atmosphäre schweben. Weil diese schwebenden Salzpartikel in der Luft vorhanden sind, kann man das Meer schon in einiger Entfernung auf dem Festland riechen. Das Salz gelangt durch denselben Regen wieder ins Wasser, das schließlich in die Flüsse strömt, die sich ins Meer ergießen. Um daher genau herauszubekommen, welche Substanzen vom Land ins Meer weggeschwemmt werden, müssen wir von der ermittelten Menge für jedes beförderte Element einen geschätzten Wert über den Beitrag des Meeressprühnebels abziehen. Aus diesem Grund habe ich die zweite Kolonne der Tabelle mit *Netto*gehalt in Flüssen überschrieben. Genaugenommen gibt es eine Menge Chlor im Flußwasser, doch vergleicht man diesen Meßwert mit demjenigen aus dem Verdunstungsvorgang, so stellt er sich als gleich groß heraus. Daraus schließen wir, daß fast das gesamte Chlor der Flüsse aus dem Sprühnebel des Meerwassers stammt.

Ein Blick genügt, um zwei wichtige Tatsachen festzustellen: Die Konzentration der Elemente im Flußwasser ist sehr viel geringer als die im Meerwasser, wie man es auch erwartet hätte. Weniger offensichtlich dagegen ist die Tatsache, daß die Mischung der Elemente im Meerwasser sich radikal von jener in den Flüssen unterscheidet. Meerwasser ist vor allem eine Lösung aus gewöhnlichem Tafelsalz (Natriumchlorid), doch Flußwasser scheint vor allem eine Lösung aus Kalziumbikarbonat zu sein, mit einer vergleichsweise kleinen Beimischung von Natrium. Falls wir noch einen weiteren Beweis für die Behauptung brauchten, daß ein Ozean mehr ist als nur das passive Auffangbecken für Geröll und Schutt aus der Verwitterung der Steine und des Bodens, dann liefert diese Tabelle ihn.

Wie verwandelt das Meer die Elemente im Flußwasser nun in Salz? Für jedes Element in der Tabelle (wie auch für andere, die wegen ihrer geringen Konzentration weniger wichtig sind) gibt es eine gesonderte Geschichte. Kalium zum Beispiel verbindet sich mit verschiedenen Lehmarten und Steinen auf dem Meeresboden zu lehmartigen Mineralien, die sich durch Wärme und Druck über geologische Zeiten hinweg in Granit verwandeln. Kalzium dagegen wird von Organismen im Ozean zur Bildung von Knochen und Muscheln aufgenommen. Sterben die Organismen ab, so sinken diese Muscheln auf den Meeresboden und verwandeln sich schließlich in Kalkstein und Dolomitgestein, aus denen solche Gefüge wie die weißen Klippen von Dover und die Meeresalpen in Südfrankreich bestehen. Die wichtigste chemische Verbindung bei diesem Vorgang ist das Kalziumkarbonat ($CaCO_3$).

Das langsame Absinken des Kalziumkarbonats in die Tiefen der Ozeane hat einen der malerischsten Effekte in der Ozeanographie zur Folge – die Lysoprogression oder «Schneelinie». Die Kalziumkarbonatmenge, die sich in Meerwasser aufzulösen vermag, ist sehr vom Druck abhängig. In großen «Höhen» über dem Meeresboden ist der Druck niedrig, und das Kalziumkarbonat bleibt ein weißer Festkörper. Muscheln und anderes Geröll sinken ab und bilden das Sediment, das den Meeresboden mit einer weißen Schicht überzieht, die für jedermann wie Schnee aussieht. Ist der Ozean jedoch tiefer als 4000 Meter, so ist der Druck so hoch, daß er die Knochen im Wasser aufzulösen vermag – auch wenn dieser Vorgang mehrere Jahre in Anspruch nimmt. Folglich ist ein Tiefseeberg in den tieferen Regionen unbedeckt, doch sobald seine Hänge eine Höhe von mehr als 4000 Meter unter dem Meeresspiegel erreichen, finden sich unzersetzte Knochenteile, und die weiße Schicht taucht auf. Der Berg hat eine weiße Kappe, genau wie der Himalaja. Untersuchen Ozeanographen die alten Sedimente auf

Kalziumkarbonat, können sie daher anhand seines Vorhandenseins oder Nichtvorhandenseins einiges über die Geschichte des Ozeans in Erfahrung bringen.

Ein anderes Element, das Magnesium, unterliegt in etwa der gleichen Reaktion wie das Kalzium, da es in dieselben Muscheln als minderer Bestandteil aufgenommen wird. Durch einen ähnlichen Vorgang wie den, dem das Kalium unterliegt, wird Natrium bei der Felsbildung aufgenommen, obwohl es bei diesem Element sehr viel länger dauert.

Für die meisten Substanzen, die in nennenswerten Mengen ins Meer gelangen, waren wir in der Lage, mehrere Schrittfolgen zu bestimmen, gleich ob biologische oder geologische, durch die sie aus dem Wasser ausgegliedert werden. Die durchschnittliche Zeit, die ein bestimmtes Atom in einer Lösung im Ozean verbringen kann, wird Verweildauer dieses Elements genannt. Je schneller die chemischen Reaktionen ablaufen, um so kürzer die Verweildauer. Natrium beispielsweise hat eine Verweildauer von 69 Millionen Jahren, während die für Kalzium lediglich eine Million Jahre beträgt. Wenn wir daher dieselbe Menge Natrium und Kalzium im Ozean aussetzen, so wird in einer Million Jahren der größte Teil des Kalziums sich auf dem Meeresboden in Form von Sediment befinden, während 89 Prozent des Natriums sich noch im Wasser befinden. Daraus folgt, daß die hohe Konzentration an Natrium im Ozean der Tatsache zuzuschreiben ist, daß die chemischen Reaktionen, die dieses besondere Element aus dem Wasser ausgliedern, sehr langsam ablaufen.

Mit der anderen Hälfte der Salzmoleküle, dem Chlor, hat es eine ganz andere Bewandtnis. Ich habe bereits erwähnt, daß sämtliches Chlor im Flußwasser aus dem Sprühnebel des Meerwassers herrührt (einige kleinere Ausnahmen dieser Regel werden später erwähnt). Das heißt, die Gesamtmenge an Chlor in den Ozeanen, ebenso wie die Gesamtmenge des Wassers selbst, muß im Laufe der Erdgeschichte mehr oder weniger gleich geblieben sein. Ebenso wie beim Wasser in den Ozeanen gibt es nur einen Ort, aus dem das Chlor stammen kann: aus dem Erdinnern. Das Chlor im Ozean ist wie die Erdatmosphäre ein Produkt der Entgasung der Erde. Ist das Chlor erst einmal im Meer, so ist seine Verweildauer sehr lang. Praktisch gesehen ist sie unendlich. Es verläßt das Meer für kurze Zeitperioden in Form eines von der Luft gebildeten Sprühnebels und hat solche Erscheinungen wie den salzigen Regen zur Folge, der über dem Ozean oder in seiner Nähe niedergeht. Der vorherrschende Chlorzyklus ist in Abbildung 2-1 dargestellt.

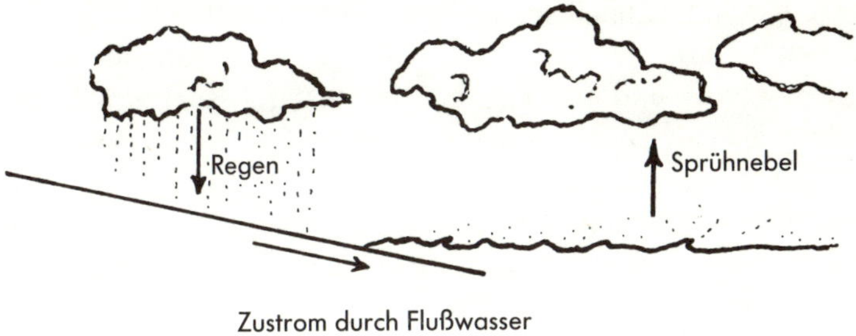

Abbildung 2-1

Der Salzgehalt des Meerwassers berührt daher nicht so sehr die Frage, welche Elemente darin entleert werden, sondern ist eine Funktion der Zeit, während der diese Elemente sich im Wasser befinden, bevor sie durch chemische Reaktionen daraus entfernt werden. Natrium und Chlor besitzen im Wasser eine lange Verweildauer. Eine Möglichkeit, über Verweildauern nachzudenken, besteht darin, sich beim Abschmecken des Meerwassers zu vergegenwärtigen, daß das Natriumatom im Salz vermutlich in den Ozean gelangte, als die Dinosaurier noch auf der Erde herumliefen, während das Chlor sich von Anfang an dort befindet, seit mehr als vier Milliarden Jahren.

Als ich behauptete, man sollte die Ozeane nicht als passive Auffangbecken für überschüssige Substanzen vom Festland betrachten, wies ich darauf hin, daß die Verwitterung lediglich etwa 100 Millionen Jahre dauern müßte, damit alle Substanzen zum Meeresboden befördert würden, die sich jetzt noch über dem Meeresspiegel befinden. Diejenigen Themen der Chemie des Meeres, die ich bisher angesprochen habe, ändern nichts an dieser Tatsache. Erst wenn wir begreifen, warum der Transport der Substanzen zu den Ozeanen hin nicht das Land verödet, erst dann können wir behaupten, etwas vom Funktionieren des Meeres zu verstehen.

Es gibt einen Hinweis darauf, wie man beim Chlorkreislauf vorgehen könnte. Wir haben erfahren, daß die Gesamtmenge an Chlor unverändert blieb, getrennte Atome jedoch einen Zyklus durchlaufen, indem sie aus dem Ozean (durch Sprühnebel) herausgelöst werden und später zu ihm (im Regenwasser) zurückkehren. Besteht vielleicht ein ähnlicher Kreislauf für Natrium und andere Substanzen?

Wir haben gesehen, daß der Endpunkt für die meisten Reaktionen, die im Ozean ablaufen, die Einverleibung der Substanzen aus dem Flußwasser im Meeressediment ist. Um zu vermeiden, daß die Kontinente zerstört werden, gibt es nur die Möglichkeit, eine Methode für die Wiederaufbereitung dieser Substanzen zu finden – also darin, neues Land zu erschaffen, während das alte verwittert.

Die Theorie der Platten- oder Großschollentektonik liefert wenigstens ein teilweises Verständnis des Vorgangs, bei dem Natrium sowie andere Elemente an Land zurückkehren können, nachdem sie einmal im Sediment abgelagert worden sind. Die Theorie beruht auf der Vorstellung, daß die Erdoberfläche in etwa ein Dutzend starrer, unzusammenhängender Regionen – Platten oder Großschollen genannt – aufgebrochen ist. An einigen der Fugen zwischen den Platten steigt geschmolzenes Magmagestein aus dem Erdinnern hervor. Nach dem Hochsteigen kühlt das Magma ab und drückt die Platten (auf denen die Kontinente reiten) von sich weg. Dort, wo sich zwei Platten aufeinander zu bewegen, wird der Meeresboden im allgemeinen unter die relativ stabilere Platte geschoben, die mit einem Kontinent verbunden ist. Dadurch entsteht ein Gebiet mit hoher vulkanischer Tätigkeit oder ein tiefer Meeresgraben, oder die überlagernden Sedimente werden gestaucht und zu Kettengebirgen oder Inselbögen aufgefaltet. Die Westküste Südamerikas ist ein solches Gebiet. Dieser Vorgang heißt *Subduktion*. In den Subduktionsgebieten wird der alte Meeresboden mit all seinen Sedimenten der Erde zurückgegeben und aufgelöst.

Geologen schätzen, daß ausreichend Substanzen aufgefaltet werden, um die gesamte Erdkruste alle 100 Millionen Jahre zu ersetzen. Über den eigentlichen Vorgang, bei dem Substanzen anschließend dem Land zurückgegeben werden, wissen wir zur Zeit wenig; er ist ein bedeutender Forschungsgegenstand. Doch wenn wir von der Theorie der Plattentektonik ausgehen, ergibt sich ein befriedigendes Bild vom Kreislauf des Natriums. Der Meeresboden ist tatsächlich ein riesiges Förderband. Es erzeugt pro Jahr etwa drei Zentimeter neuen Meeresboden, wobei es den alten Boden vor sich her schiebt. Der alte Meeresboden sammelt die aus der Chemie des Meeres stammenden Sedimente ein und befördert sie in die Subduktionsgebiete, wo das Förderband und alles darauf Befindliche eingeschmolzen wird.

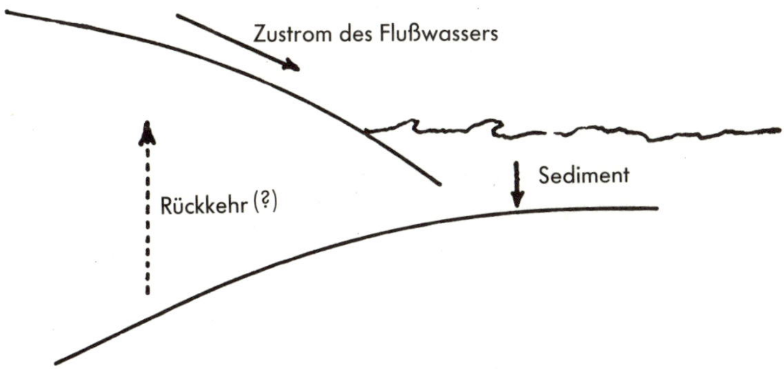

Abbildung 2-2

Der Rücklauf des Förderbands, tief in der Erde, ist der Teil des Zyklus, den wir zur Zeit noch nicht verstehen. Das provisorische Bild löst jedoch unser Problem, weil es zeigt, daß es eine Möglichkeit gibt, Natrium und andere Substanzen wiederaufzubereiten. Statt einer Aufbereitung durch die Luft wie beim Chlor gibt es hier eine durch den Erdmantel. Eine Skizze des Natriumkreislaufs wird in Abbildung 2-2 dargestellt. Beiläufig sollte hier erwähnt werden, daß ein kleiner Anteil Chlor im Ozean diesem Schema folgt, da er von den Mineralien auf dem Meeresboden aufgenommen und dann zurückgeschickt wird, entweder im ausströmenden Magma oder in den Eruptionen der Vulkane innerhalb der Subduktionsgebiete.

In einem gewissen Sinn übernimmt das Förderband auf dem Meeresboden die Rolle der magischen Salzmühle aus der alten norwegischen Sage, die ewig mahlt und mahlt, um das Meerwasser salzig zu halten. Der einzige Unterschied besteht darin, daß die tektonische Salzmühle das Natrium nicht etwa ins Meer hineingibt, sondern es statt dessen aus ihm herausholt.

Betrachtet man die Geschichte eines einzelnen Ozeans, etwa des Atlantischen, so kann man vielleicht verstehen, wie wichtig die Schaffung neuen Meeresbodens ist. Dieser Ozean bestand vor 165 Millionen Jahren noch nicht, da die Kontinente Nord- und Südamerika, die ihn im Westen umfangen, und die Kontinente Europa und Afrika, die ihn im Osten umfangen, noch miteinander verbunden waren. Obwohl die Wassermenge in allen Ozeanen der Welt gleich geblieben ist, so war jedoch nichts davon dort, wo der Atlantik sich jetzt befindet. Aber das geschmolzene Magma, das aus dem Erdinnern hochstieg, führte dazu, daß die Landmasse aufbrach, und das stete Vorkommen neuen Felsgesteins drückte die Kontinente noch weiter voneinander weg. Dieser Vorgang hält auch heute noch an, wie unsere dynamische Darstellung des Meeresbodens aufzeigt. Ein Bild von der Bewegung der Kontinente ergibt sich, wenn man sie sich auf etwa 110 Kilometer dicken Felsplatten ruhend vorstellt, während diese Platten im flüssigen Gestein des tieferen Erdmantels herumschwimmen. Die Ausbreitung des Meeresbodens – derselbe Mechanismus, der das Salz im Meer aufbereitet – liefert die Antriebskraft, die die Platten und die Kontinente ständig in Bewegung hält.

Als die Theorie von der Kontinentalverschiebung zum erstenmal von dem deutschen Meteorologen und Arktisforscher Alfred Wegener 1912 als ernsthafter wissenschaftlicher Vorschlag vorgebracht wurde, waren die Mechanismen für die sich verschiebenden Kontinente unbekannt. Wegener stellte seine Theorie auf eine geologische und biologische Grundlage, deren überzeugendste Bestandteile auch am einfachsten zu verstehen sind. Ein Blick auf eine Karte des Atlantiks zeigt, daß die Westküste Europas und Afrikas und die Ostküste der beiden Amerika wie die Stücke eines Puzzlespiels zusammenpassen. Die Paßform ist noch stimmiger, wenn wir statt der heute sichtbaren Küstenlinien vielmehr die Formen der Schelfmeere berücksichtigen, jener bis etwa 200 Meter tiefen Meeresgebiete zwischen Küstenlinie und den kilometertiefen Ozeanen. All dies war vielsagend, doch war es kein unerschütterlicher Beweis für die Kontinentalverschiebung. Es verging fast ein halbes Jahrhundert, bevor ein Abkömmling von Wegeners ursprünglichem Vorschlag zur wichtigsten Arbeitshypothese der Geowissenschaftler wurde.

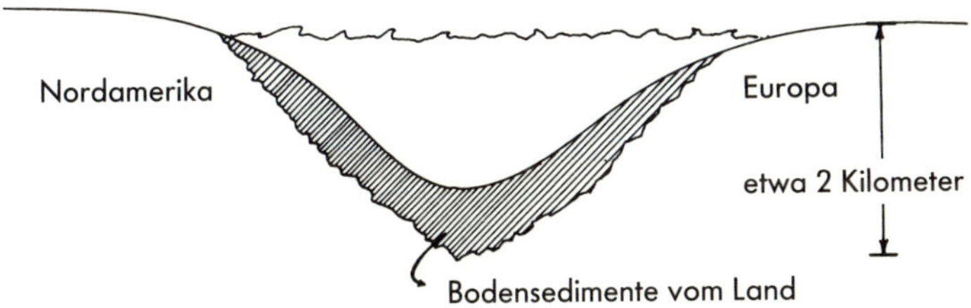

Abbildung 2-3

In der Geschichte des Atlantiks schälte sich der Mechanismus der Plattentektonik in drei Phasen heraus. Zuerst war der Graben zwischen den Platten seicht – vielleicht nur zwei Kilometer tief. Die bei der Trennung der Kontinente geschaffene Kluft füllte sich reichlich mit Sedimenten, die vom Flußwasser in den neuen Körper hineingetragen wurden. Diese Etappe stellt Abbildung 2-3 dar. Im Laufe der Zeit veränderte sich der Charakter des Ozeans. Als die Platten sich trennten, strömte Magma von unten in den Hohlraum und erstarrte; dabei bildete sich der Felsboden des neuen Meers. Die in den Flüssen beförderten Substanzen wurden die steilen Abhänge an den Rändern der Spalte hinuntergerollt und bildeten so das Schelfgebiet. Zusätzlich begann der bereits früher erwähnte «Schnee» aus Kalziumkarbonat zu fallen, so daß sich auf dem Boden eine Schicht aus Kalzium und Lehm ablagerte; den Lehm führten die Flüsse heran. Der Atlantik im Alter von 40 Millionen Jahren (das heißt also vor 125 Millionen Jahren) wird in Abbildung 2-4 dargestellt.

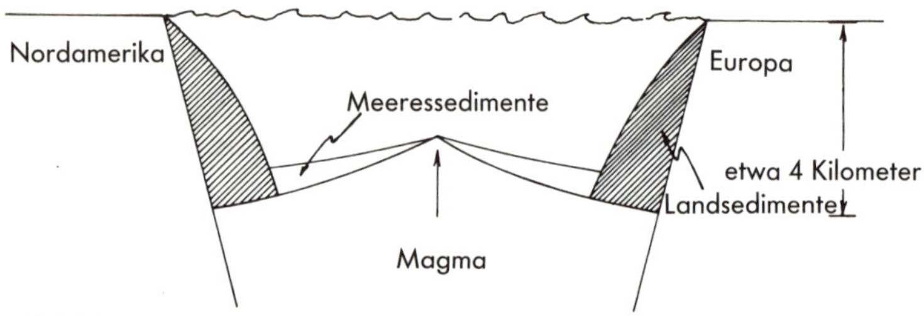

Abbildung 2-4

Da die Kontinente sich weiterhin mit einer Geschwindigkeit von drei Zentimetern pro Jahr voneinander entfernten, nahm das Ozeanbecken immer mehr seine charakteristische moderne Form an. Der höchste Punkt im Zentrum des Ozeanbeckens – der Punkt, der anzeigt, wo das aufsteigende Magma den neuen Meeresboden bildet – bleibt mehr oder weniger in derselben Tiefe von etwa 2300 Metern. Dieser Grat in der Mitte des Ozeans reicht von Island bis zu einem etwa 2000 Kilometer weit entfernten Punkt vor der Küste der Antarktis und umfaßt eine größere Gebirgskette als den Himalaja. Die Schelfgebiete dehnen sich 200 Kilometer weit oder noch weiter ins Meer hinein aus. Die Suche nach Rohstoffen wie Erdöl in diesen Gebieten hat sich in den technologisch fortschrittlichen Ländern bereits zu einer hochentwickelten Industrie entwickelt. Abbildung 2-5 zeigt eine Skizze des erwachsenen Atlantiks.

Das stetige Gefälle des Meeresbodens zu beiden Seiten des Grats in der Ozeanmitte ist auf zwei Ursachen zurückzuführen:

auf die Abkühlung und die sich daraus ergebende Schrumpfung des neuen Felsgesteins auf dem Meeresboden und das Gewicht des Meerwassers, das auf den Fels drückt. Je länger der Fels sich dort befindet, um so kühler ist er und um so mehr wird er vom Gewicht des Wassers verformt. Wenn der Meeresboden sich wirklich vom Grat in der Ozeanmitte nach außen hin bewegt, dann gilt: Je weiter weg sich der Meeresboden vom Grat befindet, um so älter ist er. Aus diesem Grund erwarten wir, daß der Atlantische Ozean in der Mitte weniger tief ist als an den Rändern des Schelfgebietes. Tatsächlich beträgt die Tiefe am Grat in der Mitte des Atlantiks etwa 2200 Meter, während der Meeresboden 1100 Kilometer weiter entfernt 50 Millionen Jahre alt und doppelt so tief ist.

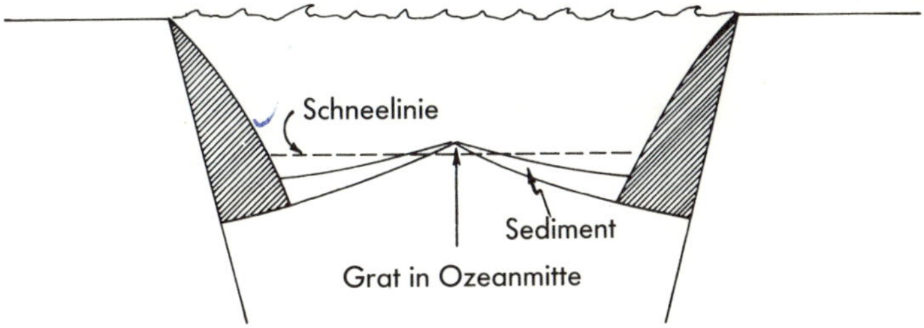

Abbildung 2-5

Eine Sekundärwirkung der zunehmenden Tiefe des Ozeans bei größerer Entfernung vom Grat wird in der Art des Sediments angezeigt, die sich auf dem Meeresboden ansammelt. Wir wissen, daß unterhalb der «Schneelinie» Knochen und Muscheln von Meeresbewohnern einfach wieder vom Wasser absorbiert werden. Unterhalb dieser Linie bestehen die obersten Schichten des Sediments aus Lehm, der von den Flüssen zugeführt wird, wogegen oberhalb dieser Linie eine Mischung aus Lehm und Kalziumverbindungen vorherrscht.

Es gibt eine überwältigende Menge an Beweisen für die Theorie der Plattentektonik. Ich möchte hier nur einen anführen, der in die aktuelle Diskussion hineinpaßt. Wenn Wissenschaftler nahe dem Schelfgebiet Bodenproben entnehmen, so stoßen sie oft auf eine Schicht aus Kalziumkarbonat, die dick mit Lehm bedeckt ist. Das Kalzium befindet sich in einer Tiefe zwischen 5500 und 6000 Metern – tief unterhalb der «Schneelinie». Hätte sich der Meeresboden auf seiner derzeitigen Tiefe befunden, als diese Substanzen auf den Boden sanken, hätte sich ebensowenig eine solche Schicht anhäufen können, wie Schnee über Jahre hinweg in der Wüste erhalten bleibt. Die einzige Erklärung für diese weitverbreitete Erscheinung: Während sich die Kalziumschicht niederschlug, befand sich der Meeresboden noch oberhalb der «Schneelinie». Als der Meeresboden sich ständig nach unten und vom Grat in der Ozeanmitte fortbewegte, muß das Kalzium mit Schichten gewöhnlichen Lehms bedeckt worden sein, die das Kalzium vor dem Wasser abschirmten, in dem es sich unter normalen Umständen aufgelöst hätte. Das Kalzium verharrte in seinem geschützten Zufluchtsort über Dutzende von Millionen Jahren hinweg, ein Zeugnis für die Kräfte, die die Ozeane der Welt gestalten. Die Ansammlung Hunderter solch kleiner Beweisstücke wie dieses hat zu einer Revolution in der Geowissenschaft geführt, die sich in der Theorie der Plattentektonik niedergeschlagen hat.

Soweit einige der tieferen Einsichten, die die Erklärung einer einfachen Tatsache wie der vom Salzgehalt des Meerwassers begleiten. Betrachten wir diese Erscheinung in all ihren Verzweigungen, so gelangen wir zu einer Sicht des Meeres, die grundsätzlich das Gegenteil jener Sicht ist, die über weite Perioden der Geschichte vorherrschte. Da ein Ozean sich langsam verändert, wurde angenommen, er sei statisch. Heutzutage wissen wir, daß er alles andere als statisch und unveränderlich ist. Der Atlantische Ozean, den ich zum erstenmal als Junge sah, als ich zusammen mit meiner Familie einen Ausflug im Auto nach Quebec unternahm, ist nicht derselbe Ozean, den meine Töchter mit Vergnügen an den Outer Banks in North Carolina betrachten. Zum einen ist er größer, als er damals war – und zwar mehr als 90 Zentimeter. Die chemische Fabrik im Ozean war die ganze Zeit über ständig in Betrieb, und obwohl dreißig Jahre – verglichen mit der Verweildauer von Kalzium oder Natrium – nur eine kurze Zeitspanne sind, gibt es andere Substanzen (wie Aluminium), die während derselben dreißig Jahre vollständig verarbeitet und ersetzt worden sind.

Der griechische Philosoph Heraklit hat etwa 500 v. Chr. gesagt, alles auf der Welt befinde sich in ständigem Fluß, in einem Zustand der Veränderung. Diese Erkenntnis faßte er in dem berühmten, bündigen Epigramm zusammen: «Wir steigen in denselben Fluß und doch nicht in denselben.» Unsere moderne Sicht von einem dynamischen Ozean deutet darauf hin, daß wir eine gleichartige Äußerung formulieren können, wenn wir nur bereit sind, die Dinge länger zu betrachten: Auch kein Kind spielt zweimal im selben Ozean.

3 Die Gezeiten

«... Just zwischen zwölf und eins fuhr er [Falstaff] ab, grade wie es zwischen Flut und Ebbe stand...»

William Shakespeare, *Heinrich der Fünfte*, 2. Aufzug, 3. Szene

Niemand, der auch nur ein paar Stunden am Strand verbracht hat, kann umhin, die dramatischen Veränderungen im Wasserstand zu bemerken, die wir die Gezeiten nennen. Manch unerfahrener Camper hat Lehrgeld zahlen müssen, wenn er sein Zelt nur wenige Meter vom Wasser entfernt aufschlug und unsanft geweckt wurde, als die Wellen seinen Schlafsack durchtränkten. Meine eigene Bekanntschaft mit den Gezeiten war etwas weniger erschreckend, wenn auch gleichermaßen beeindruckend. Mit einer Studentengruppe hatte ich während der Frühjahrsferien in einer Jugendherberge an der Küste Portugals haltgemacht, um den außergewöhnlich schönen Nachmittag zu genießen. Um uns die Zeit zu vertreiben, begannen ein Freund und ich damit, eine große, verwinkelte Sandburg zu bauen. Da er aus Texas stammte und ich aus Illinois, achtete keiner von uns darauf, der Wahl des Bauplatzes in der Nähe des Wassers irgendwie ein besonderes Augenmerk zu schenken. Das erste Anzeichen eines herannahenden Unheils deutete sich an, als eine besonders große Welle etwas Wasser bis an die äußere Burgmauer herantrug. Der ursprüngliche Abstand von zehn Metern bis zur Wasserlinie war auf einen Meter geschrumpft. Sogleich bauten wir einen kleinen Seewall aus Sand und machten unbekümmert weiter, bis eine andere, noch größere Welle ins Innere unserer Konstruktion eindrang. Im weiteren Verlauf des Nachmittags galt unser Augenmerk mehr einer Serie von Barrieren, die als Schutz vor dem Wasser dienen sollten, als unserer Burg selbst. Die Flut zurückzuhalten wurde für uns so etwas wie eine Zwangsvorstellung, und wir schleppten Treibholz und große Steine heran, um unsere zunehmend gebeutelten Wälle abzustützen. Als sämtliche Versuche, unsere Handarbeit zu retten, nichts fruchteten, warfen wir uns selbst den Wellen entgegen. Alles vergebens. Ungeachtet all unserer Bemühungen mußten wir schließlich zusehen, wie unser Werk unter den anrollenden Wellen verschwand. An diesem Tag verließen wir den Strand mit einer neuen Einschätzung der Naturkräfte.

Der Legende zufolge gab es mindestens einen Vorläufer für unseren Versuch, an jenem Aprilnachmittag den Gezeiten Einhalt zu gebieten. König Kanut der Große, der Herrscher über weite Teile Englands und Skandinaviens im 11. Jahrhundert, hat angeblich seinen Thron an einen Strand transportieren lassen, wo er den Gezeiten befahl innezuhalten. «So weit dürft ihr gehen, doch nicht weiter», soll er einem Berichterstatter zufolge gesagt haben. Als die Wellen sich nicht an seinen Befehl hielten und den Thron trotzdem überspülten, nutzte er die Situation als Anschauungsunterricht für seine Höflinge über das Thema «Die Grenzen der Macht».

Es gibt im Volkstum und in alten Schriften noch weitere Erwähnungen der Gezeiten, jedoch weniger, als man vermutet. Verglichen mit anderen Naturerscheinungen wie den Mondphasen, wurde den Gezeiten offensichtlich nur eine geringe Aufmerksamkeit geschenkt. Herodot beschreibt sie im 5. Jahrhundert v. Chr., doch andere klassische Autoren nahmen wenig Notiz davon. Daß die Griechen, immerhin ein Volk von Seefahrern, so selten von den Gezeiten redeten, wird gewöhnlich der Tatsache zugeschrieben, daß die Gezeiten im Mittelmeerbecken nicht sehr bedeutend sind – der Unterschied im Wasserpegel zwischen Flut und Ebbe beträgt normalerweise nur 15 bis 30 Zentimeter.

Die vielleicht am weitesten verbreitete Darstellung über die Gezeiten im Volkstum betrifft die vermutete Beziehung zwischen dem Tod und dem Gezeitenwechsel. Eine Anzahl von Schriftstellern aus dem Mittelmeerraum hat angeblich geglaubt, daß die Menschen nur bei Ebbe sterben konnten. Dieser Glaube war im Volkstum an den atlantischen Küsten Europas, von Spanien bis hinauf nach Skandinavien, weit verbreitet und überlebte in England bis ins 19. Jahrhundert. Shakespeare ließ Falstaff beim Gezeitenwechsel sterben, und Dickens ließ Mr. Peggotty sagen, die Menschen könnten nicht sterben, «es sei denn, die Ebbe ist ziemlich nahe». Dieser Glaube, die Gezeiten seien eine treibende Kraft der Seelen, taucht auch an einer Anzahl anderer Orte auf, etwa bei den Indianern an der Pazifikküste Nordamerikas.

Doch wenn auch die Zeugnisse aus dem Volkstum zu diesem Thema relativ spärlich sind, so stimmen sie zumeist doch in einem Punkt überein: Die Gezeiten stehen, auf die eine oder andere Weise, mit dem Mond in Verbindung. Für die Tlingit-Indianer am nordwestlichen Pazifik zum Beispiel sind die Gezeiten eine Folge des Kampfes zwischen dem Mond (der als alte Frau dargestellt wird) und dem Raben, der einen kleinen Streifen Land vom Meer zurückgewinnt, um seine Brudertiere zu füttern. Erst als Isaac Newton seine Theorie von der universellen Gravitation entwikkelte, konnte die vage Verbindung zwischen dem Mond und den Gezeiten durch eine umfassende Gezeitentheorie ersetzt werden.

Die Erscheinungen, die jegliche Gezeitentheorie erklären muß, sind die folgenden:

- An den meisten Orten gibt es zweimal Flut und Ebbe pro Tag.
- Flut gibt es gewöhnlich, wenn der Mond am Horizont steht.
- Die Flut steigt am höchsten bei Neu- und Vollmond und ist zur Halbzeit zwischen beiden Zeitpunkten am niedrigsten. Die hohe Flut bei Neu- und Vollmond wird Springflut genannt, die niedrige bei Viertel- und Dreiviertelmond Nippflut.
- Der Gezeitenhub (das ist der Höhenunterschied zwischen dem Hoch- und Niedrigwasserpegel) beträgt normalerweise einen bis drei Meter, kann aber an einigen Orten sehr viel höher ausfallen.

In der Grundschule habe ich gelernt, daß die Gezeiten durch die Anziehungskraft des Mondes auf die Ozeane verursacht werden, und auf den ersten Blick erscheint diese Erklärung auch ganz vernünftig. Der Mond zieht das Wasser hoch, und wir beobachten einen Anstieg des Wasserpegels im Meer. Doch falls dies wirklich die Flut verursacht, müßte die Flut nicht dann auftreten, wenn der Mond direkt über dem Meer steht? Und weshalb kann es dann zweimal am Tag eine Flut geben? Der Mond steht schließlich nur einmal am Tag genau über dem Meer.

Es wird ersichtlich, daß die erste, einfache Erklärung der Gezeiten ergänzungsbedürftig ist. Zu diesem Zweck führe ich einige wichtige Gedanken ein, indem ich das folgende Beispiel betrachte. Vernachlässigen wir einmal, daß Erde und Mond sich im Raum bewegen. Unter diesen Umständen ist die Wirkung des Mondes auf die Ozeane der Erde leicht vorherzusagen. Die Schwerkraft besitzt die Eigenschaft, daß sie mit zunehmender Entfernung geringer wird – je weiter wir uns von einem massiven Gegenstand wie Erde oder Mond entfernen, um so geringer wird diese Kraft. Diese Wirkung beschränkt sich nicht nur auf Himmelskörper; wenn ich mehrere Stockwerke in einem Treppenhaus hinaufsteige, so verringert sich mein Gewicht um etwa ein Tausendstel einer Unze, weil ich dabei den Abstand zwischen mir und dem Zentrum der Erde vergrößere. Diese Besonderheit der Schwerkraft hat zur Folge, daß der dem Mond nächste Teil des Ozeans stärker angezogen wird als sein am weitesten entfernter Teil. Das Resultat dieser unterschiedlichen Anziehung ergibt, daß die Ozeane der Erde sich so verhalten, wie in Abbildung 3-1 gezeigt, wobei das Wasser unterhalb des Mondes tiefer ist als das auf der entgegengesetzten Seite der Erde.

Der Überschuß an Wasser wird Gezeitenbauchung genannt. Ein Beobachter, der sich an einem Punkt P befände, würde behaupten, daß der Wasserstand hoch sei; gleichfalls würde er bemerken, daß der Mond sich genau über seinem Kopf befindet. Deshalb könnte er behaupten, daß es dann Hochwasser gibt, wenn der Mond an seinem höchsten Punkt steht.

Nun berücksichtigen wir bei unseren Überlegungen doch einmal die Erddrehung. Zwölf Stunden, nachdem unser Beobachter am Punkt P stand, mit dem Mond über seinem Kopf, befindet er sich an einem Punkt, den nun ein Beobachter in Q auf der gegenüberliegenden Seite der Erde einnimmt. Das Wasser des Ozeans rotiert natürlich mit der Erde, doch falls die Erde sich langsam genug dreht, so kann das Wasser sich anpassen, so daß die Form der Gezeitenbauchung dieselbe bleibt und das Wasser unterhalb des Mondes sich zu ihm hin bauscht, auch wenn die einzelnen Bestandteile des Wassers, aus denen sich die Bauchung zusammensetzt, andere als die ursprünglichen sind. Jemand, der auf der Erde steht und sich deshalb mit ihr dreht, sieht, wie das Wasser während der vierundzwanzig Stunden eines Tages einmal steigt und sinkt, eine den Gezeiten sehr ähnliche Erscheinung, mit dem Unterschied, daß Flut und Ebbe zweimal am Tag auftreten und nicht nur einmal.

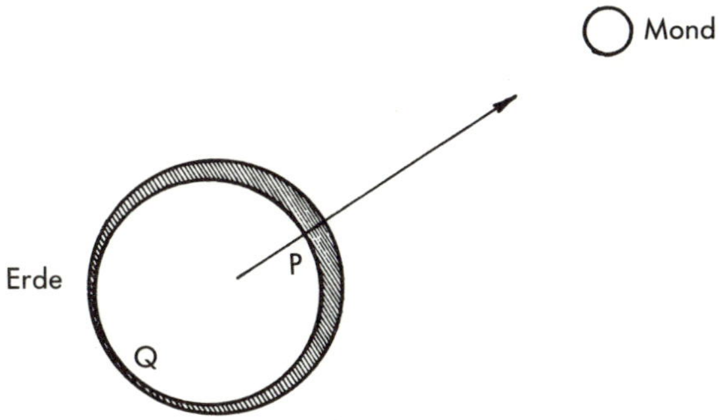

Abbildung 3-1

Diese Betrachtungsweise der Gezeiten gibt ein nützliches, wenngleich frei erfundenes Bild von der Sachlage. Nehmen wir um der Behauptung willen einmal an, wir würden die Tatsache, daß die Ozeane sich mit der Erde drehen, nicht zur Kenntnis nehmen. Dann könnten wir über die Gezeiten wie folgt räsonieren: Die Anziehungskraft des Mondes verursacht die Gezeitenbauchung, wie in der Abbildung dargestellt. Die Erde dreht sich dann *unter* der Bauchung, so daß ein Beobachter, der sich mit der Erde dreht, abwechselnd in eine Gegend mit hohem und niedrigem

Wasserstand befördert wird. Daher sieht er den Wasserstand steigen und sinken und deutet dies als die Gezeiten. Obwohl diese Betrachtungsweise alles andere als korrekt ist – die Ozeane drehen sich mit der Erde –, ist das Bild von einer unter der Bauchung sich drehenden Erde so leicht zu verstehen, daß es im weiteren Verlauf unserer Überlegungen noch nützlich sein wird.

Nach unserer genauen Schilderung der einfachsten möglichen Erklärung für die Gezeiten müssen wir zugeben, daß diese Erklärung falsch sein muß. Sie sagt die Gezeiten einmal pro Tag voraus und ebenso, daß die Flut dann auftritt, wenn der Mond über einem steht. Keine dieser Voraussagen stimmt mit dem überein, was wir tatsächlich vorfinden.

Abbildung 3-2

Daß diese elementare Sicht der Gezeiten doppelt versagt, kann auf verschiedene Ursachen zurückgeführt werden. Das Vorhandensein von Ebbe und Flut zweimal pro Tag – die sogenannten täglichen Gezeiten – kommt daher, daß das Erde-Mond-System komplizierter sein muß, als wir angenommen haben. Insbesondere trifft es nicht zu, daß der Mond sich auf einer Umlaufbahn um eine feststehende Erde bewegt. In Wirklichkeit bewegen sich sowohl der Mond wie auch die Erde auf Umlaufbahnen um einen Punkt zwischen ihnen, der Massenzentrum genannt wird. Ebensowenig vermag das Modell die Erscheinung der Flut zu erklären, wenn der Mond am Horizont steht. Dieses Unvermögen ist darauf zurückzuführen, daß wir die Bewegung des Wassers auf eine allzu lässige Weise erklärt haben. Diese anscheinend paradoxe Beziehung zwischen der Position des Mondes und dem Verhalten der Gezeiten kann nur durch ein vollständigeres Verständnis davon erklärt werden, wie Wasser sich in großen, relativ engen Becken wie den Ozeanen verhält.

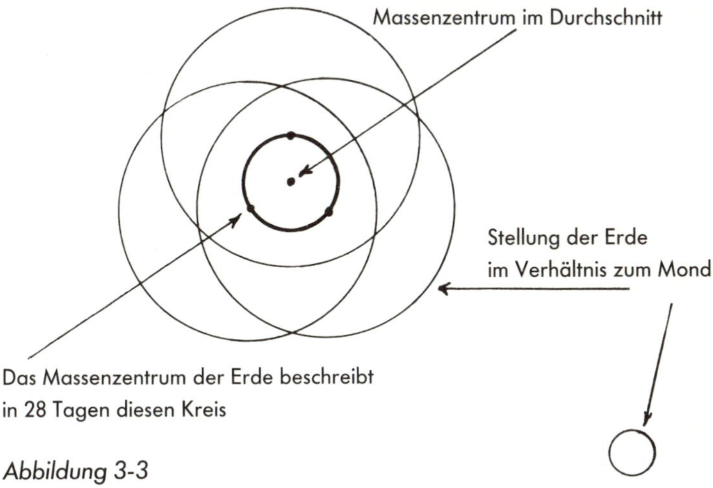

Abbildung 3-3

Stellen wir uns mal vor, ich lege eine Bowlingkugel auf ein Ende eines Meterstabes und eine Billardkugel auf das andere. Wenn ich nun meine Hand unter dem Stab bewege, so treffe ich auf einen Punkt, an dem sich die beiden Gewichte im Gleichgewicht befinden, wie in Abbildung 3-2 dargestellt. Dieser Punkt ist als Massenzentrum eines Systems bekannt. Wenn ich den Stab so trage, wie in der Abbildung dargestellt, und die Gewichte vorwärtsdrücke, dann dreht sich die gesamte Anordnung um das Massenzentrum.

Auf eine vergleichbare Weise verhält sich das Erde-Mond-System. Die Masse der Erde ist achtzigmal größer als die des Mondes. Aus diesem Grund liegt das Massenzentrum des Systems auf $1/80$ der Linie, die vom Erdzentrum zum Mond geht – das ist ein Punkt, der etwa 2000 Kilometer unterhalb der Erdoberfläche liegt. Während eines Mondmonats bewegt sich die Erde so, daß ihr Zentrum, wie in Abbildung 3-3 gezeigt, einen Kreis um das Massenzentrum beschreibt.

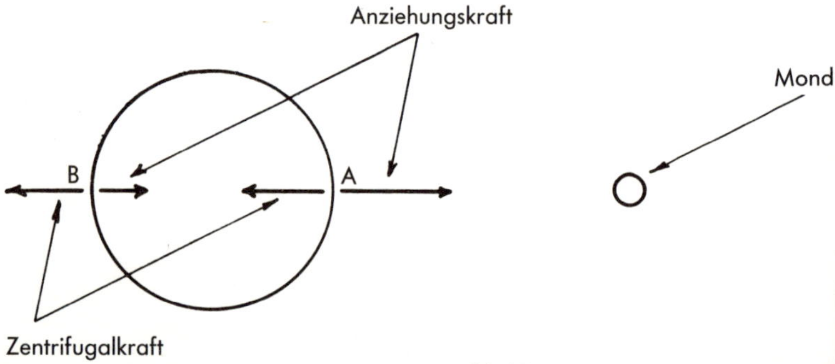

Abbildung 3-4

Immer wenn ein Körper sich auf einem Kreis bewegt, tritt die Zentrifugal- oder Fliehkraft auf. Unweigerlich hat jedermann damit schon einmal Bekanntschaft gemacht – es ist jene Kraft, die einen innen gegen die Autotür drückt, wenn man mit überhöhter Geschwindigkeit in eine Kurve gegangen ist. Zu jedem Zeitpunkt während des Mondkalenders unterliegt jeder Gegenstand auf der Erdoberfläche dieser Kraft, die ihn nach außen drückt (siehe Abbildung 3-4). Diese Kraft bemerken die Menschen auf der Erde nicht so sehr, da sie – verglichen mit anderen Kräften im System –

nicht sehr groß ist. Dennoch ist sie vorhanden und Teil des ständigen Zusammenspiels der Kräfte, denen wir wegen der Bewegung der Erde und der Zentrifugalkraft unterliegen. Das Wichtigste an dieser Kraft ist – soweit es die Gezeiten betrifft –, daß sie überall auf der Erde gleich groß ist; sie wirkt auf dieselbe Weise auf Wasser in Punkt A, genau unterhalb des Mondes, wie auf Wasser in Punkt B, auf der gegenüberliegenden Seite der Erde.

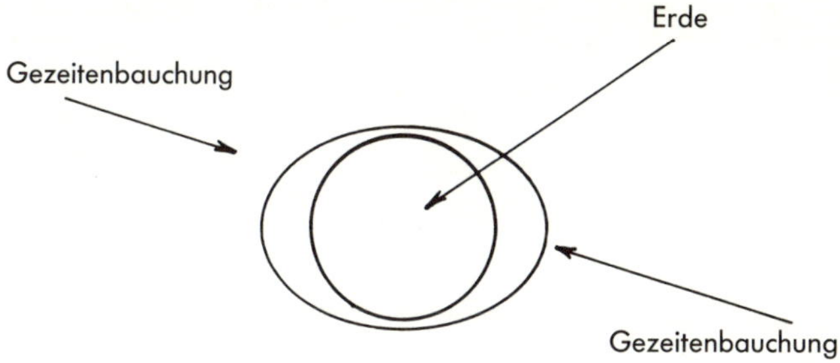

Abbildung 3-5

Die Anziehungskraft des Mondes jedoch wirkt nicht auf diese Weise. Weil Punkt B weiter vom Mond entfernt liegt als Punkt A, ist die Anziehungskraft auf eine Wasserfläche in B etwas kleiner als auf dieselbe Wasserfläche in A. Die Gesetze der Physik besagen, daß die beiden Kräfte – die Zentrifugal- und die Anziehungskraft – im Erdzentrum gleich groß sein müssen. Daraus folgt, daß an Punkt A die Anziehungskraft größer als die Zentrifugalkraft ist, während für Punkt B das Gegenteil gilt. Daher wirkt die resultierende Kraft auf das Wasser in A und in B in entgegengesetzter Richtung (siehe Abbildung). Die Aktion der vereinten Kräfte erzeugt eine Gezeitenbauchung der Art, wie sie in Abbildung 3-5 dargestellt wird. Sie besitzt zwei Bauchungen, die 180° voneinander entfernt sind. Wenn wir uns, wie weiter oben angenommen, die Erddrehung unter dieser Art der Gezeitenbauchung vorstellen, so ist leicht einzusehen, daß wir zwei Fluten pro Tag beobachten. Mit anderen Worten: Die Erscheinung der täglich wiederkehrenden Gezeiten auf der Erde ist das Resultat der Tatsache, daß die Erde sich als Reaktion auf die Anziehungskraft des Mondes bewegt.

Die Erzeugung der doppelten Gezeitenbauchung kann man sich so vorstellen, daß der Mond das Wasser auf einer Seite von der Erde und auf der anderen Seite die Erde vom Wasser wegzieht. Beide Wirkungen führen zu einem Ansteigen des sichtbaren Wasserstands. Die täglichen Gezeiten sind das Resultat der Tatsache, daß die Anziehungskraft auf alles wirkt: auf die Erde und das Wasser gleichermaßen.

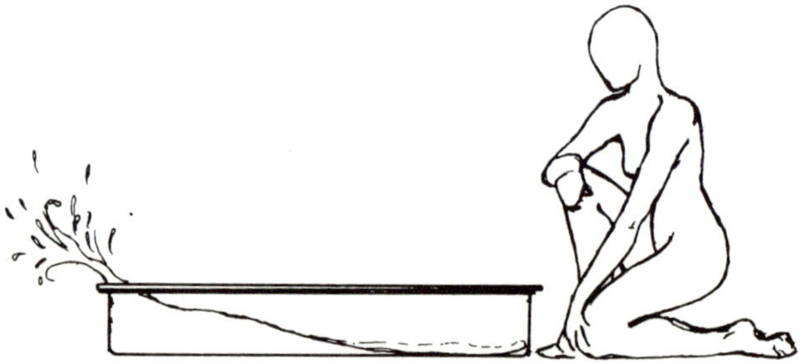

Abbildung 3-6

Und wie verhält es sich damit, daß die Gezeiten zum falschen Zeitpunkt aufzutauchen scheinen, die Flut also dann kommt, wenn der Mond am Horizont steht und nicht über dem Kopf? Die Auflösung dieser Schwierigkeit verlangt, daß wir über die Ozeane selbst nachdenken. Der Durchmesser der großen Ozeanbecken der Erde beträgt gewöhnlich einige tausend Kilometer, wogegen sie durchschnittlich nur ein paar Kilometer tief sind. Die Ozeane sollte man sich daher als große und mit Wasser gefüllte flache Behälter vorstellen. Ich kann mir sogar selbst einen «Ozean» in Miniatur herstellen, indem ich etwas Wasser auf ein großes Backblech gebe. Wenn ich dann gegen dessen Seite stoße, kann ich sehen, wie sich Oberflächenwellen über die ganze Wasseroberfläche fortbewegen. Diese entsprechen den von unterseeischen Erdbeben und Vulkanausbrüchen erzeugten «Gezeitenwellen» oder Tsunami, die in Ozeanen auftauchen. Sie haben nichts mit dem Mond zu tun und sind daher auch keine echten Gezeiten.

Wenn ich andererseits das Backblech sanft und rhythmisch bewege, schwappen die Wellen vor und zurück. Jemand, der vor dem Backblech steht, wie in Abbildung 3-6, sieht abwechselnd das Wasser steigen und sinken; alle denken, es seien die Gezeiten. Stellt man sich nun einmal vor, das Backblech wäre das Ozeanbekken, beim Wasser handle es sich um den Ozean und bei meiner Hand um die Darstellung der Kraft, die vom Mond auf den Ozean wirkt, so hat man im Trockenversuch einen ziemlich guten Vergleich für die Gezeiten selbst.

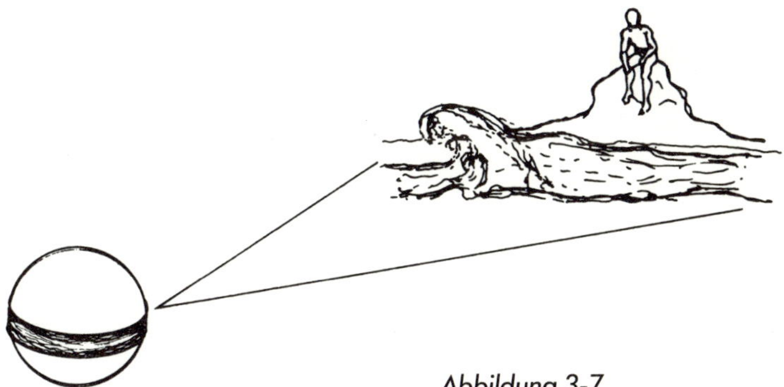

Abbildung 3-7

Stellen wir uns mal ein riesiges Backblech vor, das man um den Äquator legen könnte, so wie in Abbildung 3-7. Wenn wir das Wasser frei in diesem Backblech herumfließen lassen, haben wir eine gute Darstellung von einer der ersten geschichtlichen Theorien der Gezeiten. Wir schildern die Gezeiten als von der Bewegung des Wassers verursacht, das rund um die Erde in Kanälen läuft, wie in jenem von unserem Backblech gebildeten. Stören wir das Wasser in einem dieser Kanäle (indem wir zum Beispiel auf die

Seiten des Backblechs schlagen), so verläuft eine Welle rund um die Erde. Hat das Wasser sich einmal auf den Weg gemacht, so bewegt es sich mit einer Geschwindigkeit fort, die von der Wassertiefe im Kanal abhängt, jedoch nicht davon, wie diese Welle erzeugt wurde. Allgemein gilt: Je tiefer das Wasser, um so schneller die Welle. Ein Beobachter, der an irgendeinem Punkt des Kanals steht, bemerkt, daß der Wasserstand steigt, wenn der Wellenkamm vorbeiläuft, und danach sinkt. Kurzum, eine Welle, die sich durch den Kanal bewegt, besitzt beobachtbare Wirkungen von derselben Art wie die Gezeiten.

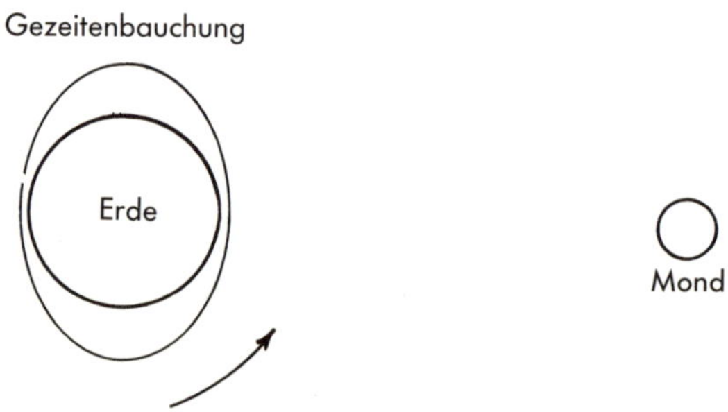

Abbildung 3-8

Wenn wir uns nun vorstellen, daß wir das Wasser im Kanal mit Hilfe der Anziehungskraft des Mondes stören, statt aufs Backblech zu schlagen, dann können wir dieses Bild in eine Erklärung der Gezeiten ummünzen. Wir haben gesehen, daß der Mond auf der Erde eine Gezeitenbauchung verursacht, und diese hat zwei Zipfel. Befindet sich der erhöhte Teil der Bauchung direkt unterhalb des Mondes, dann müßte die Welle, die mit jedem Teil der Bauchung verbunden ist, sich in etwa zwölf Stunden halb um die Erde herum bewegen – das entspräche einer Geschwindigkeit von fast 2000 km/h am Äquator. In Wirklichkeit jedoch kann in einem 5000 Meter tiefen Ozean eine Welle sich lediglich mit einer Geschwindigkeit von etwa 800 km/h fortbewegen. Selbst wenn also die Anziehungkraft des Mondes jene Verformung verursacht, die zur Entstehung der Welle führt, so ist der Ozean selbst auf eine Art gebaut, daß die einmal entstandene Welle nicht mit dem Mond Schritt halten kann. Denn eigentlich läuft der Mond vor der Gezeitenbauchung her. Mathematische Berechnungen haben ergeben, daß die mit der Gezeitenbauchung verbundene Welle sich immer um 90° hinter der Stellung des Mondes befindet. Steht der Mond genau an seinem höchsten Punkt, so bedeutet dies, daß die Gezeitenbauchung, die ihn einzuholen versucht, noch immer um ein Viertel des Wegs um die Erde hinterherhinkt, wie in Abbildung 3-8 dargestellt. Wenn daher der Mond im Höhepunkt steht, sehen wir den niedrigsten Teil der Welle (Ebbe); während der Mond sinkt oder steigt, sehen wir die Krone der Welle (Flut). Wären die Ozeane 100 Kilometer statt nur 5 oder 6 Kilometer tief, dann würden die Gezeiten unmittelbar auftauchen, und es gäbe Flut, wenn der Mond an seinem Höhepunkt steht.

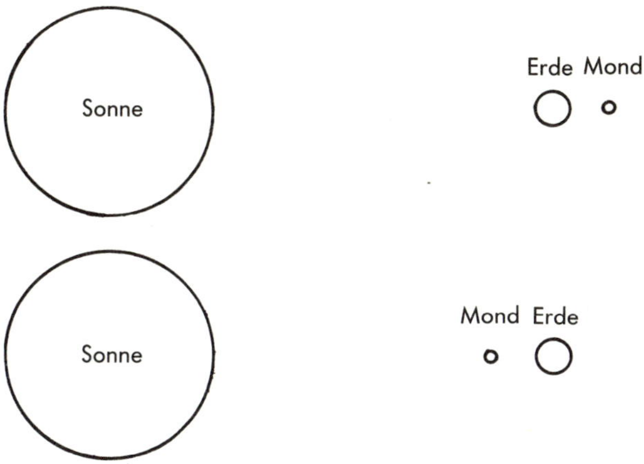

Abbildung 3-9

Der dritte Punkt auf unserer Liste der Gezeitenerscheinungen – die Veränderungen der Gezeiten im Verlauf eines Mondmonats – läßt sich anhand der Erde und des Mondes allein erklären. Aus unseren bisherigen Überlegungen sollte klargeworden sein, daß der sich fortbewegende Körper, der die Gezeiten verursacht, nicht der Mond sein muß. Jeder andere Körper, der eine Anziehungskraft auf die Ozeane ausübt, könnte dasselbe zustande bringen. Im Prinzip könnte der Planet Mars auch Gezeiten in den Ozeanen hervorrufen, doch in Wirklichkeit ist Mars zu klein und zu weit entfernt, um irgendeine spürbare Wirkung auszuüben. Wegen ihrer enormen Masse macht nur die Sonne einen Unterschied, was die Gezeiten angeht. Wie der Mond ruft sie eine Gezeitenbauchung mit zwei Zipfeln hervor, die ihr hinterherläuft, während diese der Spur der Sonne am Himmel folgt. Es gibt zwei Konstellationen (in Abbildung 3-9 dargestellt), bei denen sich die Wirkung von Sonne und Mond einander verstärken. Die untere Konstellation, bei der Sonne und Mond auf derselben Seite der Erde aufgereiht sind, ist einleuchtend. Dies ist die Konstellation bei einem Neumond, da nichts von dem Licht, das die Mondoberfläche reflektiert, seinen Weg zur Erde findet. Die obere Konstellation ist nicht so einleuchtend. Wenn die Sonne und der Mond sich auf den entgegengesetzten Seiten der Erde befinden, mag es auf den ersten Blick so scheinen, als würden sich ihre Wirkungen einander aufheben. Wir müssen uns jedoch daran erinnern, daß Sonne wie auch Mond eine Gezeitenbauchung sowohl an der ihnen zugekehrten wie an der ihnen abgekehrten Seite der Erde erzeugen. Dies heißt, daß in der oberen Konstellation – die derjenigen bei Vollmond entspricht – die Gezeitenbauchung, die die Sonne an der abgekehrten Seite der Erde erzeugt, diejenige vom Mond direkt unter sich erzeugte verstärkt. Sowohl bei Neu- wie auch bei Vollmond erwarten wir daher die größten Fluten, und dies ist die Erklärung für das Vorhandensein von Spring- und Nippfluten.

Bislang sind wir mit einem ziemlich idealisierten Bild von den Gezeiten umgegangen. Unter dem, was wir bisher in Erfahrung gebracht haben, gibt es nichts, was uns die enormen Unterschiede in den Gezeiten in den verschiedensten Gebieten der Erde erklären könnte. Weshalb zum Beispiel ist der Gezeitenhub im Mittelmeer so gering, wogegen er in der Fundy-Bucht in Neufundland bis zu 15 Meter hoch werden kann? Weshalb gibt es in manchen Gegenden des Südchinesischen Meers nur einmal am Tag die Gezeiten statt zweimal? Weshalb hängen die Gezeiten in Tahiti überhaupt nicht mit der Bewegung des Mondes zusammen, sondern tauchen regelmäßig zu Mittag und zu Mitternacht auf?

Um diese Tatsachen zu verstehen und eine schwache Ahnung von den Schwierigkeiten zu bekommen, die bei dem Versuch auftauchen, eine herrlich einfache Theorie auf die wirkliche Welt anzuwenden, können wir auf unsere Analogie zwischen den Gezeiten und einem mit Wasser gefüllten gewöhnlichen Backblech zurückgreifen. Wir haben erfahren, daß ein Beobachter an der Seite eines solchen Backblechs das regelmäßige Schwappen des Wassers als eine Art von Gezeiten auffassen würde. Doch stellen wir uns nun vor, daß wir auf dem einfachen Blech mit Wasser ein paar Hindernisse einbauen (Ziegelsteine zum Beispiel, die den

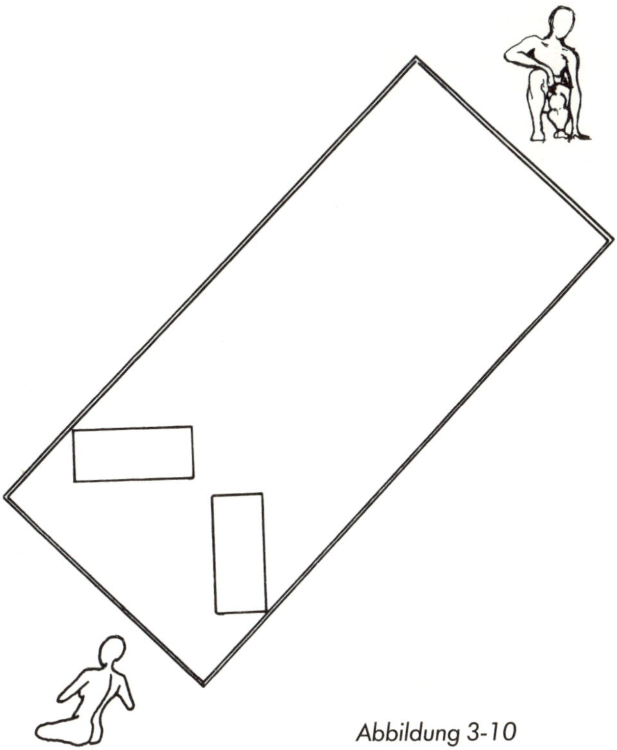

Abbildung 3-10

Wasserfluß behindern). Eine solche Anordnung ist in Abbildung 3-10 dargestellt. Würden wir das Blech an der rechten Seite anheben, so ist es nicht schwer einzusehen, daß das Wasser lange braucht, um in das von den Ziegelsteinen begrenzte Becken zu gelangen. Ein Beobachter im Becken würde deshalb die «Flut» später sehen als ein Beobachter außerhalb. Entsprechend würde es eine längere Zeit in Anspruch nehmen, um das Becken zu leeren, wenn das Blech auf dieser Seite andersherum angehoben würde. Daraus schließen wir, daß die an einem bestimmten Ort der Erde beobachteten Gezeiten nicht nur von der Dynamik des Erde-Sonnen-Systems und der allgemeinen Struktur der Ozeane abhängen, sondern auch von den Details der Hindernisse im Weg der Gezeitenbewegung.

Ein flüchtiger Blick auf eine Weltkarte oder einen Globus belehrt uns darüber, daß es – von einem schmalen Streifen offenen Gewässers nördlich der Antarktis abgesehen – keinen Platz auf der Erde gibt, an dem Gezeitenbauchungen sich ungehindert ausbreiten können. Daher muß die Form der Ozeanbecken und der Kontinente, die sie eingrenzen, in Betracht gezogen werden, falls man akkurate Voraussagen über die Gezeiten an einem bestimmten Ort machen will. Die Unregelmäßigkeiten in der Form des Festlands und des Meeresbodens sind verantwortlich für die hohen Gezeiten in der Fundy-Bucht, die täglichen Gezeiten im Südchinesischen Meer und die «Sonnengezeiten» in Tahiti sowie für ein ganzes Bündel anderer Unregelmäßigkeiten bei anderen Gezeiten überall auf der Welt. Im allgemeinen ist die realistische Berechnung von Gezeiten eine vertrackte, unangenehme Aufgabe.

Dies illustriert einen wichtigen, jedoch nicht gebührend gewürdigten Aspekt der wissenschaftlichen Arbeit. Es ist vergleichsweise einfach, die allgemeinen Prinzipien zu erklären, die eine bestimmte physikalische Erscheinung bestimmen; die Anziehungs- und die Zentrifugalkraft sowie das Verhalten von Wasserwellen liefern uns eine gute, allgemeine Beschreibung der Gezeiten. Diese Prinzipien jedoch auf eine besondere Situation in der Praxis anzuwenden, kann alles andere als leicht sein. Physiker und andere Wissenschaftler in der Grundlagenforschung, darin ausgebildet, Details zu vernachlässigen und zum Kern des Problems vorzudringen, verheddern sich oft in den Fußfesseln, die dann zuschnappen, wenn man die Wichtigkeit dieser Details unterschätzt. Diesen Aspekt der Denkweise eines Physikers illustriert ein Witz über einen technischen Berater beim Anti-Unterseeboot-Programm der amerikanischen Marine während des Zweiten Weltkriegs. Er behauptete, es sei leicht, feindliche U-Boote aufzuspüren – man brauche nur die Temperatur im Atlantik auf den Siedepunkt zu bringen, dann könnte man die U-Boote einfach einfangen, wenn sie an der Wasseroberfläche auftauchten. Als man ihn befragte, wie er es denn anstellen wolle, um den Ozean zum Kochen zu bringen, wurde er überheblich. «Das», so meinte er, «ist nur ein technisches Detail.»

Zufälligerweise ist eine ziemlich interessante Geschichte mit der Kompliziertheit der Gezeiten im wirklichen Leben verbunden. Ihre genaue Voraussage bringt einleuchtende kommerzielle Vorteile. In der Ära der Segelschiffe zum Beispiel konnte ein Schiff seine Vertäuung lösen und bei Ebbe auslaufen, unabhängig von der Stärke und der Richtung des Windes. In den meisten der größeren europäischen Häfen schossen Privatfirmen wie Pilze aus dem Boden, deren wesentlichster Handelsgegenstand streng gehütete Formeln zur Erstellung von Gezeitentabellen waren. Diese Formeln beruhten auf Erfahrung und auf Aufzeichnungen der Gezeiten; vermutlich waren sie das Gegenstück zu den für den *Bauernkalender* benutzten Geheimformeln zur Wettervorhersage. Zum Glück sind Gezeiten regelmäßiger und vorhersehbarer als das Wetter, und noch im 19. Jahrhundert waren diese Privatfirmen in puncto Genauigkeit wie auch in puncto Gewinn, so darf man annehmen, ziemlich erfolgreich.

Während diese Formeln für bestimmte europäische Häfen durch das Sammeln von Erfahrungswerten und die empirische «Daumenregel» entwickelt worden waren, wurden die allgemeinen Prinzipien, die die Gezeiten bestimmen, von Wissenschaftlern erforscht. Die hier dargestellte Gezeitentheorie wurde zuerst von dem französischen Mathematiker und Astronom Pierre Simon de Laplace im späten 18. Jahrhundert veröffentlicht. Sie liefert eine Erklärung für die Gezeiten auf der Basis grundlegender Prinzipien, beachtet jedoch nicht die Details, die in Betracht gezogen werden müssen, will man nützliche Voraussagen der Gezeiten an einem bestimmten Ort machen. Im breiten Schwung der Wissenschaft sind sie vermutlich manch einem «nur wie technische Details» vorgekommen, einem Kapitän aber, der sein Segelschiff vor Beginn der nächsten Ebbe beladen haben wollte, sicherlich nicht. Im frühen 19. Jahrhundert haben die beiden Engländer William Whewell und John Lubbock versucht, die neue Theorie von Laplace anzuwenden, um die Gezeiten im Londoner Hafen vorauszusagen. Die bereits etablierten Firmen sahen diese Art des Wettbewerbs natürlich nicht so gern. Doch ihre harte Arbeit gewann erheblich an Wert, als sie sich allgemein vergewisserten, daß die theoretischen Gezeitentabellen eine Menge Fehler enthielten, auf die die Privatunternehmer im übrigen hinwiesen. Es dauerte eine ganze Zeit, bis die von den Physikern erstellten Tabellen eine Genauigkeit erreichten, die den nach der «unwissenschaftlichen» Formel erstellten das Wasser reichen konnte. Eine Anzahl prominenter Wissenschaftler, darunter Lord Kelvin, der Begründer der Thermodynamik, trugen dazu bei, daß die Gezeitenberechnungen zuverlässiger wurden. Noch heutzutage beansprucht die weltweite Voraussage der Gezeiten die Kapazitäten der größten Computer.

Ich denke über die kühnen Pioniere der Gezeitenvoraussage ähnlich wie über die Meteorologen, die heute das Wetter vorherzusagen versuchen. In beiden Fällen sind die allgemeinen Prinzipien, die die Erscheinung bestimmen, gut bekannt. Jedoch müssen so viele Details berücksichtigt werden, damit die Berechnungen zuverlässig sind, daß man oft von der schieren Kompliziertheit erschlagen wird. Die nationale Wettervorhersage zum Beispiel ist bei ihren kurzfristigen Vorhersagen lediglich in sechzig Prozent aller Fälle erfolgreich und bei den langfristigen Vorhersagen noch beträchtlich weniger.

Wenn man hart arbeitet, die neuesten Erkenntnisse der modernen Wissenschaft einsetzt und die besten und schnellsten Computer nach dem neuesten Stand der Technik benutzt, muß das Eingeständnis sehr entmutigend sein, daß man keine viel besseren Vorhersagen zustande bringt als Tante Bessys Rheumatismus auch.

4 Auf der Suche nach Planet X

«An seinem Werk erkennt man den Handwerksmann.»

La Fontaine,
Fabeln

Obwohl viele Menschen nicht genauso über die Gezeiten gedacht haben mögen, sind sie doch eine der wenigen Erscheinungen auf der Erde, die Zeugnis von den Wirkungen außerirdischer Einflüsse auf unser Leben ablegen. Wäre die Erde ständig in dicke Wolken eingehüllt und könnten wir nie den Himmel sehen, so wären wir immer noch in der Lage, die Existenz des Mondes aus den Gezeiten abzuleiten.

Diese Behauptung können wir dank des Newtonschen Gravitationsgesetzes machen, das besagt, daß zwischen zwei Körpern im Universum eine Anziehungskraft besteht. Je größer die Körper, um so größer die Kraft. Sie nimmt jedoch mit zunehmendem Abstand zwischen den beiden Körpern ab. Physiker schreiben Newtons Gravitationsgesetz auf folgende Weise als Formel nieder:

$$K = f \frac{m_1 m_2}{r^2}$$

In dieser Kurzschrift stehen m_1 und m_2 für die trägen Massen der beiden beobachteten Körper, r für deren Abstand, K für die Gravitations- oder Schwerkraft, die auf jeden einzelnen wirkt, und der Proportionalitätsfaktor f ist die sogenannte Gravitationskonstante. In einem Rechensystem, in dem die Masse in Kilogramm und der Abstand in Metern gemessen werden, beträgt der numerische Wert für f genau $6{,}673 \times 10^{-11}$.

Das Wichtige an diesem Gesetz ist nicht etwa seine Form, sondern seine Aussage: Jeder Körper im Universum übt eine Kraft auf jeden anderen Körper aus. Während Sie, lieber Leser, gerade dieses Buch lesen, zieht eine Schwerkraft Sie zum Erdzentrum hin, eine Kraft, mit der Sie vertraut sind und die Gewicht genannt wird. Zugleich üben alle anderen Körper im Universum ebenfalls eine Kraft auf Sie aus. Sie werden also zum Beispiel zum Mond hochgezogen, zum Mars und sogar (wenn auch nur sehr wenig) zur Andromeda-Galaxis hin. Die meisten Himmelskörper sind so weit entfernt, daß ihre Kräfte natürlich nicht meßbar sind. Dennoch sind sie im Prinzip vorhanden.

Newtons Gesetz spricht von einer universellen Gravitation – es gibt keine Einschränkung darüber, was als Himmelskörper in Betracht kommt. Der Mond übt wirklich eine Anziehungskraft auf Sie aus, jedoch auch das Buch, das Sie in Händen halten. Die Größenordnungen der Kräfte, die auf eine 100 kg schwere Person von verschiedenen Körpern ausgeübt werden, sind die folgenden:

Die Kraft ausübender Körper (und Masse in kg)	*Abstand (in m)*	*Kraft (in kg)*
Erde (6×10^{24})	$6{,}4 \times 10^{6}$	99,79
Sonne (2×10^{30})	$1{,}5 \times 10^{11}$	0,06
Mars (6×10^{23})	$7{,}7 \times 10^{10}$	$0{,}68 \times 10^{-7}$
andere Person (100)	1	$0{,}68 \times 10^{-7}$
Buch (0,5)	0,5	$1{,}36 \times 10^{-9}$
naher Stern (2×10^{30})	10 Lichtjahre*	$1{,}36 \times 10^{-13}$
nahe Galaxis (10^{40})	2×10^{8} Lichtjahre	$1{,}81 \times 10^{-18}$

* Ein Lichtjahr ist jene Strecke, die das Licht im leeren Raum während eines tropischen Jahres zurücklegt und beträgt $9{,}460528 \times 10^{15}$ m.

Aus dieser Tabelle entnehmen wir, daß große und nahe Körper die größten Kräfte ausüben, aber daß – wenigstens im Prinzip – die Wirkungen der entfernteren Massen von ausreichend genauen Instrumenten aufgespürt werden könnten. Zu dieser Aussage gibt es natürlich ein Korollarium. Wenn die Andromeda-Galaxis eine Kraft auf uns ausübt, dann gilt entsprechend Newtons Gesetz, daß wir ebenfalls eine Kraft auf sie ausüben. Denken Sie also daran, wenn Sie beim nächsten Mal das Zimmer durchqueren, daß Sie sich nicht nur von einem Platz zu einem anderen bewegen, sondern auch eine Kraft (wenn auch eine sehr kleine) auf jeden anderen Körper im Universum ausüben.

Diese Eigenschaft der Anziehungskraft kann zum Aufspüren entfernter Massen eingesetzt werden, auch wenn diese nicht direkt sichtbar sind. Eine Anwendung dieses Prinzips war die Entdeckung der äußersten Planeten des Sonnensystems. Eine weitere Anwendung, die jeder selbst beim nächsten Strandbesuch durchführen kann, ist die Messung der Mondmasse mit Hilfe eines Maßstocks und eines Stücks Gartenschlauch.

Im vorigen Kapitel habe ich gezeigt, wie die Kombination der Anziehungskraft des Mondes und der Zentrifugalkraft, die mit der Bewegung der Erde – ihrerseits eine Reaktion auf die Anziehungskraft des Mondes – verbunden ist, die Gezeiten verursacht. Da diese beiden Wirkungen von der Mondmasse abhängen, überrascht es nicht, daß der Gezeitenhub (die Höhendifferenz zwischen Ebbe und Flut) von der Mondmasse abhängt. Die Details dieser Abhängigkeit sind, wie wir gesehen haben, vermutlich sehr kompliziert, doch die allgemeinen Grundzüge sollten leicht zu verstehen sein. Wenn wir unterstellen, daß die Erde mit Wasser bedeckt ist, und annehmen, daß der daraus entstehende Ozean am Äquator tiefer als an den Polen ist, sowie eine durchschnittliche Tiefe von 4,5 km zugrunde legen, können wir mit Hilfe einer ziemlich einfachen Formel den Gezeitenhub ermitteln. Wenn wir die Gezeiten auf dem Breitengrad L beobachten, dann beträgt der Gezeitenhub

$$R = 60\,h \left(\frac{T_E}{T_m}\right)^2 \left(\frac{M_m}{M_E}\right)^2 \cos^2 L$$

wobei T_E für die Zeit steht, die die Erde benötigt, um sich einmal um ihre Achse zu drehen (1 Tag), T_m für die Zeit, die der Mond benötigt, um einen Umlauf zu vollenden (29,5 Tage), h für die durchschnittliche Tiefe des Ozeans, M_m für die Mondmasse und M_E für die Erdmasse.

Das Resultat, wie auch das im vorigen Kapitel behandelte, ist eine grobe Vereinfachung des wirklichen Bildes der Gezeiten. Dennoch ist die Erde, so wie wir sie uns vorgestellt haben, um zu dieser Formel gelangen zu können, von der Wirklichkeit nicht sehr verschieden. Die Ozeane *sind* am Äquator tiefer als an den Polen, die Erdoberfläche *besteht* überwiegend aus Wasser, und die Ozeane haben *wirklich* eine durchschnittliche Tiefe von etwa 4,5 km. Deshalb können wir erwarten, daß Schlußfolgerungen aus dieser Gleichung zu irgendeiner Ähnlichkeit mit der wirklichen Welt führen.

Die Masse der Erde beträgt $5{,}973 \times 10^{24}$ kg. Der Breitengrad, hier L, ändert sich selbstverständlich von einem Ort zum andern, doch in den Outer Banks in North Carolina, wo ich die unten besprochenen Messungen durchführte, beträgt er 36°. Der Kosinus von 36° ist 0,81; daher müßte der Gezeitenhub in North Carolina bei einer angenommenen durchschnittlichen Ozeantiefe von 4,5 km

$$R = 608 \left(\frac{M_m}{M_E} \right)^2$$

ergeben. Die Werte für die Größe $\cos^2 L$ in der Formel bezogen auf andere Orte sind in der folgenden Tabelle angegeben. Da wir die Masse der Erde kennen, folgt daraus, daß wir nur den Höhenunterschied zwischen Ebbe und Flut zu messen brauchen, um die Mondmasse berechnen zu können. Hier kommen Gartenschlauch und Maßstock ins Spiel.

Um den Gezeitenhub zu messen, muß man erst einmal herausfinden, wann die Gezeiten am Strand auftreten. Das erreicht man entweder durch eigene Beobachtung, was auch bedeutet, daß man einige Tage vor den beabsichtigten Messungen damit beginnen muß, oder indem man sich diese Information aus örtlichen Quellen beschafft. Gezeitentabellen sind oft in Parks und Häfen angeschlagen und werden unverändert in Zeitungen nachgedruckt. Der erste Schritt bei diesem Experiment ist einfach: Man geht an den Strand und zeichnet die Wasserlinie bei Flut ein. Ich selbst schlage einen Pflock an dem Punkt in den Sand, den ich für die typische Hochwassermarke halte, doch jede andere Art der Markierung ist möglich. Ungefähr sechs Stunden später, bei Ebbe, geht man mit Gartenschlauch und Maßstock an den Strand zurück. Obwohl es nicht unbedingt erforderlich ist, fällt die Messung leichter, wenn man einen Helfer mitnimmt.

Ort	*Breitengrad*	*cos^2 L*
Brunswick (Maine) oder Eugene (Oregon)	44°	0,52
Philadelphia (Pennsylvania) oder Mendocino (Kalifornien)	40°	0,59
Kitty Hawk (North Carolina) oder Monterey (Kalifornien)	36°	0,66
Savannah (Georgia) oder San Diego (Kalifornien)	32°	0,72
Miami (Florida)	26°	0,81

Breitengrade

Gehen Sie zum Strand zurück, so stellen Sie fest, daß das Wasser eine weite Strecke von der Markierung zurückgewichen ist. Die Messung besteht nun darin, die Höhe zwischen den Markierungen von Ebbe und Flut (R in Abbildung 4-1) festzustellen. Legen Sie nun den Gartenschlauch ins Meerwasser und lassen Sie ihn vollaufen. (Die einfachste Methode besteht darin, ihn ganz auszurollen und eine Weile lang unter Wasser zu halten.) Dann halten Sie selbst und Ihr Helfer den Daumen auf die beiden Schlauchenden, damit das Wasser nicht herausläuft, und gehen zum Strand zurück. Der Helfer hält sein Ende des Gartenschlauchs an die Flutmarkierung, und zwar in Bodennähe. Inzwischen nehmen Sie Ihr Ende, gehen damit zur Wasserlinie und bestimmen den Markierungspunkt der Ebbe. Stecken Sie an diesem Punkt einen langen, dünnen Stock in den Sand.

Nun ist alles bereit für die eigentliche Meßarbeit. Es geht jetzt darum, Ihr Schlauchende so lange anzuheben, bis es auf derselben Höhe ist wie das Ihres Helfers. Sie haben Ihr Ziel dann erreicht, wenn Sie beide Ihre Daumen von den Schlauchenden lösen können, ohne daß auf beiden Seiten ein Tropfen Wasser herausläuft.

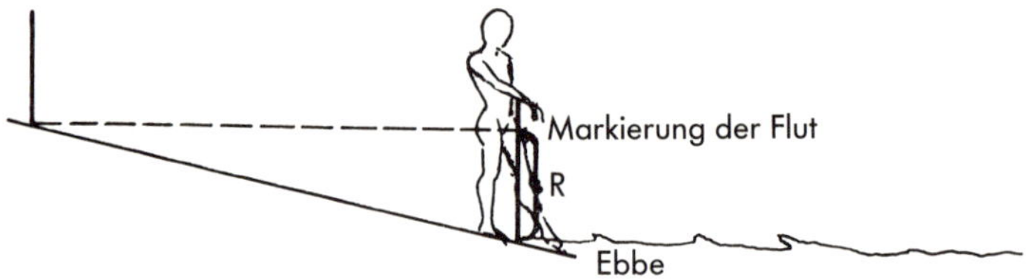

Abbildung 4-1

Um dieses empfindliche Gleichgewicht zu erreichen, bedarf es einiger Versuche, und man braucht nicht unbedingt eine perfekte Waagerechte zu erreichen, um die Mondmasse zu berechnen. Ich gebe hier eine Technik weiter, die an sich gut funktioniert: Ich hebe mein Schlauchende an, bis der Schlauch sich etwa in der Waagerechten befindet und markiere diese Stelle auf dem Maßstock. Auf ein Zeichen lösen mein Helfer und ich für einen kurzen Augenblick unsere Daumen von den Schlauchenden und verschließen sie dann sofort wieder. Das kurze Lösen der Daumen genügt, um festzustellen, auf welcher Seite das Wasser herausläuft. Falls es am anderen Ende ausläuft, dann habe ich den Schlauch zu hoch gehalten. Ich senke mein Ende entsprechend ab, und das ganze Verfahren beginnt von vorn. Dies treiben wir so lange, bis das Wasser an meinem Ende herausläuft. In diesem Augenblick haben wir den Punkt in der Waagerechten ermittelt. Dann ersetzen wir das verlorengegangene Wasser (aus einem Krug) und verfeinern die Messungen. An jenem Tag in North Carolina errechneten wir für den Gezeitenhub eine Höhe von etwa 3,6 Fuß, also etwa 110 cm.

Dieses Ergebnis soll nun analysiert werden. In die obige Gleichung eingesetzt, ergibt der gemessene Gezeitenhub von 3,6

$$\left(\frac{M_m}{M_E}\right)^2 = \frac{3{,}6}{608} = 0{,}0053$$

oder, nach Ziehen der Quadratwurzel, daß

$$\frac{M_m}{M_E} = 0{,}07$$

Dies bedeutet, daß unsere Berechnung eine Mondmasse ergibt von

$$M_m = 0{,}07 \times 5{,}973 \times 10^{24} = 4{,}1811 \times 10^{23}\ \text{kg}$$

Die tatsächliche Mondmasse beträgt $7{,}35 \times 10^{22}$ kg und weicht von unserer Berechnung um den Faktor 6 ab. Berücksichtigt man das primitive Gezeitenmodell und die noch primitivere Meßausrüstung, so liegt unser Ergebnis verblüffend dicht am tatsächlichen Wert. Vielleicht kommen Sie bei Ihren Versuchen ja noch näher an diesen Wert heran.

Der ermittelte Wert für die Mondmasse ist jedoch nicht das wichtigste Ergebnis dieser Übung. Im Zeitalter der Satelliten gibt es weit sorgfältigere Bestimmungen dieser Masse. Nein, das Wichtigste daran ist vielmehr, daß es uns gelungen ist, die Wirkung der Mondanziehungskraft zu erkennen und diese zu messen, ohne den entsprechenden Körper jemals gesehen zu haben. Es besteht nämlich eine Wahrscheinlichkeit von fünfzig Prozent, daß sich der Mond während der Messungen nicht oberhalb des Horizonts befindet – wie dies bei meinen Messungen der Fall war. Ein Körper muß nämlich nicht sichtbar sein, damit wir sein Vorhandensein aufspüren und seine Masse messen können.

Bei unserem Experiment am Strand wird dieser Sachverhalt klar und deutlich, vielleicht ist das jedoch nicht so eindrucksvoll, wie es sein könnte, da wir wissen, daß der Mond ohne weiteres von der Erde aus zu sehen ist. Die Tatsache, daß der Mond sich während meiner Messungen unterhalb des Horizonts befand, macht ihn ja nicht im üblichen Sinn unsichtbar. Jedoch hat sich ergeben, daß viele bedeutende Körper des Sonnensystems ihr Vorhandensein durch ihre Anziehungskraft und nicht etwa durch ihr Licht angezeigt haben. Im Verlauf eines Jahres können fünf verschiedene Planeten am Nachthimmel beobachtet werden: Venus und Merkur (als Morgen- und Abendsterne) sowie Mars, Jupiter und Saturn. Seit der Antike wurde daher angenommen, daß es sich dabei um sämtliche Planeten handle, die es im Weltraum gebe, und in den Debatten über die Astronomie beschäftigte man sich mit Fragen der Struktur und der Mechanik der Sonne und den sechs Planeten. Ich hege den Verdacht, daß einfach niemand auf die Idee gekommen ist, außerhalb der Umlaufbahn von Jupiter könnte es noch andere «Wanderer» geben, die für viele Generationen von Astronomen unbekannterweise auf ihren Umlaufbahnen kreisten.

In der Nacht vom 13. zum 14. März 1781 beobachtete der Astronom Friedrich Wilhelm Herschel den Himmel. Der in Hannover geborene Herschel emigrierte 1765 als Organist nach England. Doch seine starke intellektuelle Neugierde veranlaßte ihn, seinen ursprünglichen Musikerberuf an den Nagel zu hängen und lieber Amateurastronom und Teleskopkonstrukteur zu werden. Schließlich begann er mit einer Vermessung des Himmels, wozu er sein eigenes Teleskop benutzte. Dabei hatte er sich vorgenommen, alle Sterne zu katalogisieren, um den grundlegenden Aufbau des Alls zu bestimmen. Während der Durchführung seines Vorhabens sah er in jener Nacht durch sein Teleskop. Er erblickte einen eher ungewöhnlich unscharfen Körper im Okular und bezeichnete ihn in seinen Protokollen als «einen Kometen oder Nebel». Ein paar Tage später überprüfte er seine Beobachtung und stellte fest, daß dieser Körper sich im Verhältnis zu den Sternen bewegt hatte, und schloß daraus, daß es sich um einen Kometen handle. Herschels Entdeckung stieg kometenhaft in der Gemeinschaft der europäischen Astronomen auf. Nach nur wenigen Monaten der Beobachtung und Berechnung begann es einigen Leuten zu dämmern, daß es sich bei Herschels Entdeckung nicht etwa um einen Kometen, sondern um einen neuen Planeten handelte, der so weit von der Sonne entfernt war, daß er nur mit Hilfe eines Teleskops zu sichten war. Herschels Entdeckung war der erste Hinweis darauf, daß es im Sonnensystem mehr gab, als nur mit bloßem Auge zu erkennen war.

Der Name «Uranus» wurde für den Planeten gewählt, weil er die mythologische Familie am Himmel vervollständigte. Uranus, Gott des Himmels und Gatte der Erde, war der Vater Saturns, der Großvater Jupiters und der Urgroßvater von Mars, Venus, Merkur und Apollo (der Sonne). Längst dahin sind die Tage, in denen die Wissenschaftler hinreichend mit der klassischen Mythologie vertraut waren, um solch elegante Lösungen für die Namensgebung neuer Körper zu finden. Beleg für die neue Konvention in der Namensgebung ist das letzte der chemischen Elemente, das auf den außergewöhnlich häßlichen Namen *un nil hexium* (auf Latein die Zahl 106) lautet.

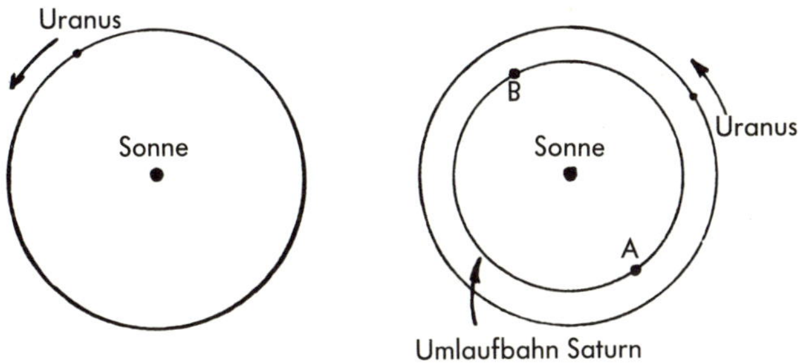

Abbildung 4-2

Während des ganzen übrigen 18. Jahrhunderts arbeiteten die Wissenschaftler daran, Uranus in die vorherrschende Sicht des Sonnensystems einzubeziehen. Von der Kompliziertheit dieser Aufgabe können wir uns ein Bild machen, wenn wir an die Anziehungskräfte denken, die auf die Erde wirken. Die bedeutendste ist selbstverständlich die der Sonne, da diese Anziehungskraft Uranus im Sonnensystem hält. Wären Uranus und die Sonne die einzigen zu betrachtenden Körper, dann würde der Planet auf einer fast kreisförmigen, leicht elliptischen Bahn umlaufen, wie im linken Teil von Abbildung 4-2 dargestellt. Wir wissen jedoch, daß es im Sonnensystem noch weitere Planeten gibt. Zum Zwecke der Illustrierung zeigen wir die Umlaufbahn von Saturn rechts. (In dieser und den folgenden Abbildungen ist der Maßstab verzerrt dargestellt, damit die wesentlichen Gesichtspunkte betont werden können.) Befindet sich Saturn, der dem Uranus nächste Planet, in Punkt A auf seiner Umlaufbahn, dann führt die Anziehungskraft von Saturn dazu, Uranus zurückzuhalten und ihn abzubremsen. Befindet sich Saturn voraus auf Punkt B, führt dieselbe Anziehungskraft dazu, Uranus zu beschleunigen, und die normale sanfte Bewegung des Planeten ist gestört. Für einen Beobachter auf der Erde bewegt sich der Uranus erst zu langsam, dann zu schnell.

Saturn umkreist die Sonne in dreißig Jahren einmal, während Uranus einen kompletten Umlauf in behäbigen 84 Jahren bewältigt. Saturn übt stets eine Kraft auf Uranus auf, doch bei jedem Umlauf erreicht diese Kraft ihre maximale Größe, da die beiden Planeten sich dann so nahe wie möglich befinden. Genau während dieser Periode ist die Störung der Umlaufbahn von Uranus wegen der Nähe von Saturn am größten, folglich ist diese Wirkung von Saturn auf Uranus dann von der Erde aus am leichtesten zu beobachten.

Im Prinzip übt jeder andere Planet im Sonnensystem dieselbe Wirkung auf Uranus aus, doch die meisten sind zu klein und zu weit entfernt, um größere Störungen zu verursachen. Will man die Umlaufbahn von Uranus untersuchen, dann genügt es, nur Saturn und Uranus, die beiden größten Planeten, zu berücksichtigen. Jupiter erzeugt alle zwölf Jahre eine Verlangsamung und eine Beschleunigung, also genau die Zeit, die der Planet braucht, um einmal die Sonne zu umkreisen.

Aus diesen Gründen konfrontierte die Entdeckung von Uranus die Astronomen in den achtziger Jahren des 18. Jahrhunderts mit zwei Problemen. Erstens mußten sie die Details der Umlaufbahn bestimmen; zweitens mußten sie nachweisen, daß die Umlaufbahn vollständig aus Newtons Gravitationsgesetzen zu erklären war.

Theoretisch reicht es – um die erste Aufgabe zu lösen –, den Planeten während eines kompletten Umlaufs am Himmel zu beobachten. Bei den 84 Jahren jedoch, die Uranus dazu braucht, würde die Geduld der meisten Astronomen etwas überstrapaziert; eine Ersatzmethode für diesen lebenslangen Vorgang mußte also entwickelt werden. Von den vorgeschlagenen Methoden waren zwei – eine mathematische und eine historische – besonders wichtig.

Die historische Methode läuft unter der Bezeichnung «Sichtung vor der Entdeckung» und beruht darauf, daß der Planet vermutlich bereits früher von Astronomen gesichtet wurde, die seine Position aufzeichneten, sich jedoch nicht im klaren darüber waren – entweder aus Pech oder aus Versehen –, daß sie einen neuen Planeten und nicht etwa einen schwachen Stern erblickten. Der deutsche Astronom Johann Tobias Mayer zum Beispiel registrierte 1756 einen schwachen Stern in einer Position, an der Uranus zu dieser Zeit hätte vermutet werden können und in der 1781 kein Stern gesichtet werden konnte. Daraus schloß man, daß Mayer in Wirklichkeit Uranus gesehen hatte, ohne jedoch die Bedeutung dessen erkannt zu haben, was ihm da unter die Augen gekommen war. Die Position von 1756 wurde nun von jenen Astronomen, die die Umlaufbahn des neuen Planeten zu skizzieren versuchten, den Beobachtungen nach seiner Entdeckung hinzugefügt. Ein systematisches Studium alter Aufzeichnungen förderte schließlich Sichtungen des Planeten zutage, die bis auf das Jahr 1609 zurückreichten.

Daten dieser Art waren äußerst wichtig für all jene, die die Umlaufbahn von Uranus von einem mathematischen Blickwinkel aus angehen wollten. Dieses Problem wird einleuchtend durch die Betrachtung der Abbildung 4-3. Im Verlauf des Jahres nach seiner Entdeckung hat der Planet 1/84 der vollständigen Umlaufbahn zurückgelegt – vom Punkt A bis zum Punkt B. Da fast jeder Astronom auf der Welt diesen Vorgang verfolgt, ist dieser Teil eines winzigen Bruchstücks der Umlaufbahn sehr gut dokumentiert. Durch diese Region können jedoch viele Ellipsen gezogen werden, deren jede eine angemessene Annäherung der wirklichen Umlaufbahn zwischen A und B ist, an anderen Punkten jedoch erheblich von ihr abweicht. Einige davon sind in der Abbildung aufgezeichnet. Auf der Grundlage der Mathematik allein ist es nicht möglich, die wirkliche Umlaufbahn in dieser Situation zu bestimmen. Wenn wir jedoch über einen dritten Punkt C verfügen, dann können viele der falschen Ellipsen ausgeschieden werden. Die Sichtungen vor der Entdeckung liefern Punkte dieser Art.

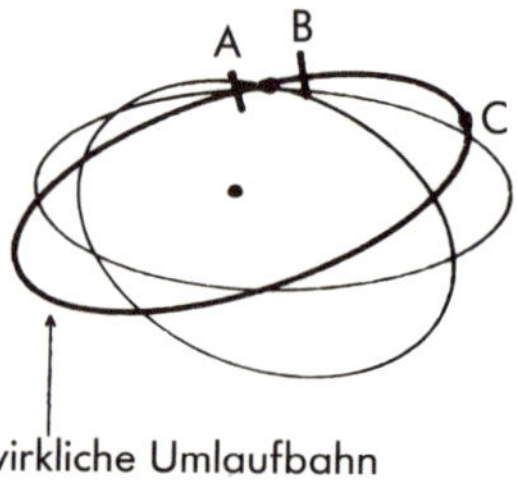

Abbildung 4-3

Während des übrigen 18. Jahrhunderts und weit bis ins 19. hinein haben Astronomen sich mit Problemen herumgeschlagen, die die Bewegung von Uranus ihnen aufgab. Kaum hatte jemand eine Umlaufbahn skizziert, die die alten Sichtungen berücksichtigte und ziemlich genau mit den Daten nach der Entdeckung übereinstimmte, begann die Bewegung des Planeten von der neu vorausberechneten Umlaufbahn zu divergieren. Eine Anzahl bekannter Astronomen setzte in dieser Periode ihren Ruf aufs Spiel. Während die Beobachtungen zunahmen und die mathematischen Techniken verfeinert wurden, schien das Problem nur noch ärger zu werden.

Bis 1840 war das Unvermögen, eine Erklärung für das Verhalten von Uranus zu finden, zu einer Art größerem wissenschaftlichen Skandal herangewachsen. Da man die Umlaufbahnen entsprechend Newtons Gravitationsgesetzen und den bekannten Positionen der inneren Planeten berechnet hatte, gab es nur drei mögliche Lösungen für die Schwierigkeiten. Entweder waren Newtons Gesetze nicht korrekt bei der Anwendung auf riesige

Entfernungen, oder irgendein außergewöhnlicher Zwischenfall hatte eine Veränderung der Umlaufbahn von Uranus zwischen den Sichtungen vor und nach seiner Entdeckung verursacht, oder es gab mehr Körper im Sonnensystem, als bis dato entdeckt worden waren.

Ein solcher Sachverhalt ist in der Wissenschaft dann nicht ungewöhnlich, wenn Probleme hartnäckig fortbestehen. Nichts scheint zu funktionieren, und jedermann fängt an, über alle Arten von Möglichkeiten nachzudenken, um die Schwierigkeiten zu lösen. Bringen Wissenschaftler Alternativen wie die beiden ersten vor, dann ist es mehr als wahrscheinlich, daß man die Stimme der Hoffnungslosigkeit vernimmt. So wie die Gravitationsgesetze bestehen, sind sie einfach, schön und elegant. Zu vermuten, daß das d^2 in der Gleichung im Fall riesiger Entfernungen durch so etwas wie $d^{1,998}$ ersetzt werden müsse, ist ein seltsam häßlicher Weg, eine Schwierigkeit zu verdrängen. Die meisten Wissenschaftler würden einem Nobelpreisträger zustimmen, der – im Zusammenhang einer anderen Debatte – vor kurzem dazu meinte: «Falls dies die Lösung sein soll, dann ist mir das Problem lieber.»

Genau dasselbe könnte man über die Behauptung sagen, bald nach Mayers Sichtung im Jahr 1756 sei ein gigantischer Komet mit Uranus zusammengestoßen und habe dessen Umlaufbahn gerade um soviel verändert, daß die Diskrepanzen zwischen der vorausgesagten und der beobachteten Position erklärt werden konnten.

Im Jahre 1845 schlossen zwei unabhängig voneinander arbeitende Männer ihre Berechnungen auf der Grundlage der dritten Hypothese ab. Sie nahmen an, daß das unerklärliche Verhalten von Uranus dem Vorhandensein eines bis dahin unbekannten Planeten zuzuschreiben sei, der sich weit außerhalb des bekannten Sonnensystems befinde. Ein solcher Planet kündige sein Vorhandensein durch seine Anziehungskräfte an, sei jedoch so schwach, daß er der Aufmerksamkeit der Astronomen jener Zeit entgangen sei.

Einer dieser beiden Männer war John Couch Adams, Student am St. John's College in Cambridge; der andere war Urbain Leverrier von der Ecole Polytechnique in Paris. Beide hatten detaillierte Berechnungen ausgeführt, um die Position des unbekannten

Planeten genau zu bestimmen. Da die Entdeckung dieses zusätzlichen Planeten eine Kontroverse darüber auslöste, wem dabei die Ehre des Vorrangs gebühre, möchte ich im folgenden die wichtigen Daten angeben und den Leser entscheiden lassen, wem er das Verdienst daran zusprechen will:

1. September 1845: Adams beendet seine Berechnungen und versucht erfolglos, die Astronomen in Cambridge für eine Suche zu interessieren.

1. November 1845: Adams schickt seine Ergebnisse an den Hofastronomen Sir George Airy.

10. November 1845: Leverrier veröffentlicht seine ersten Ergebnisse in einer Mitteilung der Académie française.

1. Juni 1846: Leverrier publiziert einen zweiten Artikel.

9. Juli 1846: Airy befürwortet, daß englische Astronomen nach dem fehlenden Planeten suchen.

4. August 1846: Der Planet wird von englischen Astronomen zwar gesichtet, aber nicht erkannt.

18. September 1846: Leverrier schreibt an die Astronomen des Berliner Observatoriums und bittet sie, nach dem neuen Planeten Ausschau zu halten.

23. September 1846: Johann Gottfried Galle und Heinrich d'Arrest entdecken nach einer halben Stunde Beobachtung am Teleskop den neuen Planeten, den wir heute Neptun nennen.

Nachdem die Entdeckung bekanntgegeben worden war, wurden die widerstreitenden Ansprüche der beiden Forscher vorgetragen. Nationale Gefühle kamen ans Tageslicht, und die gesamte Affäre wuchs sich in der Massenpresse zu einem Konflikt größeren Ausmaßes aus. Die Tageszeitung *Le National* in Paris bezichtigte England, «Frankreich als dämliche Nation zu behandeln ... und kröne alles mit dem glorreichen Kehrreim: ‹Adams und England über alles›», und von da an fiel das Niveau der Auseinandersetzung stetig. Glücklicherweise fand dieser eher gehässige Aspekt im Zusammenhang mit einer wissenschaftlichen Entdeckung eine freundliche Lösung. Als Leverrier und Adams sich Jahre später trafen, schlossen sie Freundschaft und verteidigten das jeweilige Werk des andern, wenn Fragen nach einem Vorrang auftauchten.

Der neue Planet vollendet einen Umlauf um die Sonne in etwa 165 Jahren. Bis zum heutigen Tage hatte er also nicht genügend Zeit, um nach seiner Entdeckung einen kompletten Umlauf zu vollenden. Die Analyse der Umlaufbahn von Neptun war in der Folge eine haarige Angelegenheit. Zu Anfang dieses Jahrhunderts wurde deutlich, daß der zusätzliche Planet Neptun nicht sämtliche Unklarheiten im Zusammenhang mit Planetenumlaufbahnen ausgeräumt hatte. Zum einen hatte die zusätzliche Wirkung der Anziehungskraft von Neptun nicht vollständig die Schwierigkeiten mit der Umlaufbahn von Uranus beseitigt. Zum anderen begann die Umlaufbahn von Neptun Schwierigkeiten von der gleichen Art zu bereiten, die Adams und Leverrier zu ihren Berechnungen veranlaßt hatten. Um die Jahrhundertwende wurden ernsthafte Betrachtungen darüber angestellt, daß Neptun möglichwerweise nicht das letzte Kapitel in der Geschichte des Sonnensystems sei.

Der Hauptvertreter dieses Standpunktes war der amerikanische Astronom Percival Lowell, Abkömmling einer alten und berühmten Familie aus Neuengland. Mit privatem Reichtum gesegnet, leistete er sich, wovon andere Astronomen nur träumen können: ein eigenes Observatorium (das Lowell-Observatorium in Flagstaff in Arizona). Heutzutage erinnert man sich hauptsächlich an ihn wegen seines Beharrens auf der Behauptung, daß es auf dem Planeten Mars Kanäle gebe und daß sie auf das Vorhandensein einer fortschrittlichen Zivilisation hindeuteten. Er schrieb eine Reihe allgemeinverständlicher Bücher zu diesem Thema (darunter *Mars as the Abode of Life*) und spielte im frühen 20. Jahrhundert eine Rolle, die der von Carl Sagan heute entspricht. Doch inmitten des Rummels um die Kanäle auf Mars suchte Lowell nach einem neuen Mitglied im Sonnensystem, einem Körper, den er Planet X taufte.

Im Jahre 1913 trug Lowell die besten verfügbaren Daten über die Umlaufbahnen der anderen Planeten zusammen und gab sie seinem Computer. In diesen vergleichsweise einfachen Tagen bezeichnete man mit dem Begriff «Computer» jene Leute, die sich ihren Lebensunterhalt mit mühsamen, per Hand ausgeführten Berechnungen verdienten (der Nachruf auf den letzten Computer des Greenwich-Observatoriums in London erschien in den Zeitungen übrigens erst vor ein paar Jahren). Lowells Computer, eine gewisse Elizabeth Williams, stellte Voraussagen über die Umlaufbahn des Planeten X auf, die Lowell im Jahr 1915 auf einer Versammlung der American Academy of Arts and Science unter dem Titel «Abhandlungen über einen trans-neptunischen Planeten» publik machte. Leider hielten sein Tod im darauffolgenden Jahr und die mit dem Testament zusammenhängenden juristischen Auseinandersetzungen das Observatorium einige Zeit lang davon ab, eine größere Suche nach dem Planeten X zu organisieren.

Im Jahre 1929 stellte das Observatorium Clyde W. Tombaugh ein, einen Bauernsohn aus Kansas und talentierten Amateurastronomen, damit er sich auf eine systematische Suche nach dem von Lowell vorausgesagten Planeten mache. Seine Vorgehensweise bestand darin, kurz nacheinander Fotos von einem bestimmten Gebiet am Firmament zu machen und dann nach schwachen Punkten zu suchen, die sich innerhalb etwa einer Woche nur über eine geringe Entfernung fortbewegt hatten. (Die Bedingung, daß die Bewegung nur geringfügig sei, war deshalb notwendig, um die Tausende sich schnell bewegender Asteroiden auszusondern, die das Teleskop aufschnappte.) In einer Fotoserie vom Januar 1930 fand Tombaugh schließlich das, wonach er suchte: einen kleinen, schwachen Punkt, der sich in der Zeit zwischen zwei Fotoaufnahmen fortbewegt hatte.

Nach einer Periode der Überprüfung und der Berechnungen kam die Ankündigung – der Planet X (oder Pluto, wie wir ihn heutzutage nennen) war gefunden. Wieder einmal hatte ein ferner Planet uns sein Vorhandensein nicht optisch, sondern durch seine Anziehungskräfte angezeigt. Als man daranging, nach Sichtungen vor der Entdeckung zu suchen – was inzwischen durch die Existenz umfangreicher Sammlungen mit Fotoplatten leichter geworden war –, kam eine Ironie der Geschichte ans Tageslicht. Im Jahr 1915, jenem Jahr, in dem Lowell seine Abhandlung publik gemacht hatte, war ein Abbild von Pluto bereits auf eine Fotoplatte in Flagstaff gebannt worden. Diese verblüffende Bestätigung seiner Voraussage lag also fünfzehn Jahre lang irgendwo verborgen, bevor sie zum Vorschein kam.

Es wäre angenehm, könnte ich dieses Kapitel klar und deutlich mit der unzweideutigen Aussage abschließen, daß es nach der Entdeckung von Pluto nun keine weiteren Probleme mehr mit den Umlaufbahnen der Planeten und dort draußen auch keinen weiteren Planeten X mehr gäbe. Doch leider sind die Verhältnisse nicht so einfach.

Im Jahre 1978 gelangen James Christy und Anthony Hewitt vom US-Marineobservatorium einige sehr scharfe Fotos von Pluto. Sie entdeckten, daß der erdfernste Planet einen Mond besitzt (in der Folge auf den Namen Charon getauft). Durch die Beobachtung der Mondumdrehung um den Planeten kann die genaue Masse von Pluto bestimmt werden. Das Ergebnis: Plutos Masse beträgt lediglich ein Tausendstel der Erdmasse oder ein Zehntel der Mondmasse. Die durchschnittliche Entfernung von Pluto zur Sonne ist vierzigmal größer als die der Erde zur Sonne, während die durchschnittliche Entfernung zu Uranus zwanzigmal größer ist. Sollte Pluto wirklich so klein sein, wie diese Maßangaben erkennen lassen, dann ist die von Pluto auf Uranus wirkende Anziehungskraft geringer als die des Mondes auf Uranus! Mit anderen Worten: Falls es wirklich eine unerklärliche Störung in der Fortbewegung von Uranus gibt, dann löst Pluto diese Frage nicht. Entweder werden detailliertere Analysen ergeben, daß die Wirkungen, die Lowell mehrfach für die Umlaufbahn von Pluto vorhersagte, sehr viel kleiner sind als er annahm, oder es muß außerhalb der Umlaufbahn von Pluto etwas geben, das sein Vorhandensein durch seine Anziehungskraft mitteilt.

Planet X, wo bist du?

5 Die Rückseite des Mondes

Hat die Erde einen einzigen Umlauf gemacht,
weiß der Werkmann, daß der Tag ist vollbracht.

Choralgesang von Perkins, Gent.

Jeder, der die sechziger Jahre bewußt miterlebt hat, wird sich an ein besonders dramatisches Ereignis im Zusammenhang mit dem Apollo-Raumfahrtprogramm erinnern. Für die meisten Menschen ist dies jener historische Augenblick, in dem Neil Armstrong als erster Mensch seinen Fuß auf die Oberfläche des Mondes setzte. Für mich jedoch kann ein früheres Ereignis einen Ehrenplatz beanspruchen. Es war während der Apollo-8-Mission im Dezember 1968. Selbstverständlich wurde sie im Fernsehen direkt übertragen, und während sich das Raumschiff nach wie vor auf seiner Erdumlaufbahn befand, hörten wir die lakonische Durchsage eines der Astronauten: «Alle Systeme bereit für TLE.»

Der Fernsehkommentator erklärte, daß TLE eine Abkürzung für trans-lunares Einschießen sei. Es dauerte eine ganze Weile, bevor ich das kapierte. Trans-*lunares* Einschießen – mein Gott, die wollten zum Mond! Sie würden weiter von der Erde entfernt sein, als je ein Mensch zuvor. Sie wären die ersten Menschen, die die Rückseite des Mondes sähen. Ich war ganz davon überwältigt, daß sie in der Vorbereitungsphase der größten jemals unternommenen Reise nichts anderes sagen konnten als «Alle Systeme bereit».

Zu jener Zeit hat uns Tom Wolfe in seinem wunderbaren Buch *Die Helden der Nati*on die Ethik der Testpiloten erklärt, an der sich die Astronauten orientierten, eine Ethik, die die Forderung einschließt, daß die wichtigsten Äußerungen so undramatisch wie möglich zu tun seien. Dennoch ändert dies nichts an der Tatsache, daß diese Astronauten, und einige wenige ihrer Nachfahren, nach wie vor die einzigen menschlichen Wesen sind, die die uns abgewandte Seite des Mondes gesehen haben. Wir gemeinen Sterblichen müssen uns mit den Fotos und dem seit alters her bekannten Anblick zufriedengeben, den der Mond uns Erdbewohnern bietet.

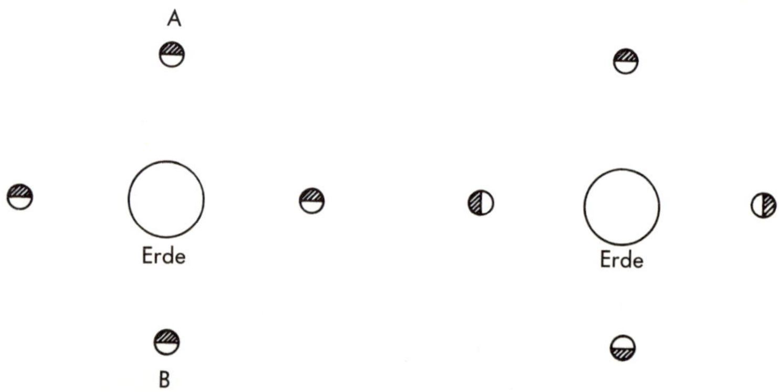

Abbildung 5-1

Die Beständigkeit, mit der der Mond uns sein Antlitz zeigt, ist uns so vertraut geworden, daß wir sie als gegeben hinnehmen. Doch denkt man einen Augenblick darüber nach, so stellt man fest, daß sie wahrlich bemerkenswert ist. Abbildung 5-1 stellt die erdabgewandte Seite des Mondes als schraffierte, dunkle Halbkugel dar. Der Mond umkreist die Erde einmal im Monat. Würde sich der Mond nicht um seine eigene Achse drehen, dann würde sich uns die links dargestellte Situation bieten. Denn die uns bekannte Seite des Mondes ist in Punkt A der Erde zugekehrt (und daher sichtbar). Zwei Wochen später befindet sich der Mond in Punkt B, seine Rückseite der Erde zugewandt. Da wir jedoch die Rückseite nie sehen, können wir daraus schließen, daß der Mond sich in der Tat um seine eigene Achse drehen muß, genau wie die Erde.

Ein kurzer Gedanke wird uns davon überzeugen, daß diese Drehung – die Länge eines «Mondtages» – dergestalt sein muß, daß der Mond sich in genau derselben Zeitspanne sowohl einmal um seine Achse dreht wie er einmal die Erde umkreist. Diese Situation ist rechts dargestellt. Das ist übrigens die einzig denkbare Möglichkeit dafür, daß der Mond uns stets dieselbe Seite zukehrt.

Dies jedoch ist verblüffend. Weshalb sollte die Dauer des Mondtages, unter all der unterschiedlichen möglichen Dauer, genau der des Mondmonats entsprechen? Es besteht kein einleuchtender physikalischer Zusammenhang zwischen der Drehung eines Körpers um seine Achse und der benötigten Umlaufzeit auf der Umlaufbahn. Der Erdtag zum Beispiel ist von der Dauer eines Erdjahrs sehr verschieden. Doch beim Mond sind diese beiden Werte genau gleich. Kann das ein purer Zufall sein? Die natürliche Reaktion darauf ist, daß es nicht möglich ist – es muß irgendeinen Grund für diese bemerkenswerte Übereinstimmung geben.

Es existiert ein solcher Grund, und dieser Grund hat mit den Gezeiten zu tun. Hören wir das Wort Gezeiten, so denken wir unweigerlich an das Ansteigen und Fallen des Wassers in den Ozeanen. Doch wenn wir uns daran erinnern, daß der Ursprung für die Gezeiten im Zwischenspiel zwischen den Anziehungs- und Zentrifugalkräften des Mondes begründet ist, dann wird man schnell erkennen, daß dies eine zu enge Sicht der Dinge ist. Die für die Gezeiten verantwortlichen Kräfte wirken auf das Meerwasser und führen zu Gezeitenbauchungen, wie beschrieben. Sie wirken aber auch auf feste Körper und erzeugen dort genau dieselbe Art von Wirkungen. Etwas von den festen Substanzen an Land unterliegt genau derselben Kraft, die auch die Gezeiten im Wasser verursacht. Das Festland reagiert darauf natürlich nicht so stark wie das Wasser, reagiert jedoch immerhin.

Aus diesem Grund könnten wir auch an Land mit einer Gezeitenbauchung rechnen. Die Form der Erde wird zum Beispiel durch die Gezeitenkräfte in die bereits bekannte Form mit zwei Zipfeln verformt, wie in Abbildung 5-2 dargestellt. Diese stellt eine Kompression der festen Erde selbst dar und wäre vorhanden, egal ob es dort Ozeane gibt oder nicht. Jemand, der auf der Erde steht, würde dann das Land zweimal pro Tag ansteigen und sinken sehen, genau wie beim Ozean. Die Gesamtbewegung der Erde ist dabei so klein – eine Sache von ein paar Zentimetern –, daß sie für unsere Sinne nicht wahrnehmbar ist, wenngleich sie mit empfindlichen seismographischen Geräten deutlich zu messen ist. Diese Art von Erscheinungen wird gewöhnlich Erd- oder Landgezeiten genannt, um sie von den bekannten und eher sichtbaren Ozeangezeiten zu unterscheiden.

Abbildung 5-2

Wenden wir unsere Aufmerksamkeit von der Erde ab und dem Mond zu, so wird die Bedeutung der Landgezeiten offensichtlich. Wenn es auf dem Mond auch keine Ozeane gibt, so gibt es dennoch Gezeiten. Wir können erwarten, daß die Anziehungskraft der Erde auf dem Mond eine solche Gezeitenbauchung hervorruft, wie in Abbildung 5-2 dargestellt. Jemand, der auf dem Mond steht, sieht also eine Gezeitenbauchung zweimal im Mondmonat, also alle zwei Wochen.

Wäre der Mond vollkommen elastisch – etwa wenn er aus einem gummiähnlichen Material bestünde, das unmittelbar auf eine auf es wirkende Kraft reagieren könnte –, dann würde sich die Gezeitenbauchung so ausrichten, daß sich ein Zipfel genau unter der Erde, der andere genau der Erde gegenüber befände. Diese Situation wird links in Abbildung 5-3 gezeigt. Nun ist aber in Wirklichkeit kein Körper im Universum vollkommen elastisch. Es gibt stets Unvollkommenheiten und innere Reibungsursachen, die die Reaktion eines Festkörpers auf eine auf ihn wirkende Kraft abbremst. Dies wiederum ist die Garantie dafür, daß es eine gewisse Zeit dauert, bis ein Festkörper sich den äußeren Umständen anpaßt. Auf dem Mond muß man sich Felsgestein vorstellen, das angezogen und gewälzt wird, um die Gezeitenbauchung zu bilden (eine Übertreibung dessen, was wirklich geschieht, gewiß), mit einer Spanne zwischen der Zeit, in der die Kraft und die Festkörperverformung am größten sind. Dies entspricht etwa folgender Erscheinung: Drückt man einen Gummiball zusammen und läßt ihn dann plötzlich los, so braucht es eine Weile, bis der Ball seine ursprüngliche Form zurückgewinnt.

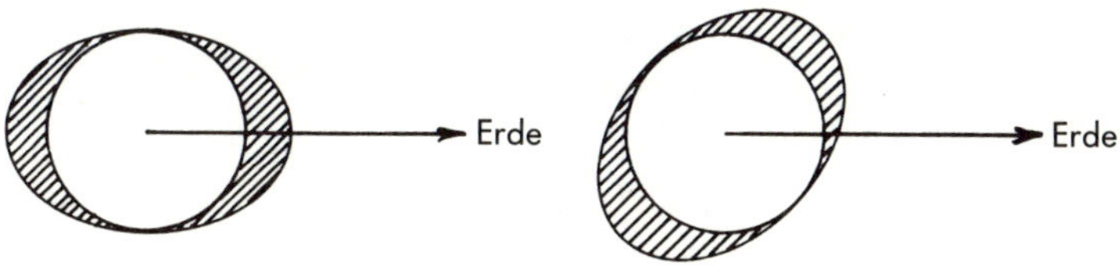

Abbildung 5-3

Während der Zeitspanne, da das Felsgestein sich hochrappelt, um den Gezeitenkräften zu folgen, dreht sich der Mond weiter um seine eigene Achse. Wenn wir beispielsweise einmal annehmen, daß der Mond – wie die Erde – weniger Zeit braucht, um sich um seine eigene Achse zu drehen als einen Umlauf zu vollenden, dann ist das Ergebnis der Zeitverschiebung eine Verlagerung der Gezeitenbauchung. Während die Bauchung anwächst, wird sie jedoch über die Linie hinausgetragen, die die Zentren von Erde und Mond verbindet. Diese Situation ist rechts in Abbildung 5-3 dargestellt.

Die Tatsache, daß der Mond kein vollkommener Festkörper ist – da Quellen innerer Reibung in seiner Struktur vorhanden sind –, führt direkt zu der Situation, in der die von der Erde hervorgerufene Gezeitenbauchung nicht genau symmetrisch auf der Mondoberfläche verteilt ist. Die Anziehungskraft der Erde wirkt nicht auf einen Mond, der die Gestalt einer vollkommenen Kugel besitzt, sondern auf einen von einer asymmetrischen Gezeitenbauchung leicht verformten Mond. Eine übertriebene Darstellung eines solchen Mondes ist in Abbildung 5-4 zu sehen. Die Erdanziehungskraft wirkt natürlich auf jedes Massenteilchen des Mondes, doch für den größten Teil des Mondes gilt, daß diese Tatsache nicht die Umdrehungsgeschwindigkeit beeinflußt. Zum Beispiel wirkt eine Kraft auf ein Massenteilchen in Punkt A, die den Mond im Uhrzeigersinn drehen möchte, doch diese Tendenz wird aufgewogen durch die Kraft auf ein Massenteilchen in Punkt B – eine Kraft, die den Mond im Gegenuhrzeigersinn drehen möchte. Wäre der Mond vollkommen sphärisch, gäbe es für jeden Punkt B einen entsprechenden Punkt A, und die Erdanziehungskraft würde keine Monddrehung verursachen.

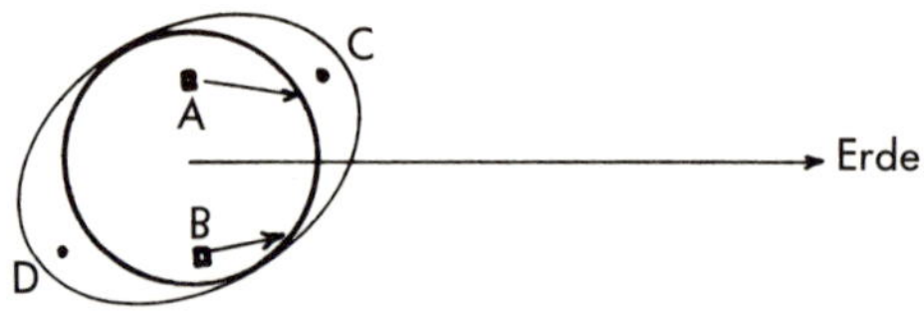

Abbildung 5-4

Gehen wir jedoch zum Material der Gezeitenbauchung zurück, so verändert sich die Sachlage. Die Punkte C und D sind typisch für diejenigen, mit denen sie in diesem Fall zu vergleichen sind. Einmal mehr sehen wir, daß die Erdanziehungskraft auf C den Mond im Uhrzeigersinn dreht, während die Wirkung auf D genau in die Gegenrichtung zielt. Doch C und D befinden sich nicht in derselben Entfernung von der Erde. Dies bedeutet, daß die auf C wirkende Kraft – wegen der geringeren Entfernung von C zur Erde – größer ist als diejenige auf D. Hieraus folgt, daß die Kraft, die eine Drehung im Uhrzeigersinn bewirkt, größer ist als jene

Kraft, die eine Drehung in Gegenrichtung bewirkt. Die daraus resultierende Wirkung besteht darin, daß die Erdanziehungskraft, die die Gezeitenbauchung des Mondes beeinflußt, die Drehbewegung des Mondes abbremst.

Wenn sich aber der Mond langsamer dreht, dann wird die Gezeitenbauchung beim Anschwellen nicht so weit hinausgetragen, und die Asymmetrie der Bauchung nimmt ab. Die Form des Mondes verändert sich entsprechend des in Abbildung 5-5 gezeigten Verlaufs. Dreht sich der Mond zu schnell, so daß die Gezeitenbauchung weit vorwärtsgetragen wird, dann wird die Wirkung der Kraft, die diese Gezeiten verursacht, in erster Linie diese Drehung abbremsen, so daß die Gezeitenbauchung immer weniger weit getragen wird. Das Endergebnis dieses Vorgangs ist natürlich, daß der Mond sich schließlich mit einer angemessenen Geschwindigkeit so dreht, daß die Gezeitenbauchung sich genau unterhalb der Erde befindet. Astronomen sagen, daß der Mond «entwirbelt» ist, und man kann sich davon überzeugen, daß bei dieser Anordnung die Gezeitenkräfte keine weitere Wirkung auf die Drehgeschwindigkeit besitzen.

Abbildung 5-5

Nehmen wir einmal an, der Mondtag wäre bedeutend länger als der Mondmonat. Welche Wirkung besäßen die Gezeiten in diesem Fall? Ein Beobachter auf dem Mond würde dann die Erde schnell überkopf erblicken. Wenn das Festland schließlich als Reaktion auf die Gezeitenkräfte angestiegen wäre, hätte sich die Erde bereits weiter entfernt. Die Situation entspräche der in Abbildung 5-6. Die Erde würde der Gezeitenbauchung vorauslaufen, und die Erdanziehungskräfte würden die Drehgeschwindigkeit des Mondes beschleunigen, bis sich die Gezeitenbauchung unterhalb der Erde befände.

Gleich mit welcher Geschwindigkeit der Mond sich zu drehen beginnt, schließlich und endlich geht es immer auf dieselbe Weise mit ihm aus. Die Drehgeschwindigkeit muß sich so anpassen, daß die Gezeitenbauchung stets der Erde folgt. Der «Mondtag» muß mit anderen Worten *genau* so lang sein wie der Mondmonat. Jede Abweichung würde zu einer Gravitationswirkung führen, die den Mond in eine Gleichgewichtssituation zurückzwänge.

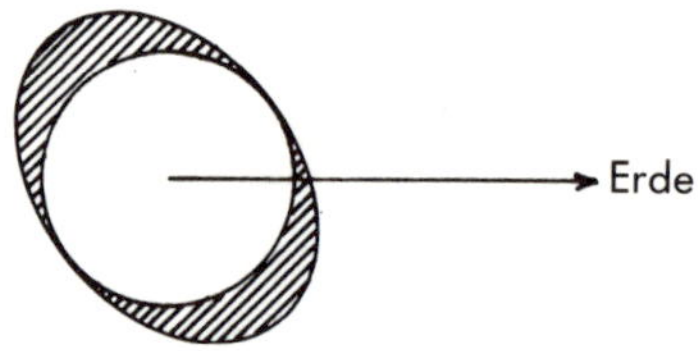

Abbildung 5-6

Wir sehen also die Rückseite des Mondes nie, weil er vor langer Zeit von den durch die Erde verursachten Gezeitenkräften entwirbelt wurde. Dabei handelt es sich um einen ziemlich raschen Vorgang, wenn man die geologische Zeit zugrunde legt. Der gesamte Entwirbelungsvorgang mag etwa 10 Millionen Jahre in Anspruch genommen haben – weniger als 0,1 Prozent der Lebensdauer des Erde-Mond-Systems. Die Gezeitenentwirbelung ist tatsächlich an mehreren Orten im Sonnensystem zu beobachten. Die inneren Trabanten von Jupiter und Saturn, den größten Planeten, haben Tage und Monate, die genau gleich lang sind. Von der Sonnenanziehungskraft verursachte Gezeitenwirkungen hatten auch einen Einfluß auf Venus und Merkur. Die anderen Planeten sind zu weit von der Sonne entfernt, um auf irgendeine nennenswerte Weise entwirbelt zu werden.

Wenn das Kraftfeld der Erde einen Einfluß auf die Geschwindigkeit der Erddrehungen hat, so liegt es nicht fern anzunehmen, daß das Kraftfeld des Mondes einen vergleichbaren Einfluß auf die Erde besitzt.

Wir können uns zwei Mechanismen vorstellen, durch die sich ein solcher Einfluß bemerkbar macht: Erdgezeiten (in diesem Fall korrekt benannt) und Ozeangezeiten. Da die Erde sich einmal am Tag dreht, wogegen der Mond einen vollen Monat dazu braucht, hält die Erde dem Mond nicht ständig dieselbe Seite hin; sie ist noch nicht entwirbelt worden. Der Erdtag ist kürzer als ein Erdmonat; deshalb sind die Voraussetzungen gegeben, damit die mit den Erdgezeiten verbundene Bauchung etwas über die Linie hinausgezogen wird, die vom Erd- zum Mondzentrum geht. Die Ozeangezeiten verhalten sich umgekehrt, wie bereits im 1. Kapitel beschrieben, und zwar wegen der geringen Tiefe der Ozeane. Die Wirkungen der Reibungen auf die Gezeitenbauchung im Ozean sind mit einem flüchtigen Blick nicht auszumachen und müssen vielmehr mathematisch berechnet werden. Es stellt sich heraus, daß wegen der Reibungswirkung auf die Gezeiten in einem Ozean geringer Tiefe die Bauchung etwas hinter der erwarteten Position herhinkt. Die Nettoreibungswirkung auf die beiden Gezeiten auf der Erde ist in Abbildung 5-7 dargestellt.

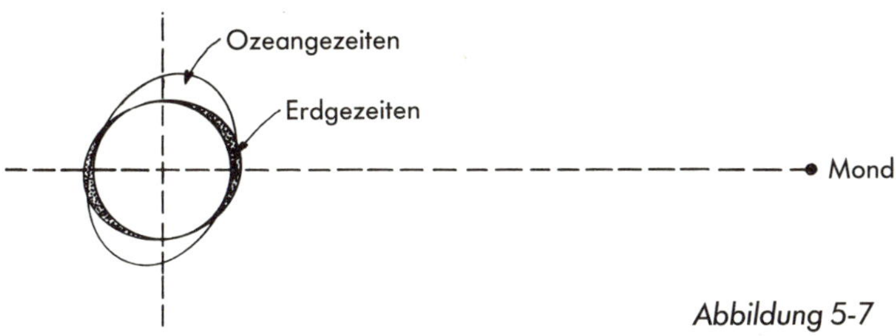

Abbildung 5-7

Beide Gezeitenbauchungen bewirken eine Verlangsamung der Erddrehung. Daß die Erde nicht vollständig entwirbelt ist wie der Mond, hängt mit ihrer größeren Masse zusammen – bei einer bestimmten Gezeitenkraft braucht ein größerer Körper länger, um langsamer zu werden, als ein kleinerer. Trotzdem würde eine Veränderung der Drehgeschwindigkeit der Erde dramatische Folgen nach sich ziehen, denn es würde die Länge eines Tages verändern. Falls die Erde entwirbelt würde, dann müßte man annehmen, daß die Länge eines Tages zunimmt und weniger als vierundzwanzig Stunden in der fernen Vergangenheit betragen haben muß.

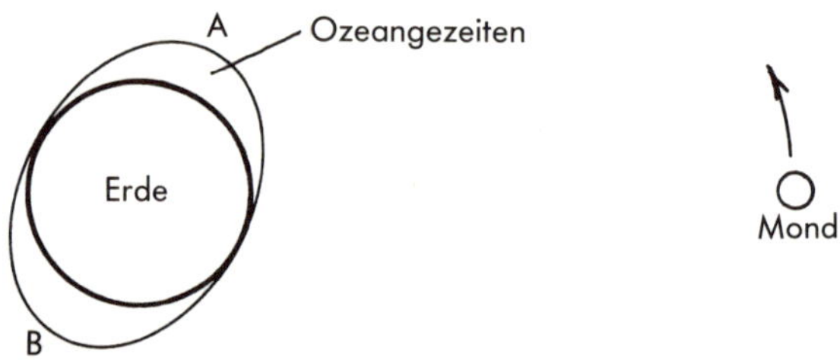

Abbildung 5-8

Bevor ich die Beweise für das Ausmaß der Veränderung in der Länge eines Tages untersuche, möchte ich auf eine weitere Konsequenz von asymmetrischen Gezeitenbauchungen im Erde-Mond-System hinweisen. Bisher haben wir nur die Wirkungen der Erdanziehungskraft auf die Gezeitenbauchungen des Mondes und umgekehrt betrachtet. Doch die einmal gebildeten Gezeitenbauchungen können auch auf die Umlaufbahn des Mondes um die Erde einwirken. Der Einfachheit halber will ich mich hier auf die Wirkung der Ozeangezeiten auf den Mond beschränken. In Abbildung 5-8 wird das Erde-Mond-System mit der Gezeitenbauchung so gezeigt, wie sie besteht, das heißt wegen der Reibung leicht hinterherhinkend. Die Masse in der nahen Bauchung, hier A, übt eine größere Anziehung auf den Mond aus als die Masse in der fernen Bauchung B. Da die nahe Bauchung einen Vorsprung vor dem Mond hat, besteht die Wirkung dieser Anziehungskraft darin, den Mond zu beschleunigen – ihn auf seiner Umlaufbahn vorwärtszuziehen.

Diese Beschleunigung hat eine Zunahme der Umlaufgeschwindigkeit des Mondes zur Folge, die ihrerseits den Mond dazu führt, sich weiter von der Erde zu entfernen. Diese Wirkung geht aus der Aktion der Zentrifugalkraft hervor; je schneller der Mond sich fortbewegt, um so mehr wird er nach außen gedrückt und um so weiter bewegt sich seine Umlaufbahn von der Erde weg. Da die neue Umlaufbahn einen größeren Umfang hat als die alte, stehen wir vor dem etwas paradoxen Ergebnis, daß eine Zunahme der Umlaufgeschwindigkeit des Mondes tatsächlich eine Zunahme des Monats zur Folge hat. Aus diesem Grund können wir erwarten, daß die Mondumlaufbahn über einen längeren Zeitraum hinweg eine Spirale beschreibt, die sich nach und nach weiter von der Erde entfernt (siehe Abbildung 5-9).

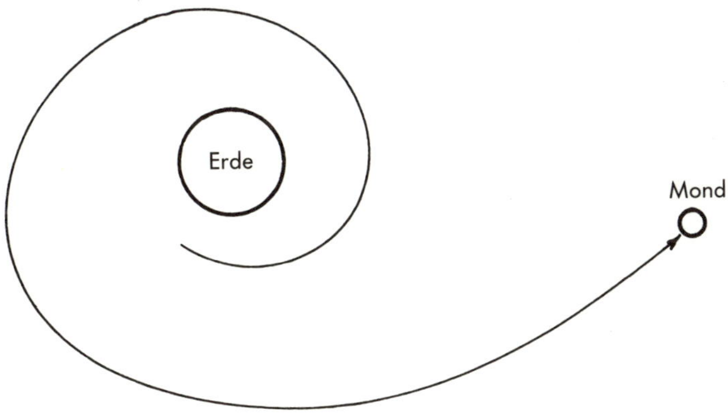

Abbildung 5-9

Da letztendlich die Gezeitenreibung in den Ozeanen der Grund für diese nach außen gerichtete Spirale ist und da die Verschiebung der Gezeitenbauchung sowohl eine Verlangsamung der Erddrehungen wie auch eine größere Entfernung zum Mond hervorruft, reden manchmal die Physiker davon, daß die Gezeitenreibung eine Möglichkeit bietet, Energie von der Erddrehung auf die

Umlaufbewegung des Mondes zu übertragen. Diese Behauptung trifft zu, doch hätte ich meine Abhandlung über die Gezeitenwirkungen damit eröffnet, so wäre jedermann (ich eingeschlossen) verwirrt gewesen. Dies ist ein abschreckendes Beispiel dafür, wie der Jargon in der Wissenschaft seinen Anfang nimmt. Wird zum ersten Mal etwas entdeckt, durchläuft jeder mit mühsamen Details alle Stufen, die die Verbindung zwischen dem Anfang und dem Ende nachzeichnen. Später werfen die Wissenschaftler dann nur noch mit Behauptungen wie der obigen um sich, und nur diejenigen, die bereit sind, den Vorgang der Wiederentdeckung der schrittweisen Überlegungen zu durchlaufen, können verstehen, was gesagt wird. Ich glaube, ein Anthropologe würde dieses Verhaltensmuster ohne weiteres wiedererkennen.

Auf jeden Fall ist das Endergebnis aller Überlegungen zu den Gezeitenwirkungen im Erde-Mond-System in der folgenden Liste der Erscheinungen aufgeführt:

1. Die Erdanziehung, die auf die Gezeitenbauchung des Mondes wirkt, hat den Mond vor langer Zeit entwirbelt, so daß er der Erde immer dieselbe Seite zuwendet.
2. Die Mondanziehung, die auf die Gezeitenbauchung der Erde wirkt, ist dabei, die Erddrehungen abzubremsen, wodurch sie die Dauer eines Tages verlängert.
3. Die Gezeitenbauchung der Erde, die auf den umlaufenden Mond wirkt, verursacht eine Zunahme der Entfernung zwischen Erde und Mond.

Dies ist eine beeindruckende Liste, besonders da wir gesehen haben, daß all diese Wirkungen sich aus einfachen Anwendungen von Newtons Gravitationsgesetzen ergeben. Doch woher wollen wir wissen, daß diese Voraussagen der Theorie wirklich von der Beobachtung getragen werden? Den ersten Punkt ausgenommen, gibt es für unsere Sinne keinen unmittelbaren Beweis, den sie bestätigen könnten.

Es hat sich herausgestellt, daß die Dauer eines Tages für die Astronomen eine Quantität von grundlegender Bedeutung ist. Alle Zeiteinheiten beruhten gewöhnlich auf dem Begriff «Tag», und es gab viele Aspekte des industriellen und wirtschaftlichen Lebens, die auf eine akkurate Zeitmessung angewiesen waren. Die Schiffahrt zum Beispiel war entscheidend davon abhängig, daß sie über akkurate Uhren verfügte, eine Tatsache, die (teilweise) erklärt, warum das Marineobservatorium in Washington eine der ersten großen wissenschaftlichen Einrichtungen der USA war. Präzisionsmessungen mit modernen Atomuhren zeigen, daß der Tag wirklich länger wird, mit einem Zuwachs von etwa zwei Millisekunden pro Jahrhundert. Dies bedeutet, daß ein Tag im 20. Jahrhundert zwei Millisekunden länger ist als einer im 19. Jahrhundert, so daß dieses Jahrhundert etwas mehr als eine Minute länger als das vorangehende dauert, das seinerseits bereits eine Minute länger war als das davor, und so weiter. Es bestehen kaum Zeifel daran, daß zumindest in der Zukunft die Erde entwirbelt wird.

Eine etwas längere Perspektive dieses Vorgangs kann aus der Beobachtung gewonnen werden, die John Wells von der Cornell University im Jahr 1962 machte. Bestimmte Korallentypen in den Fossilfunden wiesen Streifen in ihren festen muschelähnlichen Teilen auf, die Epitheka genannt werden. Diese Streifen stellen die jährliche Wachstumszunahme dar und entsprechen in diesem Zusammenhang vergleichsweise den Jahresringen der Bäume. Genaue Studien haben ergeben, daß ein solcher Jahresstreifen in feinere Streifen unterteilt war, die dem monatlichen Wachstum zu entsprechen schienen, und die ihrerseits selber in noch feinere Streifen unterteilt waren. Diese feinsten Streifen, so nahm man an, stellen das tägliche Wachstum der Korallenmuschel dar. Wells zählte die Anzahl der täglichen Streifen innerhalb eines Jahresstreifens einer Koralle aus der Devonzeit – vor etwa 400 Millionen Jahren. Diese Zählung ergab, daß ein Devonjahr durchschnittlich 400 Tage umfaßte, während es in der Karbonzeit (ungefähr vor etwa 300 Millionen Jahren) 380 Tage gab. Einfache Arithmetik ergibt, daß ein Devontag zwischen 21 und 22 Stunden lang gewesen sein muß, während der Tag in der Karbonzeit etwa 22½ Stunden dauerte. Beide waren natürlich kürzer als unser heutiger 24stündiger Tag, den es in einem Jahr 365mal gibt. Diese Zahlen jedoch – bei aller Unsicherheit, die beim Zählen von feinen Streifen in alten Fossilien auftreten kann – sind genau das, was vorausgesagt werden könnte, wenn man die derzeit beobachtete Entwirbelungsgeschwindigkeit etwa eine halbe Milliarde Jahre in die Zeit zurück extrapolieren würde.

Die Gezeiten spielen daher eine Rolle in einer viel größeren Arena, als es etwa die Wirtschaft und die Freizeit der Menschen sind. Es hat sich herausgestellt, daß wir nicht über die Gezeiten nachdenken können, ohne deren Wirkungen auf die gesamte Geschichte des Erde-Mond-Systems zu betrachten. Wenn der Tag länger wird und der Mond sich jedes Jahr weiter von der Erde entfernt, so wird die Frage nur zu verständlich, ob wir unser Wissen über die Wirkungen der Gezeiten dazu nutzen können, um die Geschichte des Systems bis zu seinen Ursprüngen zurückzuverfolgen und es bis an sein letztes Ende vorauszusehen. Da die Extrapolation in die Zukunft vergleichsweise unkompliziert und unumstritten ist, fangen wir damit an.

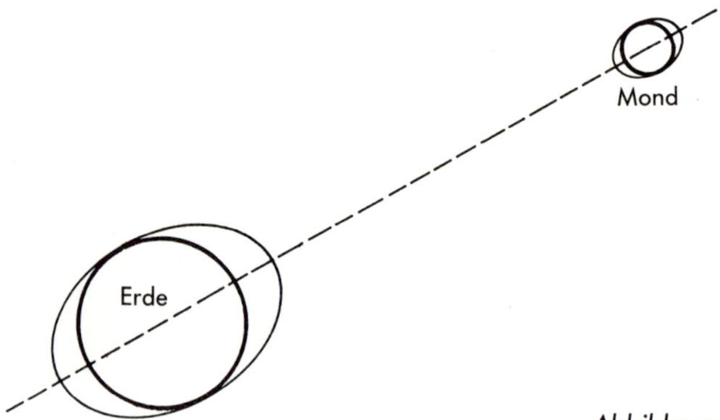

Abbildung 5-10

Die gegenwärtige Wechselwirkung der Gezeiten, die dabei ist, die Erde zu entwirbeln und die Mondumlaufbahn zu vergrößern, setzt sich so lange fort, bis der Mond auf eine Umlaufbahn zurückgewichen ist, die etwa sechzig Prozent größer ist als seine heutige. Wenn dies soweit ist, hat sich die Erddrehung soweit verlangsamt, daß der Tag so lange dauert wie der Mondmonat, und beide dauern etwa 55 Tage (wobei «Tag» die 24 Stunden unserer gegenwärtigen Stunden bedeutet). Die Gezeitenbauchungen beider Körper sind entlang der Linie ausgerichtet, die ihre Zentren verbindet (siehe Abbildung 5-10). Der Mond bewegt sich zur Zeit mit einer Geschwindigkeit von drei Zentimetern pro Jahr von der Erde weg, so daß es mehrere Milliarden Jahre dauern wird, bevor sich das System in dieser letzten Konfiguration befindet. Vernachlässigen wir einmal die Tatsache, daß die Sonne sich inzwischen in einen glühenden roten Ball verwandelt und sowohl die Erde wie den Mond zu jener Zeit verschlungen hat, so können wir – sozusagen als intellektuelle Übung – das Erde-Mond-System sogar weiter in die Zukunft hinein verfolgen. Die Sonnengezeiten, obwohl sie auf die Erde eine geringere Wirkung ausüben als die vom Mond verursachten, werden weiterhin vorkommen. Sie zielen darauf ab, die Erddrehung zu verlangsamen. Daher wird die Gezeitenbauchung der Erde hinter dem Mond her hinken, und der Mond wirkt so, daß er die Erddrehung beschleunigt und dadurch die Bremswirkung der Sonne zunichte macht. Der Mond beginnt ebenso, sich spiralförmig zur Erde zurückzubewegen. (Dieser Grund ist das genaue Gegenteil von dem auf Seite 88 angegebenen.)

Das Ganze erinnert mich stark an ein Jojo.

Wenn wir unser Wissen statt zu einer Vorausschau in die Zukunft zu einer Rekonstruktion der Vergangenheit benutzen, so wird die Sachlage viel interessanter. Nehmen wir an, daß der Winkel, mit dem die Gezeitenbauchung hinter ihrer 90°-Position hinterherhinkt, in der Zeit konstant bleibt, dann ergibt sich aus Berechnungen das eher verblüffende Ergebnis, daß der Mond und die Erde vor 2 Milliarden Jahren nicht mehr als einige Erdhalbdurchmesser voneinander entfernt waren! Das ist weniger als die Hälfte der 4,5 Milliarden Jahre, die gewöhnlich als Alter des Erde-Mond-Systems angenommen werden. Diese Berechnung, zusammen mit den Erkenntnissen aus der Apollo-Mission, daß die Oberfläche des Mondes sich während der überwiegenden Dauer seiner Existenz in ihrem jetzigen Zustand befunden haben muß, wirft bedeutende Schwierigkeiten auf, die mit einer alten wissenschaftlichen Frage in Zusammenhang stehen: Woher kommt der Mond?

Im allgemeinen können wir die Theorien über den Ursprung des Mondes in drei Kategorien einordnen: durch Abspaltung, Einfangen und binäre Formation. Die älteste (und am wenigsten glaubwürdige) ist die der Abspaltung. Sie behauptet, daß der Mond einst Teil der Erde war und sich abgespalten hat, weil die Erde sich zu schnell bewegte. In einigen Ausführungen über das Zeitalter vor der Kontinentalverschiebung wird das Pazifikbecken als jene «Narbe» betrachtet, die die Geburt des Mondes hinterlassen habe, obwohl wir wissen, daß geologische Vorgänge eine solche Narbe seit langem unkenntlich gemacht hätten. Das Hauptproblem bei dieser Erklärung der Mondgeburt liegt darin, daß der Erdtag etwa fünf Stunden gedauert hätte, als der Mond sich abspaltete. Die Umdrehungsgeschwindigkeit ist viel zu langsam, um die Erde auseinanderzureißen. Um die Planeten aufzubrechen, hätte der Tag weniger als 2,6 Stunden lang sein müssen.

Andererseits weicht die Dichte des Mondes (3,342 g/cm^3) von der der Erdkruste nicht sehr viel ab. Der Hauptunterschied zwischen den beiden Körpern scheint in der großen Eisenmenge im Erdkern zu liegen. Auf dem Mond ist dieses Element in großen Mengen nicht vorhanden. Es fällt schwer zu entscheiden, was man mit solchen Daten anfangen soll. Eine der Originalanalysen des Mondgesteins, die in der Zeitschrift *Science* erschien, verwies darauf, daß die seismischen Eigenschaften des Gesteins in mancherlei Hinsicht der bestimmter Käsesorten (Münster und Cheddar) entsprechen. Wären die Autoren in der Lage gewesen, ihre Hintergedanken beiseite zu räumen, so hätten sie zweifelsohne darauf hingewiesen, man dürfe aus der Tatsache, daß zwei Substanzen ähnliche Eigenschaften besitzen, nicht schließen, sie seien einst Teile ein und desselben Körpers gewesen.

Die Theorien der zweiten Kategorie behaupten, der Mond sei anderswo entstanden und dann während einer nahen Begegnung in die Erdumlaufbahn eingefangen worden. Solche Theorien erklären zwar den Unterschied in der Zusammensetzung der beiden Körper, haben jedoch Schwierigkeiten mit der Tatsache, daß beim Einfangen eines Körpers einige Energie im System umgewandelt worden sein muß. Wenn zum Beispiel ein Satellit zum Mond geschossen wird, so pendelt er herum und setzt seinen Weg weiter fort, wenn nicht Rückstoßraketen ferngezündet werden, die ihn abbremsen. Gezeitenreibung ist die einfachste Weise, um den Mond abzubremsen, so daß er eingefangen werden könnte, doch würde es sich dabei um einen ziemlich zerreißenden Vorgang handeln. Berechnungen ergeben, daß der Mond sich dabei bis auf 2,8 Erdhalbdurchmesser der Erde hätte annähern müssen, eine Entfernung, bei der man sich sorgen müßte, daß der Mond wegen des Gravitationsfeldes der Erde auseinanderplatzt. Zudem hätte sich der Mond mit der genau passenden Geschwindigkeit und in der genau passenden Richtung fortbewegen müssen, damit ein Einfangen überhaupt hätte stattfinden können. Wissenschaftlern ist oft nicht wohl dabei, wenn sie Dinge ausdrücklich als höchst unwahrscheinliche Vorgänge erklären müssen. Unwahrscheinlich und unmöglich sind zwar nicht gleichbedeutend, und es gibt weiterhin Astronomen, die der Theorie vom Einfangen den Vorzug geben.

Die binäre Formation kann man sich als einen Grenzfall der Theorie vom Einfangen vorstellen, da sie sich die Entstehung des Mondes und der Erde zwar in derselben Raumzone vorstellt, jedoch als getrennte Objekte. Diese Theorie vermeidet die Schwierigkeiten der Hypothese vom Einfangen, da Erde und Mond mit derselben Geschwindigkeit geboren worden wären. Dennoch fällt es schwer zu verstehen, weshalb der Eisengehalt bei beiden Körpern so unterschiedlich sein kann, wenn sie wirklich aus denselben Rohsubstanzen entstanden sind. Das ist etwa so, als zupfte man zwei Klumpen aus ein und derselben Teigmischung heraus und nach dem Backen würde sich der eine als Brotlaib, der andere aber als Kuchen entpuppen. Trotzdem vertreten heutzutage mehr Astronomen unterschiedliche Fassungen dieser Theorie als jede andere Theorie.

Ich möchte darauf hinweisen, daß die Bedeutung des wahrgenommenen Problems wesentlich geringer wäre, wenn die Geschwindigkeit, mit der der Halbdurchmesser der Mondumlaufbahn zunimmt, in der Vergangenheit geringer gewesen wäre, als er heute ist. Daten über fossile Korallen zeigen in den vergangenen 500 Millionen Jahren keine solche Tendenz, doch beträgt dieser Zeitraum lediglich ein Zehntel des Erdalters. Wir wissen, daß die Form der Ozeanbecken bei der Bestimmung des Verhaltens der Gezeiten eine wichtige Rolle spielt. Auch wissen wir, daß die Ozeane sich in den noch nicht lange zurückliegenden geologischen Zeiten dramatisch verändert haben (siehe 4. Kapitel). Deshalb ist es nicht unmöglich, daß die Form der Gezeitenbauchung in der fernen Vergangenheit radikal anders gewesen sein könnte, so daß die Diskrepanz zwischen der mit 2 Milliarden Jahren berechneten Zeit für den Augenblick der geringsten Entfernung bei der Annäherung und die 4,5 Milliarden Jahre als Alter des Mondes sich auflösen könnte. In der Geschichte der Wissenschaften haben sich bereits größere Diskrepanzen als diese in Luft aufgelöst. Berechnungen aus jüngster Zeit unterstützen diese Behauptung. Wenn man, so ergeben sie, die sich verändernde Erddrehung berücksichtigt, dann erhält man Mondumlaufbahnen, die vor 4 Milliarden Jahren nur 60 Prozent kleiner waren als die jetzige.

Ich finde es überhaupt nicht ungewöhnlich, daß Wissenschaftler mehr als ein Jahrzehnt nach der Mondlandung noch immer über den Ursprung des Mondes diskutieren. Es gehört zur Natur der Wissenschaftler, streitlustig zu sein, und keine Frage, die so viele verschiedene Gebiete der Sachkenntnis berührt, ist einfach zu klären. Dagegen finde ich erstaunlich, daß die neuen geologischen und chemischen Daten, die vom Mond mitgebracht wurden, so wenig dazu beigetragen haben, die allgemeinen Züge dieser Debatte zu verändern. Dieselben drei Alternativen – Abspaltung, Einfangen und binäre Formation –, die vor dem Apollo-Programm diskutiert wurden, werden heute noch immer diskutiert. Die von den Astronauten zusätzlich gesammelten Daten scheinen es eher schwerer gemacht zu haben, eine annehmbare Lösung auszuhecken. Angesichts dieser Situation prognostizierte der Astrophysiker Peter Goldreich: «Vermutlich wird über den Ursprung des Mondes auch noch in einem Jahrhundert spekuliert.»

6 Wellen schlagen an den Strand

Was hinaufsteigt,
muß herunterkommen.

Anonym

Ich bin in Chicago groß geworden und habe am Michigansee etwas stets rätselhaft gefunden. Wenn ich mit der Familie zu den Indiana-Dünen ans östliche Seeufer fuhr, dann schlugen die Wellen an den Strand, sie bewegten sich also nach Osten; doch als wir nach Wisconsin ans westliche Seeufer fuhren, dann schlugen die Wellen dort ebenfalls an den Strand, also in Richtung Westen. Wenn die Wellen sich immerzu zum Ufer hin bewegten, so schien mir, dann müßte es irgendwo in der Seemitte ein Loch geben.

Trotz aller Vertrautheit der Menschen mit dem Wasser hat es bis weit ins 19. Jahrhundert hinein gedauert, bevor ein vollständiges theoretisches Verständnis der einfachsten Wellen sich einstellte. Auch heute noch, mit den leistungsfähigen Computern und nach anderthalb Jahrhunderten mathematischen Denkens, erfahren wir neue Dinge über Wellen in Wasser, Luft und Festkörpern. Nur um ein Beispiel zu geben: Vor einigen Jahren hörte ich einen der führenden Theoretiker auf dem Gebiet der Strömungsmechanik, der einige Forschungsuntersuchungen beschrieb, die er im Zusammenhang mit dem Thema durchgeführt hatte: Was geschieht mit dem Wasser in einem geschlossenen Hafenbecken, wenn eine so große Welle wie die Tsunami (Oberflächenwelle) heranschwappt? Dieses Problem ist von ersichtlich praktischer Bedeutung. Ich glaube mich zu erinnern, daß diese Forschungsarbeiten von der US-Marine gefördert wurden. Doch so interessant wie die Beschreibung der intelligenten Forschungen fand ich die Tatsache, daß dieses scheinbar einfache Problem keinesfalls ein Jahrhundert zuvor gelöst worden war. Es ist schließlich nur unwesentlich schwieriger, als das Wasser in der Badewanne zu beschreiben, das um den Fuß herumwirbelt, nachdem man ihn an einem Ende hat auf den Boden sinken lassen.

Von meinem Standpunkt eines theoretischen Physikers aus besteht einer der größten Reize auf dem Gebiet der Strömungsmechanik darin, daß es viele interessante und relativ einfache Probleme wie das obengenannte gibt, die darauf warten, erforscht zu werden. Daß sie bis dato noch nicht gelöst worden sind, ist manchmal auf Versehen, manchmal auf unerwartete Kompliziertheit zurückzuführen. Doch gleich, ob wir es mit einer Badewanne, einem See oder einem Ozean zu tun haben, früher oder später stellen wir fest, daß wir über Wellen nachdenken.

Eine Welle ist ein eigenartiges Ding. Beobachtet man die Wellen, die auf den Strand zurollen, so sieht man zwar etwas, das sich *auf* dem Wasser bewegt, das zugleich in erster Linie aber keine Bewegung *des* Wassers ist. Davon kann man sich leicht selbst überzeugen, indem man ein Stück Treibholz nimmt und es über den Punkt hinauswirft, an dem sich die Wellen brechen. Nach jedem Wellenkamm, der sich nähert, sieht man das Treibholz aufsteigen und fallen. Das schwimmende Holz ist vom umgebenden Wasser eingeschlossen, und seine Bewegung ist dieselbe wie die des Wassers.

Aus diesem Experiment können wir schließen, daß das Vorüberströmen einer Welle das Wasser veranlaßt, sich prinzipiell in einer Auf- und Abwärtsrichtung zu bewegen. Und doch *sehen* wir, daß die Welle selbst sich auf den Strand zu bewegt. Die Welle bewegt sich in eine Richtung, während das Wasser sich in eine andere Richtung bewegt. Obwohl eine Welle verständlicherweise nicht bestehen würde, gäbe es dort kein Wasser, so handelt es sich dabei dennoch um etwas mehr als nur um sich bewegendes Wasser. Sie ist vielmehr eine organisierte, kollektive Bewegung von Wasserteilchen, eine Bewegung, die sich entsprechend ihren eigenen Gesetzen verhält.

Wann immer ein Physiker Bewegungen irgendwelcher Art untersuchen will, denkt er unweigerlich zuerst an Kräfte. Welche Kräfte wirken in dieser Situation und mit welcher Wirkung? Zwei Kräfte wirken auf jedes Wasserteilchen ein: die Anziehungskraft der Erde, die das Wasser nach unten zieht, und der Druck des Wassers selbst, eine Kraft, die sich in der Wirkung des Zusammenstoßes zwischen Wassermolekülen darstellt. Für Wasser an der Oberfläche besteht die Wirkung des Drucks in einer aufwärts gerichteten Kraft, die wir Auftrieb nennen. In einem vollkommen störungsfreien System gleichen sich diese beiden Kräfte – eine aufwärts und die andere abwärts gerichtet – genau aus und erzeugen eine glatte, ebene Oberfläche.

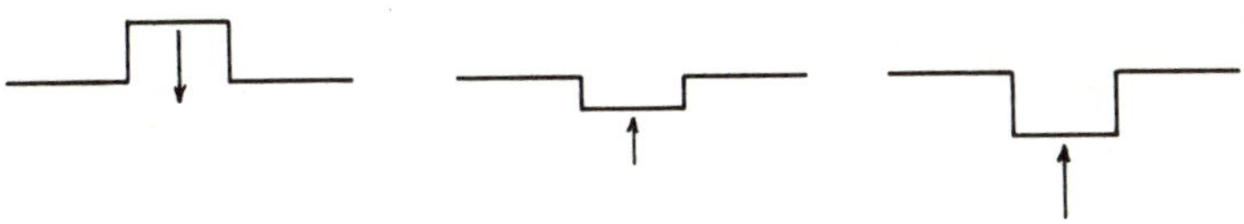

Abbildung 6-1

Wirkt eine Störung auf diese Oberfläche, so verändert sich diese einfache Situation. Zur Veranschaulichung stellen wir uns einmal vor, daß das Wasser sich entsprechend der in Abbildung 6-1 dargestellten, höchst unwahrscheinlichen Weise fortbewegt. In der Wassermenge, die über den normalen Wasserpegel hinaus angestiegen ist, ist der Druck geringer als die Anziehungskraft, so daß die Nettobewegung der gestiegenen Wassermenge abwärts gerichtet ist. Es wird fallen, genauso wie dieses Buch auf den Boden fällt, wenn Sie es loslassen. Fällt das Wasser ins Gleichgewicht zurück, so gewinnt es an Geschwindigkeit; wenn es dieses Niveau erreicht, hindert seine Geschwindigkeit es daran zu stoppen, und es wird über die Gleichgewichtslinie hinausschießen, entsprechend der Situation in der Mitte der Abbildung. Befindet sich das Wasserniveau unterhalb der Gleichgewichtslinie, wird die Auftriebskraft des Drucks größer als die Anziehungskraft, und die auf das Wasser wirkende Nettokraft kehrt die Richtung um, wie gezeigt. Der Druck bremst das Wasser ab und bringt es schließlich zu einem momentanen Halt (rechts). Doch dieser Zustand der Dinge ist genausowenig im Gleichgewicht wie die Ausgangslage. Der Druck zwingt das Wasser zur Gleichgewichtslinie zurück, doch wenn es sie erreicht, schießt es darüber hinaus und steigt bis zum ursprünglichen, links gezeigten Pegel an, bevor die Anziehungskraft es abbremst und zum Halten bringt. Von dort an wiederholt sich der gesamte Zyklus. Gäbe es keine Reibung, so ginge das ewig so weiter.

In diesem Beispiel haben wir alle Elemente für eine Welle beisammen. Zuerst bewirkt irgendeine Kraft, daß das System aus dem Gleichgewicht kippt. Ist diese Abweichung erst einmal bewerkstelligt, dann ist die äußere Kraft nicht mehr wichtig, und die inneren Kräfte, die das System betreiben, übernehmen ihre Rolle. Wenn es, wie im Fall des Wassers, zwei entgegengerichtete Kräfte gibt, so stellen wir fest, daß ihr Zusammenspiel eine Schwingungsbewegung erzeugt, die jener der Wellen im Ozean sehr ähnelt.

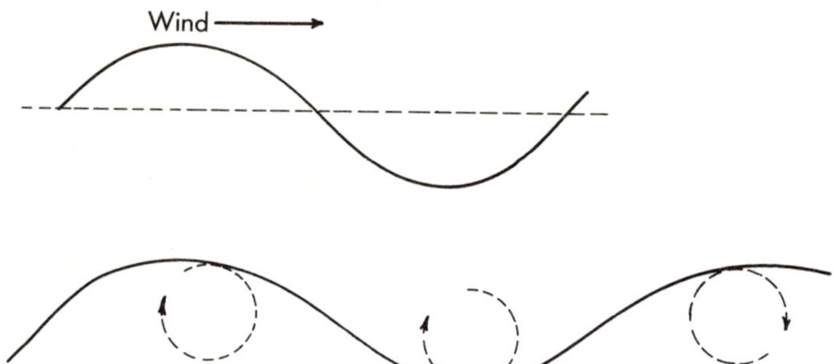

Abbildung 6-2

Tatsächlich entspricht dieses Modell der miteinander konkurrierenden Kräfte des Drucks und der Anziehungskraft, die eine Auf- und Abwärtsbewegung erzeugen, in etwa dem, was wirklich im Wasser geschieht. Der Unterschied zwischen unserem künstlichen Beispiel und den wirklichen Wellen liegt in der Art und Weise, in der das Gleichgewicht des Wassers gestört wird. Die gewöhnlichste Störungsquelle offener Gewässer ist der Wind. Der Wind, der über eine Wasseroberfläche weht, erzeugt eine Störung wie die in Abbildung 6-2 oben gezeigte. Die Wasseroberfläche kräuselt sich, und die Kräuselungen werden in Windrichtung weggeweht. Wenn die Anziehung-Druck-Konkurrenz kurz nach dieser Art der Störung beginnt, läßt sich die ordentliche Auf- und Abwärtsbewegung, die für unser einfaches Beispiel charakteristisch war, nicht länger aufrechterhalten. Nun bewegt sich das Wasser kreisförmig, wie unten in der Abbildung gezeigt. Das Wasser steigt auf dem vorderen Wellenberg aufwärts, dann auf dem rückwärtigen abwärts. Die resultierende Fortbewegung des Wassers beträgt nach wie vor null – es kommt stets zum selben Punkt an der entsprechenden Stelle in jeder Welle zurück –, doch die tatsächliche Bewegung ist etwas komplizierter als im einfachsten Fall. Widmen wir unsere ganze Aufmerksamkeit jetzt dem Stück Treibholz, das ich in die Wellen geworfen habe, so kann man vermutlich diese leichte Vor- und Rückwärtsbewegung sehen, die die hauptsächliche Auf- und Abwärtsbewegung des Holzes überlagert.

Wellen solcher Art bleiben nicht an einem Ort, sondern bewegen sich in Windrichtung fort. Sowie eine Welle startet, bewegt sie sich in dieser Richtung weiter fort, unabhängig davon, ob der Wind mit gleichbleibender Stärke weht oder nicht. Die Richtung und die Geschwindigkeit der Welle werden vollständig von demselben Zusammenspiel zwischen Druck und Anziehungskräften bestimmt, das die Auf- und Abwärtsbewegung des Wassers verursacht. Die Geschwindigkeit, mit der sich eine einmal gestartete Welle fortbewegt, hängt also mit anderen Worten nicht von der ursprünglichen Störung ab, sondern ausschließlich von den Eigenschaften des Wassers, durch das sie sich hindurchbewegt.

Dies bedeutet nicht, daß vom Wind gebildete Wellen sich nicht dem Wind entsprechend entwickeln. Die Wellen, die tatsächlich von einem bestimmten Wind gebildet werden, hängen sowohl von der Windgeschwindigkeit wie auch von der Distanz ab, also von der «Strecke», über die er weht. Zuerst ruft der Wind Wellen unterschiedlicher Länge hervor. Während sie sich aufschaukeln, erreichen sie einen Punkt, an dem die Höhe der Welle ungefähr ein Siebtel der Entfernung zwischen zwei Wellenkämmen beträgt – eine Entfernung, die als Wellenlänge bekannt ist. In dieser Höhe bricht die Welle, sie bildet eine Schaumkrone und gibt ihre Energie an die Wirbelbewegung ab (mehr darüber im nächsten Kapitel). Eine Welle mit einer Entfernung von 2,10 m von einem Wellenkamm zum nächsten, bricht bei genau 0,30 m, eine Welle mit einer doppelten Entfernung in doppelter Höhe, und so weiter. Je länger der Wind weht, um so mehr verschwinden die kürzeren Wellenlängen und dominieren die längeren. (Die kürzeren Wellen verschwinden, weil sie ihre kritische Höhe eher erreichen als die längeren.) Diese Aussonderung der kürzeren Wellen setzt sich bis zu einem Punkt fort, an dem die vom Wind ans Wasser abgegebene Energiemenge exakt der an die Wirbelbewegung abgegebenen entspricht. Wenn dies geschieht, sagen wir, das Meer sei aufgewühlt. Die Voraussetzungen dafür hängen von der Windgeschwindigkeit ab. Ein Wind von 20 Knoten zum Beispiel muß mindestens zehn Stunden lang über eine Strecke von 130 km wehen, bevor die See aufgewühlt ist, während ein Wind von 32 Knoten mindestens 28 Stunden lang über eine Strecke von 740 km wehen muß, um dieselbe Wirkung zu erzeugen. Natürlich ist die Höhe der Wellen in beiden Fällen unterschiedlich – im ersten Fall vielleicht 2,10 m und 3,65 m im zweiten. Hat der Wind sich gelegt, so bewegen sich die Wellen in ihrer ursprünglichen Richtung fort und gehen in die sanfte Bewegung der Oberfläche über, die als Dünung bekannt ist. Die Erzeugung von Wellen im Ozean durch den Wind ist in Abbildung 6-3 dargestellt.

Diese Beschreibung zeigt auf, daß die Art und Weise der Entstehung von Wellen sogar bei einem solch einfachen System wie dem von Wind und Wasser ziemlich kompliziert sein kann. Doch ist dies erst die halbe Geschichte; es gibt nämlich noch andere Wellenarten, die im selben System auftauchen können.

Bisher haben wir über nur zwei konkurrierende Kräfte gesprochen, den Druck und die Anziehungskraft. Jedoch sind noch weitere Kräfte am Werk. Wir haben zum Beispiel schon alle einmal beobachtet, wie Regentropfen auf ein frisch poliertes Auto gefallen sind. Sie breiten sich nicht etwa wie eine glatte Schicht auf dem Blech aus, sondern bilden statt dessen kleine Wasserperlen.

Der Grund für diese Erscheinung ist auf die sogenannte Oberflächenspannung des Wassers zurückzuführen. Die Oberflächenspannung versteht man am ehesten, wenn man bedenkt, daß – während jedes Wassermolekül von jedem anderen Molekül angezogen wird – die an der Oberfläche des Wassers befindlichen Moleküle nur der abwärts gerichteten Kraft ausgesetzt sind; sämtliche Moleküle innerhalb des Tropfens ziehen sie nach innen, und es gibt keine Moleküle außerhalb, die ein Gegengewicht zu den nach innen und nach außen gerichteten Kräften bilden könnten.

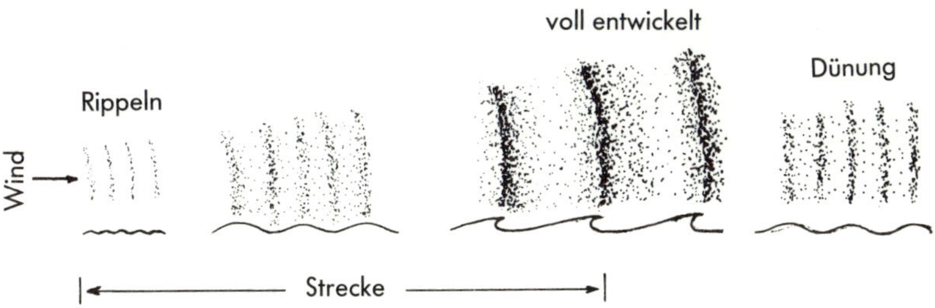

Abbildung 6-3

Die Oberfläche eines Wasserkörpers – vom Ozean bis zum Regentropfen – kann man sich etwa wie die Oberfläche eines Ballons vorstellen. Sie wird immer zu schrumpfen versuchen, um die geringst mögliche Größe zu erreichen. Aus diesem Grund nimmt ein einzelner Regentropfen immer die Form einer Kugel an, die bei einem vorgegebenen Volumen die geringste Fläche besitzt.

Daraus folgt, daß bei der Entstehung der Wellen die Existenz der Oberflächenspannung eine andere Kraft einführt, die dazu dienen kann, die Wirkungen des Drucks zu kompensieren. Nehmen wir zum Beispiel an, daß die Wasseroberfläche anfänglich gestört wird, wie oben in Abbildung 6-4 dargestellt. Es ergibt sich in diesem Fall eine auf die Oberfläche abwärts gerichtete Nettokraft, die von den Kräften der Oberflächenspannung verursacht wird, da diese versuchen, die Oberfläche in eine flache Ebene zurückzuverwandeln. (Bei kleinen Kräuselwellen oder Rippeln sind die Anziehungskräfte zwar vorhanden, mit der Oberflächenspannung verglichen jedoch so klein, daß sie gewöhnlich vernachlässigt werden.) Bei diesem uns inzwischen vertrauten Vorgang drückt diese Kraft das gestiegene Wasser nieder, und die in diese Kraft eingegangene Energie bewirkt, daß die Oberfläche über die Gleichgewichtslinie hinausschießt (siehe die untere Darstellung). In dieser Anordnung versucht die Kraft der Oberflächenspannung erneut, die Oberfläche zur ursprünglichen flachen Ebene zurückzubilden, woraus sich eine aufwärts gerichtete Nettokraft auf das Wasser ergibt. Es ist leicht zu erkennen, wie die Oberflächenspannung eine wellenähnliche Bewegung im Wasser erzeugt. Die durch einen solchen Mechanismus gebildeten Wellen heißen Kapillarwellen.

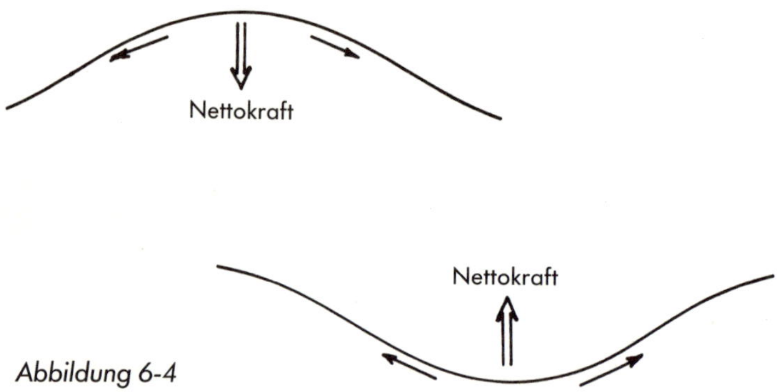

Abbildung 6-4

Kapillarwellen unterscheiden sich von den bisher beschriebenen Wellen dadurch, daß sie eher sehr kurze Wellenlängen haben – bis zu einigen Zentimetern gewöhnlich. Kapillarwellen sind häufiger zu sehen, doch ebensooft zu übersehen. Wenn die See ziem-

Die Formen wirklicher Wellen sind nie einfach. Besondere Beachtung verdient das glitzernde Sonnenlicht auf den kleinen Kapillarwellen, die von den Brisen auf größeren Wellen erzeugt werden.

lich ruhig liegt, erzeugt ein plötzlicher Windstoß eine Reihe von Rippeln auf der Oberfläche. Diese kleinen Wellen sind genau von derjenigen Wellenart, die durch die Wirkungen der Oberflächenspannung verursacht wird.

Vom 19. Jahrhundert bis zum heutigen Tag ist der Begriff der Welle mehr und mehr zum zentralen Begriff für das Verständnis der physikalischen Welt geworden. Um diesen Punkt zu illustrieren, betrachten wir am besten einige andere wichtige Wellen in der Natur. In jedem Fall werden wir erkennen, daß es zur Erzeugung einer Welle lediglich einer Nettokraft bedarf, die ihre Richtung so ändert, daß sich die Bewegung dessen, was sich «wellt», umkehrt. In Wasserwellen erzeugt das Zusammenspiel zwischen Druck und Anziehungskraft diese Kraft, während bei den Kapillarwellen die Oberflächenspannung und der Druck dies bewirken.

Beginnen wir mit einem alltäglichen Experiment. An einem Baum binde ich ein Seilende fest, das andere Ende halte ich so in der Hand, daß das Seil straff gespannt ist. Ein schneller Ruck aus dem Handgelenk bewirkt eine Störung, die sich das Seil entlang fortsetzt, wie oben in Abbildung 6-5 dargestellt. Die hier tätige Kraft ist die Spannung im Seil. Wenn das Seil nach unten konkav ist, dann zieht die Spannung – wie dargestellt – ebenfalls nach unten. Daraus ergibt sich eine abwärts gerichtete Nettokraft, die das Seil beschleunigt. Eine ähnliche Situation liegt vor, wenn das Seil sich unterhalb seines normalen Niveaus befindet – die Spannung drückt es eher aufwärts. In einem Seil liefert die Spannung die Ingredienzien, die zur Erzeugung einer Welle notwendig sind.

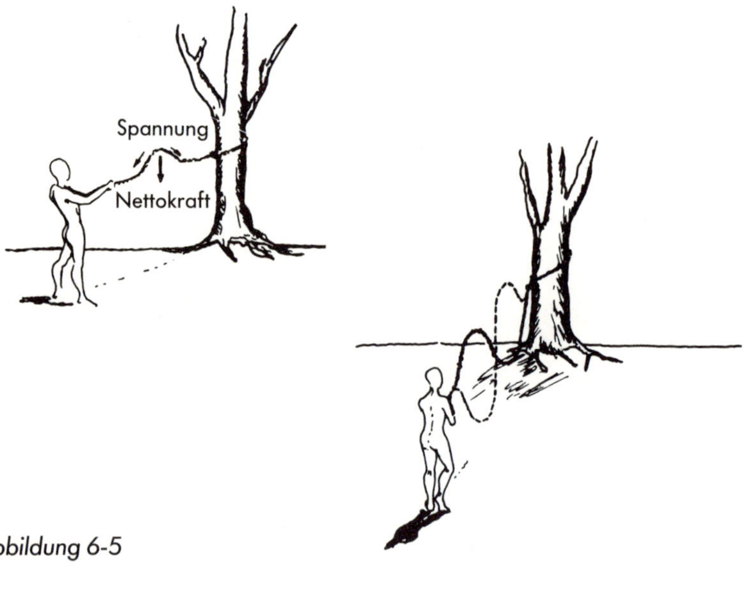

Abbildung 6-5

Eine einzelne Welle, die sich – wie gezeigt – das Seil entlang fortbewegt, entspricht im übrigen einer einzelnen Welle, die sich auf einer Wasseroberfläche fortpflanzt. Wellen dieser Art werden gewöhnlich von Erdbeben oder Vulkanausbrüchen ausgelöst. Nehmen sie ein großes Ausmaß an, und das tun sie gewöhnlich, dann nennt man sie Tsunami oder Oberflächenwelle. Manchmal pflanzen sie sich Tausende Kilometer weit über das offene Meer fort, bevor sie auf Land stoßen – zum Beispiel haben Erdbeben auf den Aleuten nahe Alaskas sowohl in Hawaii als in Kalifornien erhebliche Zerstörungen angerichtet, also immerhin über mehr als 4000 Kilometer weit entfernt.

Nehme ich nun das freie Seilende und bewege es auf- und abwärts in genau der richtigen Frequenz, wie in Abbildung 6-5 dargestellt, so führe ich eine Situation herbei, in der verschiedene Teile des Seils auf- und abschwingen, jedoch keine Seitwärtsbewegung in der Welle entsteht. Diese Welle ist als stehende Welle bekannt. Das Schwappen des Wassers in der Badewanne gehört zu dieser Wellenart, wie auch die Wellen in einem Hafenbecken, die ich früher erwähnt habe. Viele große Seen zeigen ebenfalls diese Schwappbewegung des Wassers – die ersten umfassenden Messungen dieser Erscheinung wurden in der Tat am Genfer See durchgeführt. Taucht die stehende Welle in einem großen Wasserkörper auf, wird sie Seiche genannt.

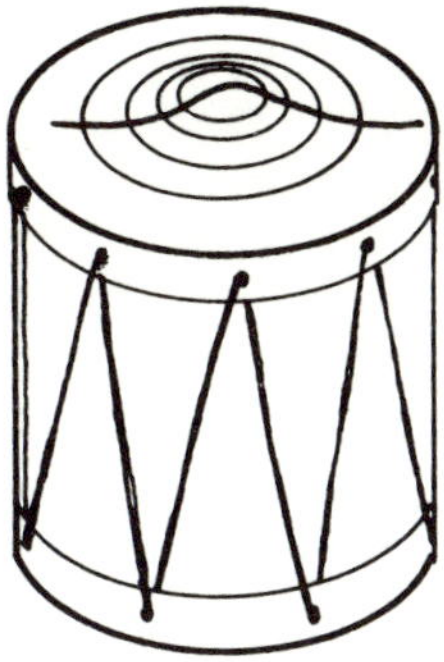

Abbildung 6-6

Stehende Wellen treten auch bei gezupften oder gestrichenen Saiteninstrumenten wie der Gitarre und der Violine auf. Die Schwingungen der Saite regen entsprechende Schwingungen in der Dichte der sie umgebenden Luftmoleküle an, die wir als Schall und Töne wahrnehmen. Je tiefer die Frequenz, mit der die Welle auf der Saite schwingt, um so tiefer der Ton, den wir hören. Da längere Saiten niedrigere Wellenfrequenzen haben können als die kürzeren, müssen die Instrumente, die tiefe Töne erzeugen, größer sein als jene, die hohe Töne erzeugen sollen. Daher ist eine Baßgeige viel größer als eine Violine oder eine Gitarre.

Eine weitere spannungsinduzierte Wirkung einer stehenden Welle bei Musikinstrumenten wird durch die Trommel veranschaulicht. Statt mit einer Saite haben wir es in diesem Fall mit einer zweidimensionalen Fläche zu tun, die verformt werden kann. Nachdem das Trommelfell angeschlagen wurde, kann es eine zweidimensionale stehende Welle hervorrufen, wie in Abbildung 6-6 dargestellt. Und wieder veranlaßt die Bewegung des Trommelfells die umgebende Luft dazu, mit derselben Frequenz wie die stehende Welle zu schwingen, die wir dann als den Ton eines Trommelfells wahrnehmen.

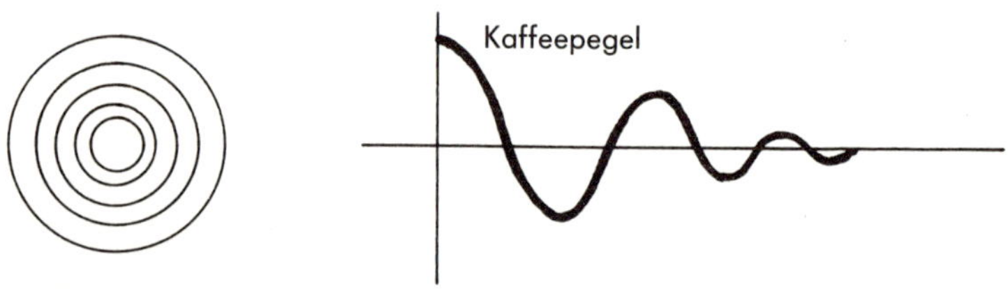

Abbildung 6-7

Stehende Wellen finden jedoch nicht allein durch Musikinstrumente Eingang in unser Leben, sondern es gibt auch eine «Trommelfellwelle», die an der Oberfläche einer Flüssigkeit in einem runden Behälter auftaucht. Achten Sie das nächste Mal auf Ihren Morgenkaffee, wenn Sie mit der Tasse zum Schreibtisch oder zum Tisch gehen. Meistens schwappt der Kaffee nur darin herum, doch gelegentlich sehen Sie konzentrische Ringe auf der Oberfläche der Flüssigkeit, und zwar besonders dann, wenn Sie über einen festen Boden gehen, so daß die vom Kaffee wahrgenommene Störung derjenigen von gleichmäßig verteilten spitzen Felsen entspricht.

Diese in Abbildung 6-7 skizzierten Ringe sind nichts anderes als eine stehende Welle im Kaffee. Die Welle selbst ist rechts davon dargestellt. Die Oberfläche des Kaffees bewegt sich an den Wellenkämmen und -tälern ruckweise auf und ab, während die Punkte auf halbem Wege zwischen den Extremen stationär bleiben. Das Licht, das an den Wellenkanten reflektiert wird, macht diese sichtbar. Nebenbei sei gesagt, daß die wirkliche Form der Kaffeeoberfläche in einer Kurve dargestellt wird, die den Mathematikern unter dem Namen Bessel-Funktion bekannt ist. Namensgeber war der deutsche Astronom und Mathematiker Friedrich Wilhelm Bessel (1784–1846).

Genauso wie das Verhalten des gewöhnlichen Wassers eine breite Palette von Wellen bewirkt, ist dies auch bei den gewöhnlichen elektrischen Kräften der Fall. Elektrische Kräfte halten Atome zusammen, und elektrische Kräfte schließen Atome in Festkörpern ein. In einem Natriumchloridkristall, dem gewöhnlichen Tafelsalz (in Abbildung 6-8 dargestellt), hat sich jedes Chloratom (Cl) ein überschüssiges Elektron von einem Natriumatom (Na) ausgeliehen, so daß die Chloratome im Kristall eine negative

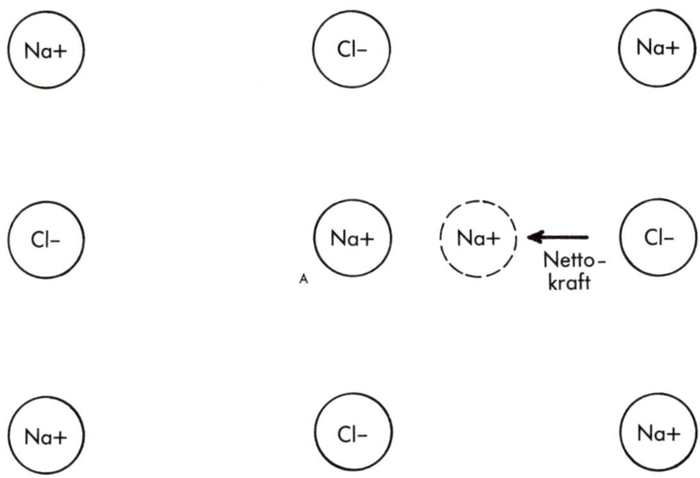

Abbildung 6-8

elektrische Ladung besitzen. Auf ähnliche Weise kommen die Natriumatome zu einer positiven Ladung, da sie ein negativ geladenes Elektron abgegeben haben. Ein Natriumatom, wie etwa das in Punkt A der Abbildung, wird von den benachbarten Chloratomen elektrisch angezogen, von jedem der benachbarten Natriumatome aber abgestoßen. In der gezeigten Gleichgewichtsanordnung sind all diese Kräfte austariert, so daß keine Nettokraft (und daher auch keine Nettobewegung) mehr vorhanden ist, die auf A wirkt. Jedoch einmal angenommen, eine von außen einwirkende Kraft würde das Atom geringfügig nach rechts bis zur Position im gestrichelten Kreis versetzen. Es wird klar, daß sich die elektrischen Kräfte in diesem Fall nicht mehr im Gleichgewicht befinden können. Das übrige Kristall versucht, das Atom in seine Ausgangslage zurückzuzwingen. Unter dem Einfluß der von den benachbarten Atomen ausgeübten elektrischen Kräfte bewegt sich das Atom A nach links, wobei es an Geschwindigkeit gewinnt. Es ist in Bewegung, wenn es seinen Gleichgewichtspunkt erreicht, und schießt daher darüber hinaus weiter nach links. Aus der Symmetrie der Situation wissen wir, daß die elektrische Nettokraft nach rechts gerichtet ist, wenn das Atom A nach links versetzt wird. Daher wird das Atom A abgebremst, es stoppt, kehrt seine Bewegung um und bewegt sich wiederum nach rechts. Bisher haben wir genug verschiedene Wellenarten beschrieben, damit uns diese Situation vertraut erscheint. In einem Festkörper wie Natriumchlorid besitzt die elektrische Kraft, die zwischen zwei Atomen wirkt, genau diejenigen Eigenschaften, die notwendig sind, um Wellen zu erzeugen und zu tragen. Diese Wellen sind unseren Sinnen nicht so leicht zugänglich wie diejenigen im Zusammenhang mit der Wasseroberfläche, doch im folgenden werden wir sehen, daß sie uns dennoch nicht völlig fremd sind.

Wellen in einem Salzkristall sind lediglich ein Beispiel aus einer großen Klasse von Wellen, die sich in Festkörpern ausbreiten können. Im allgemeinen ermöglichen die elektrischen Kräfte zwei Wellenarten: jene, in der Atome sich in Wellenrichtung vorwärts- und zurückbewegen, wie links in Abbildung 6-9 dargestellt, und jene, die sich in einer zur Wellenbewegung rechtwinkligen Richtung bewegen, wie rechts gezeigt. Die bekannteste Erscheinungsform dieser Wellen in Festkörpern tritt nach Erdbeben auf. Dabei fungiert das Erdbeben als eine Störung, die die Welle in Bewegung versetzt, und nach dem Anstoß bewegt sich die Welle vom Erdbebenzentrum aus in alle Richtungen fort. Es hat sich herausgestellt, daß sich die beiden Wellenarten mit verschiedener Geschwindigkeit durch das Erdinnere fortpflanzen, wobei die links dargestellte Druckwelle die schnellere von beiden ist. Daher nennen Wissenschaftler, die Erdbeben überwachen, diese die P-(Primär-)Welle. Die rechts gezeigte, langsamere Welle kommt auf einer Meßstation nach der P-Welle an und heißt daher S-(Sekundär-)Welle.

Abbildung 6-9

Die Geschwindigkeit dieser Wellen hängt von den Eigenschaften der Substanzen ab, durch die sie hindurchgehen. Die P-Welle zum Beispiel verläuft mit mehr als 6 km/s an der Erdoberfläche, jedoch tief im Erdinnern mit etwa 18 km/s. Die S-Welle verläuft etwa 7/12 so schnell wie die P-Welle. Bebt die Erde an einem unbekannten Ort, so fangen Horchstationen rund um den Globus zwei getrennte Signale auf: die Ankunftszeit der P-Welle und die der S-Welle einige Minuten bis Stunden danach. Durch Vergleich der Aufzeichnungen von zwei Stationen kann nicht nur der Ort und die Stärke des Erdbebens berechnet, sondern zudem Aufschluß gewonnen werden über die Zusammensetzungen der Substanzen, durch die diese Wellen hindurchgegangen sind. Nach allem, was wir wissen, sind seismische Wellen die einzigen, die zum Erdzentrum hin und wieder zurück laufen können, um uns etwas darüber zu erzählen. Das meiste von unserem Wissen über die

Struktur der Erde stammt tatsächlich aus den Analysen verschiedener Wellen, die nach Erdbeben registriert wurden.

Die Bedeutung der P- und S-Wellen besitzt sowohl eine politische als auch eine wissenschaftliche Dimension. Eins der vielen technischen Probleme, das die Menschen beschäftigt, die sich für eine Rüstungskontrolle einsetzen, ist die Frage, ob es möglich ist, die seismische «Handschrift» eines unterirdischen Atombombenversuchs von der eines kleinen Erdbebens zu unterscheiden. Es handelt sich dabei um eine äußerst komplizierte Streitfrage, doch wir wissen bereits genug über die Ausbreitung von Wellen in Festkörpern, um uns einige Vorstellungen darüber machen zu können, wie diese Frage zu lösen ist.

Erdbeben sind meistens Begleiterscheinungen von Verschiebungen oder Bruchbildungen in der Erdkruste und entstehen dann, wenn eine Platte oder Großscholle sich unter eine andere schiebt. Bei einem Erdbeben erwarten wir daher, daß die Initialstörung, die die Welle anstößt, eine Verschiebebewegung rechtwinklig zur Ausbreitungsrichtung der Welle ist. Mit anderen Worten rechnen wir also viel eher damit, daß ein Erdbeben eine S-Welle anstößt, bei der die Atome sich in derselben Richtung wie die Platte bewegen, als eine P-Welle. Ein unterirdischer Atombombenversuch andererseits beginnt damit, das Gestein in der Umgebung zusammenzudrücken, so daß er eher eine P-Welle als eine S-Welle initiiert. Dieser Unterschied im Beginn zwischen den beiden Störungsarten liefert eine Möglichkeit der Unterscheidung auf der Grundlage der Wellenart, die an einer fernen Meßstation eintrifft.

Um ein grob vereinfachtes Beispiel zu geben: Wenn eine P-Welle ohne die nachfolgende S-Welle eintrifft und die Daten von mehreren Meßstationen ergeben, daß der Ursprung der Welle sich in einem Gebiet befindet, in dem wir vermuten, daß dort geheime unterirdische Atombombenversuche durchgeführt werden, so liegt ein Prima-facie-Nachweis für eine Übertretung des Abkommens über das Verbot unterirdischer Atombombenversuche vor. Wenn andererseits eine S-Welle eintrifft, die genau zum selben Punkt zurückverfolgt werden kann, dann kann ein solcher Nachweis nicht behauptet werden.

Die Arten der Wellenbewegung, die ich hier beschrieben habe, sind nur ein Teil der vielen übrigen Beispiele, die Physiker im Laufe der beiden vergangenen Jahrhunderte entdeckt und katalogisiert haben. Die Ausgangsüberlegung dazu ist, daß eine Welle etwas mit der Verbreitung einer Störung zu tun hat – ein Aufprall auf die Wasseroberfläche –, ohne daß irgendeine Nettobewegung des Mediums daran beteiligt ist. Doch keine Abhandlung über die Wellen wäre vollständig ohne die Erwähnung jener Welle, die am meisten allgegenwärtig ist. Diese Wellen, unter der Bezeichnung elektromagnetische Strahlung bekannt, schließen alles ein, von den Funkwellen bis zu den Röntgen- und Gammastrahlen, unter Einschluß des sichtbaren Lichts.* Nachdem man erkannt hatte, daß das Licht die Eigenschaften einer Welle besitzt, in vielerlei Hinsicht vergleichbar mit den Wellen im Wasser, war es nur natürlich, davon auszugehen, daß es sich um eine Welle in irgendeinem Medium handelte. Da das Licht das Vakuum zwischen Sternen durchqueren konnte, war es notwendig, sich irgendein Medium vorzustellen, das im ganzen freien Raum verbreitet ist, dessen Schwingungsbewegungen der elektromagnetischen Strahlung ebenso entspricht wie die Wellenbewegungen dem Wasser. Dieses Medium wurde der Äther genannt. Die Vorstellung von einem solchen Medium geht auf die alten Griechen zurück, und es war angemessen, sich darauf zu berufen, als man nach einer Erklärung für das Verhalten des Lichts suchte. Der schottische Physiker James Clerk Maxwell, dessen bedeutendste Leistung die Entwicklung der modernen Theorie der Elektrizität und des Magnetismus war, verbrachte ein gut Teil seines kurzen Lebens damit, die Mechanik des Äthers zu entwickeln. Er wies nach, wie verschiedene Wirkungsweisen durch Dehnen, Zusammendrücken und Drehen dieser angenommenen Substanz erklärt werden konnten.

Doch wenn ich an unsere Diskussion zurückdenke, dann fällt mir auf, daß das Medium in gewisser Weise für die Beschreibung der Welle unwesentlich war, obwohl jede der beschriebenen Wellen in irgendeinem Medium auftauchte. In allen Fällen ist für die

* Den Beweis für die Wellennatur des Lichts und anderer Strahlung liefere ich im 6. Kapitel meines Buches *Reise in das Innerste der Dinge* (Basel 1984).

Welle eine periodische Veränderung einiger Parameter kennzeichnend, wie etwa die Wasserhöhe oder die Position der Atome. Diese Periodizität ist das Zeug, aus dem die Wellen gemacht sind, und nicht etwa das Medium, durch das sie sich hindurchbewegen. In Anbetracht dieser Tatsache fällt es nicht zu schwer, sich einen periodischen Wechsel vorzustellen, der von dem zugrundeliegenden Medium völlig unabhängig ist. Eine solche «Welle» wäre die logische Extrapolation der Wellenart, von der die Rede war. Im Fall des Lichts ist das elektrische Feld jene Menge, die sich periodisch verändert. Eine typische Lichtwelle ist in Abbildung 6-10 dargestellt.*

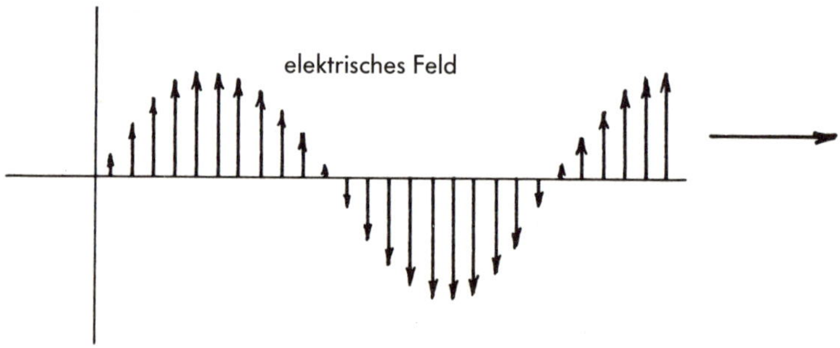

Abbildung 6-10

Daher entspricht Licht der Vorstellung von einer Welle in ihrer reinsten Form. Es ist ein periodischer Wechsel im elektrischen Feld, das sich durch den freien Raum fortpflanzt, ohne irgendein zugrundeliegendes Medium. Wenn eine solche Welle an einem Punkt im Raum auftrifft, an dem sich eine elektrische Ladung befindet (zum Beispiel dort, wo ein Elektron in einem Atom kreist), so veranlaßt sie diese Ladung dazu, sich fortzubewegen. Die Wirkung der Lichtwelle auf das Elektron hat man sich ähnlich vorzustellen wie die Wirkung einer Wasserwelle auf ein schwimmendes

* Es handelt sich tatsächlich um ein mit einer Lichtwelle verwobenes Magnetfeld, doch das Wesentliche kann aus der Betrachtung der Elektrizität allein gewonnen werden.

Stück Holz – das Auftreffen der betreffenden Welle bewirkt, daß sowohl das Elektron wie das Treibholz auf und nieder hüpfen. Falls das Elektron sich in einem Atom auf der Netzhaut des Auges befindet, dann kann diese Bewegung schließlich in einen Gesichtssinn umgewandelt werden. (Niemand weiß genau, wie.)

Ich kann unsere Diskussion über die Wellen damit abschließen, daß ich zu der Frage zurückkehre, mit der ich diese Betrachtungen eröffnet habe, zu der Frage nämlich, wie es möglich ist, daß die Wellen sich immer auf das Seeufer zu bewegen, ohne daß irgendwo in der Seemitte ein Loch entsteht. Inzwischen dürfte klargeworden sein, daß eine solche Fragestellung auf einem grundlegenden Mißverständnis über die Natur der Wellen beruht. Bewegt sich eine Welle durch tiefes Wasser, so gilt zu bedenken, daß es der Welle möglich ist, sich in eine bestimmte Richtung zu bewegen, ohne daß es überhaupt irgendeine Nettobewegung des Wassers in diese Richtung gibt.

Mein Dilemma vom Michigansee hat sich geklärt, und wieder löst sich ein Geheimnis aus Kindheitstagen auf. Ich denke, ich sollte darüber zufrieden sein. Doch wenn ich manchmal nach einem mit Freunden am Strand angenehm verbrachten Abend etwas schläfrig geworden bin und die Augen schließe, der Brandung lausche und in genau der richtigen Weise darüber meditiere, dann kann ich noch immer das Loch in der Mitte des Ozeans sehen.

7 Die Brandung

Sie lief dort auf, wo weiße
und weiche Wellen
so flauschig schienen wie
gestrichne Wolle…

Henry Wadsworth Longfellow,
Das Wrack der Hesperus

Stürme auf See erzeugen windgetriebene Wellen. Um vollständig ausgebildete Wellen zu formen, muß der Wind stunden- oder sogar tagelang über Hunderte Kilometer hinweg wehen. Sind die Wellen erst einmal gebildet, so bestehen sie in Form von Meeresdünungen über Tausende Meilen auf offener See weiter. Wenn diese Wellen schließlich an einen Strand schlagen, wird all diese angehäufte Energie in wenigen Minuten freigesetzt, und die Wellen verwandeln sich in Brandung. Kein Wunder, daß das Brechen der Brandung das größte Naturschauspiel am Strand ist.

Der Wind, der die tiefen Wasserdünungen erzeugt, kann aus jeder Richtung wehen. Dies bedeutet, daß eine Dünung sich in jedem Augenblick und unter jedem Winkel dem Strand nähern kann. Trotz dieser Tatsache ist jeder, der einige Zeit an verschiedenen Stränden verbracht hat, sich darüber im klaren, daß die Brecher die Angewohnheit haben, sich nur in einer Richtung zu bewegen – nämlich parallel zum Strand. Weshalb ist dies so?

Nachdem man einige Zeit lang die Brandung beobachtet hat, stellt man fest, daß die Wellen sich auf viele unterschiedliche Weisen verhalten. Sogar ein einzelner Brecher kann an verschiedenen

Unabhängig von ihrer ursprünglichen Richtung bewegen Wellen sich rechtwinklig auf den Strand zu. (San Gregorio State Beach, Kalifornien)

Punkten seiner Frontbreite unterschiedliches Verhalten an den Tag legen: womöglich gibt es Schaum auf dem Wellenkamm an einem Ende, während das Wasser an dessen anderem Ende glatt ist. Warum ist das so? Wie so manches andere Naturereignis auch, so stellt die hereinkommende Brandung den aufmerksamen Beobachter vor viele Fragen.

Die Richtung der Brandung

Beginnen wir mit der ersten Frage. Weshalb schlägt die Brandung stets gerade an den Strand, auch wenn die Winde, die die Wellen erzeugen, aus allen Himmelsrichtungen wehen? Man könnte meinen, daß die von Stürmen erzeugten Wellen sich dem Strand aus allen Richtungen nähern, so daß die Richtung, aus der sie heute kommen, von jener Windrichtung abhängt, aus der der Wind vor ein paar Tagen übers Meer geweht hat. Daß dies nicht der Fall ist, folgt aus den Merkmalen des tiefen Meerwassers, das ich im vorigen Kapitel erwähnt habe. Auf der Oberfläche einer Welle im tiefen Wasser bewegen sich die Wasserteilchen in einem Kreis. Würden wir die Wasserteilchen unterhalb der Oberfläche beobachten, so könnten wir feststellen, daß auch sie sich im Kreis bewegen, aber daß die Kreise um so kleiner werden, je mehr die Tiefe zunimmt (siehe Abbildung 7-1). Sogar bei den von großen Stürmen erzeugten Wellen hört die Bewegung der Wassertropfen in einigen hundert Metern Tiefe auf – was erklärt, warum Unterseeboote selbst bei Stürmen sanft «segeln». Eine sich im Wasser bewegende Welle, die mehr als nur ein paar Wellenlängen tief ist, wird Tiefseewelle genannt. Der Anschaulichkeit halber vernachlässigen wir die Wirkungen des Meeresbodens auf diese Wellen.

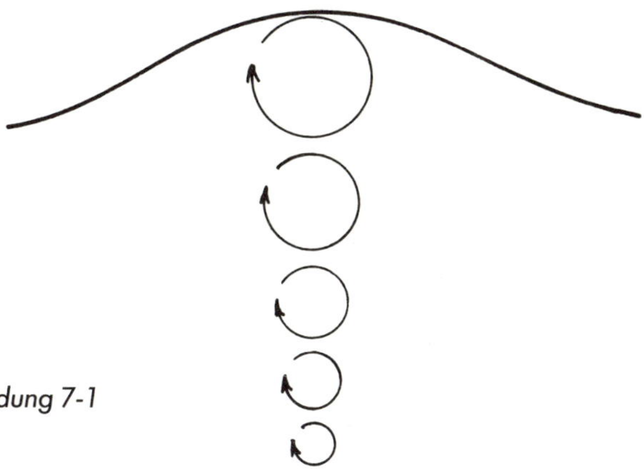

Abbildung 7-1

Nähert sich jedoch eine Tiefseewelle dem Strand, so muß sie schließlich in Wasser eintauchen, das nur den Bruchteil einer Wellenlänge tief ist. An diesem Punkt beginnt das Vorhandensein des Bodens die ordentliche Bewegung des tieferen Teils der Welle zu beeinträchtigen, und die Wellenbewegung verändert sich radikal.

Ozeanographen sprechen dann davon, daß die Welle «den Boden spürt». Die Welle wird abgebremst, und ihre Form beginnt sich zu ändern. In Wirklichkeit wird sie von einer Tiefseewelle in eine Art Oberflächenwelle umgewandelt, die wir Brandung nennen. Es ist wichtig zu begreifen, daß diese Veränderung nichts mit der Welle selbst zu tun hat; vielmehr ist sie das Ergebnis der veränderten Umgebung, in der die Welle sich befindet. Eine Wellenlänge von 3 m zum Beispiel wird in einem Teil eines 10 m tiefen Ozeans als Tiefseewelle definiert, dagegen jedoch als Oberflächenwelle, wenn die Ozeantiefe nur noch 1,50 m beträgt.

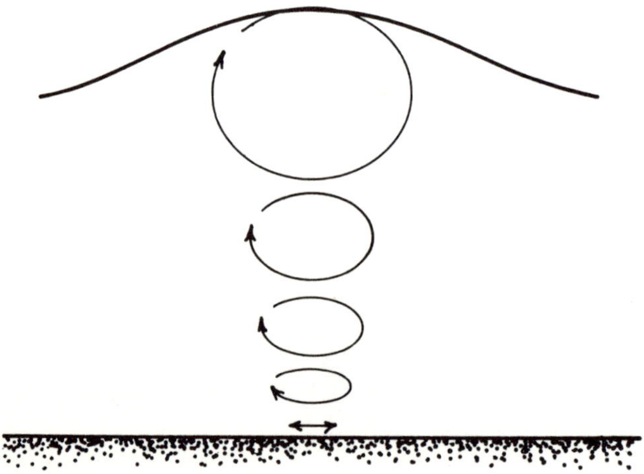

Abbildung 7-2

Der Mechanismus für diese radikale Veränderung im Verhalten der Welle ist leicht zu verstehen, betrachtet man die in Abbildung 7-1 dargestellte Unterwasserbewegung. Ist das Wasser seicht, dann wird die gezeigte Kreisbewegung für die tiefsten Teile der Welle unmöglich. Das Wasser kann sich nicht mehr auf und abwärts bewegen, denn dafür müßte es den Boden aufwühlen. Dies bedeutet, daß es statt der in Abbildung 7-1 gezeigten freien Wellenbewegung im seichten Wasser vielmehr eine Bewegung der Wasserteilchen wie in Abbildung 7-2 gibt. Die Bewegung des Wassers am Boden ist notwendigerweise geradeaus vorwärts und zurück. Nur etwas über dem Boden ist eine kleine senkrechte Bewegung möglich, so daß sich das Wasser in kleinen Ellipsen bewegt. Je mehr wir uns vom Boden entfernen, um so weniger gestaucht erscheinen die Ellipsen. Ist das Wasser etwa eine halbe Wellenlänge tief, so ist die Wirkung an der Oberfläche nach wie vor stark (siehe Abbildung). Diese Verzerrung der Wasserwege bremst die Wellen ab. Da die Anzahl der Wellen, die von der offenen See hereinrollen, stets die gleiche bleibt, unabhängig davon, was am Meeresboden vor sich geht, so bedeutet die Tatsache einer Verlangsamung der Wellen beim Herannahen an den Strand, daß sich ihre Formen ebenfalls verändern; die Wellenlänge (der Abstand zwischen zwei Wellenkämmen) nimmt ab, und das Wasser beginnt sich aufzutürmen.

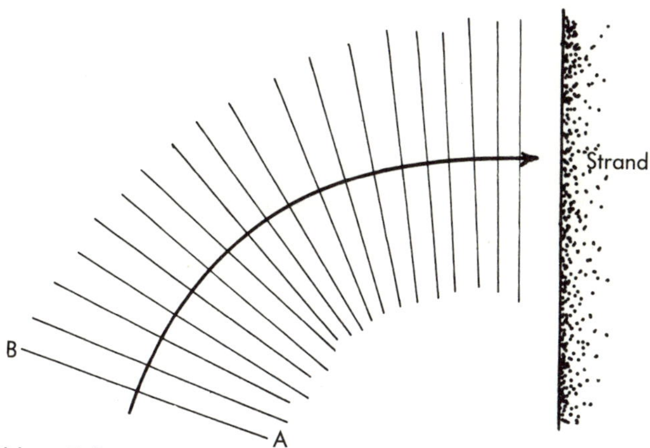

Abbildung 7-3

Um zu verstehen, warum die Brandung sich stets zum Strand hin bewegt, müssen wir uns folgendes vor Augen halten: Je seichter das Wasser, um so geringer die Geschwindigkeit der Welle.

Nehmen wir eine Wellenlinie, die sich dem Strand in einem Winkel nähert, wie in Abbildung 7-3 dargestellt. Nehmen wir zudem an, daß die Küstenlinie gerade verläuft und daß der Boden gleichmäßig von der Küste zur See hin abfällt. Erreicht ein Teil der Welle das seichte Wasser in A, dann wird sie langsamer. Der Teil der Welle in B jedoch befindet sich noch immer im tiefen Wasser und behält daher seine bisherige Geschwindigkeit bei. Als Ergebnis dieser Situation beginnt die Welle, sich im seichten Wasser zu drehen (siehe Abbildung). Wenn mehr von dieser Welle auf seichtes Wasser stößt, wird die Drehung betont, bis die Richtung, in der die Wellenkämme sich bewegen, vollständig verändert ist. Die Bewegung dieser Welle ähnelt sehr der einer Kavallerieeinheit, die einen Schwenk ausführt. Die Soldaten auf einer Seite der Reihe verlangsamen den Schritt, damit ihre Kameraden auf der anderen Seite um sie herum drehen können. Die Nettowirkung besteht darin, daß die Wellen, aus welcher Richtung auch immer sie sich dem Strand nähern, sich zu drehen beginnen, sobald sie den Boden spüren, und schließlich gerade anrollen.

Wenn eine Welle ihre Richtung bei der Begegnung mit einem Gebiet ändert, in dem ihre Geschwindigkeit sich verändert, so sagt man, sie unterliege der Brechung. Die Brandung ist nur ein Beispiel für die *Wellenbrechung* in der Natur: Jeder Mensch hat, auch wenn er sich dessen nicht bewußt ist, unzählige Male in seinem Leben eine Brechung gesehen. Ich benutze das Wort «sehen» mit Bedacht, denn das Licht ist, wie die Brandung, eine Welle und legt dasselbe Verhalten an den Tag. Es ändert ebenfalls seine Richtung, wenn es auf ein Gebiet stößt, in dem seine Geschwindigkeit verringert wird.

Vielleicht sollte ich hier kurz vom Thema abschweifen, um eine Schwierigkeit zu klären, die viele Menschen mit einer Behauptung dieser Art haben. Die Lichtgeschwindigkeit spielt eine zentrale Rolle in der Relativitätstheorie, und die Unveränderlichkeit der Lichtgeschwindigkeit in einem Vakuum ist zu einem der wesentlichsten Grundsätze der Wissenschaft geworden. Deshalb irritiert es, wenn man von einer Veränderung der Lichtgeschwindigkeit hört. Die Auflösung dieser Schwierigkeit geschieht am besten dadurch, daß man sich folgendes vergegenwärtigt: Obwohl die

Lichtgeschwindigkeit *in vacuo* überall im Universum gleich ist, folgt daraus nicht etwa, daß die Lichtgeschwindigkeit in Substanzen dieselbe ist wie die im Vakuum. In einer lichtdurchlässigen Substanz wie Glas oder Wasser setzt sich jeder Lichtstrahl stufenartig fort. Er durchquert das inter-atomische Vakuum, bis er auf ein Atom trifft. Dann wird er von diesem Atom absorbiert. Das Atom sendet einen neuen Strahl aus, der seinerseits das Vakuum durchquert, bis er wiederum auf ein Atom stößt. Von da an wiederholt sich der Vorgang. Daher ist die Zeitspanne, die das Licht braucht, um sich durch eine Glasscheibe fortzubewegen, größer als diejenige Zeitspanne zur Überwindung derselben Entfernung im Vakuum. Dies hat mit der Wechselwirkung von Licht und Atomen, nicht aber mit der Lichtgeschwindigkeit selbst etwas zu tun. Diese Situation gleicht derjenigen eines interkontinentalen Reisenden. Ein Flugzeug kann zwar schneller fliegen als 600 km/h; doch muß ein Passagier umsteigen, so verbringt er auf den Flughäfen unter Umständen mehr Zeit, als er für einen Zweistundenflug über 1200 km benötigt.

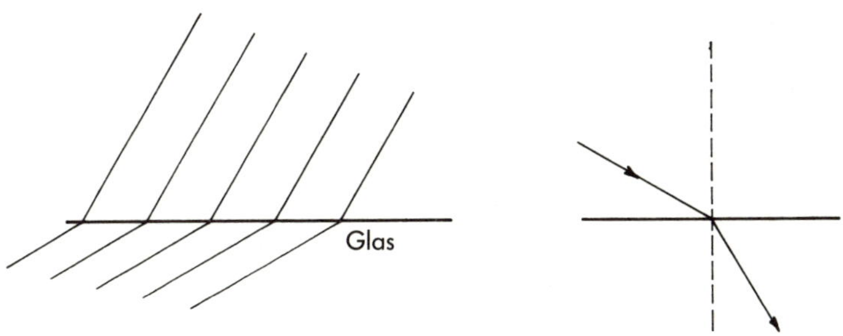

Abbildung 7-4

Der Übergang von Tiefsee- zu Oberflächenwellen am Strand verläuft stufenweise, doch beim Licht kann der Übergang zwischen Gebieten, in denen die Lichtwelle verschiedene Geschwindigkeiten besitzt, ziemlich abrupt sein. Auf der Oberfläche einer Glasscheibe zum Beispiel sinkt die Lichtgeschwindigkeit um etwa dreißig Prozent innerhalb einer Höhe von ein paar hundert Atomen. Dies hat zur Folge, daß die Lichtfront, statt wie die Brandung langsam zu «schwenken», sich scharf bricht, wenn sie in ein anderes Medium eintritt (siehe Abbildung 7-4). Es ist üblich, diese Art der Brechung wie rechts in der Abbildung darzustellen – statt die gesamte Wellenfront aufzuzeichnen, begnügt man sich mit der Richtung der Welle und zeigt den abrupten Richtungswechsel bei Eintritt in die Glasoberfläche.

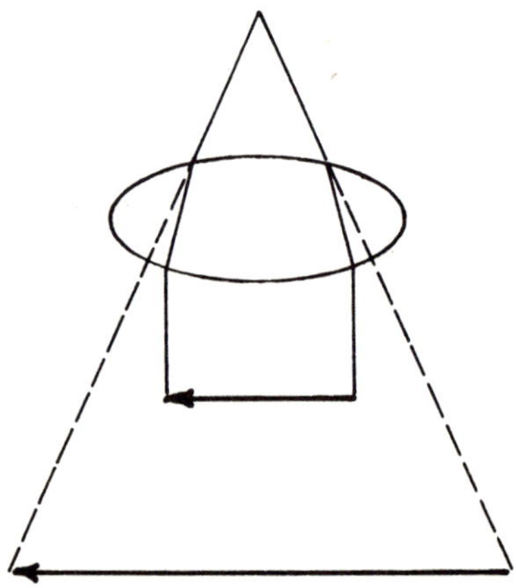

Abbildung 7-5

Wer jemals eine Brille, ein Fernglas oder eine Kamera benutzt hat, kennt die Lichtbrechung, da diese Gesetze das Funktionieren jeder Linse bestimmen. Dieses wird in Abbildung 7-5 dargestellt. Licht von einem kleinen Gegenstand trifft auf eine Linse, dessen Strahl wie gezeigt gebrochen wird. Diese Beugung des Lichtstrahls erwarten wir, wenn wir von Lichtbrechung sprechen. Der neue Verlauf der Lichtstrahlen führt sie zum Empfangsgerät – zum menschlichen Auge, zum Beispiel, oder zum Fotopapier. Mit dem Licht, das aus den gezeigten Richtungen kommt, bildet der Empfänger ein Bild des Gegenstandes, indem er die Lichtlinien über die Linse hinaus verlängert, so daß das Abbild größer erscheint als der Gegenstand selbst. Mit Hilfe einer anderen Anordnung kann das Abbild kleiner gemacht werden. Der unterschiedliche Einsatz der Brechung fällt in das Gebiet der klassischen Optik.

Eine andere interessante Wirkung der Lichtbrechung – und eine der Brandung sehr viel ähnlichere – ist die als Luftspiegelung oder Fata Morgana bekannte Erscheinung. Vermutlich hat jeder bereits einmal eine Luftspiegelung gesehen, ohne deren Ursachen zu begreifen. Sie taucht an einem sehr warmen Tag auf, wenn man eine gerade Strecke auf der Autobahn vor Augen hat; einen Kilometer voraus auf der Strecke fängt die Straße an zu schimmern, als läge eine Wasserpfütze darauf. Kommt man jedoch an die entsprechende Stelle, stellt sich heraus, daß die Straße trocken ist, und die «Pfütze» erscheint weiter entfernt. Die Ursache dieser Luftspiegelung ist die Erwärmung der Luft durch den aufgeheizten Straßenbelag. Erwärmt sich die Luft, so verliert sie an Dichte, und dies verändert ihre Eigenschaften. Das Licht durchquert die erwärmte Luft am Boden langsamer. Aus diesem Grund wird das vom Himmel kommende Licht so gebrochen, wie in Abbildung 7-6 dargestellt. Ein Beobachter, der sich in einiger Entfernung befindet, sieht das Licht aus der angegebenen Richtung kommen, und nimmt natürlich an, daß er etwas auf der Straßenoberfläche sieht.

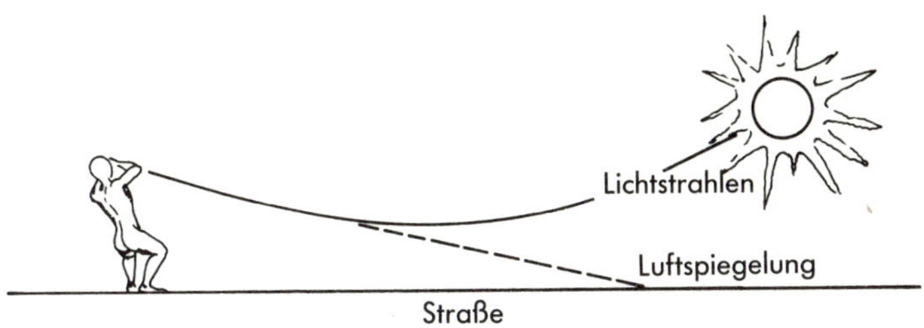

Abbildung 7-6

Die «Pfütze» ist lediglich ein Bild des Himmels, das wegen der Brechung von seiner normalen Lage entfernt auftaucht. Vor einigen Jahren sah ich während einer Autofahrt in Montana eine ungewöhnliche Luftspiegelung. Als die Straße sich zu einem Berg hin wölbte, wechselte die Farbe der «Pfütze» von Schwarz nach Dunkelgrün. In diesem Augenblick kam das gebrochene Licht nicht vom Himmel, sondern von einem pinienbewaldeten Berghang.

Einen anderen Aspekt der Brechung kann jeder leicht selbst entdecken: in der Kommunikationsindustrie hat er bereits eine kleinere Revolution ausgelöst. Heben Sie doch beim nächsten Festessen bei Kerzenschein einmal Ihr Weinglas in die Höhe und

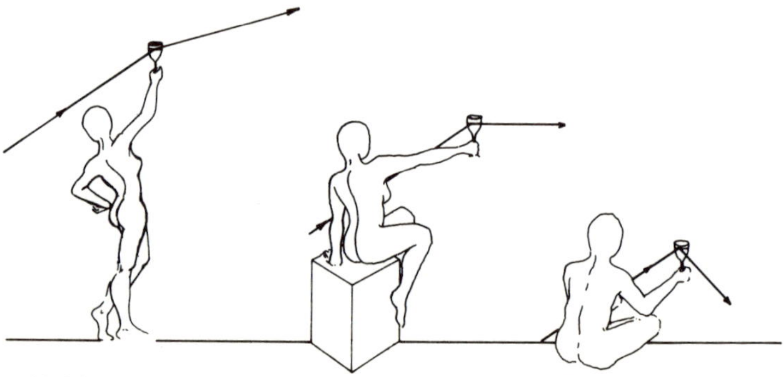

Abbildung 7-7

blicken Sie von unten auf die Oberfläche des Weins. Halten Sie das Weinglas hoch genug, dann erscheint die Oberfläche lichtdurchlässig. Lassen Sie das Glas langsam sinken, dann gibt es einen Punkt, an dem die Oberfläche plötzlich von lichtdurchlässig zu hell und undurchsichtig wechselt. Auch dies ist eine Folge der Brechung von Lichtwellen. Das Licht tritt so von unten ins Weinglas ein, wie links in der Abbildung 7-7 gezeigt. Im Wein ist die Lichtgeschwindigkeit niedriger als in der umgebenden Luft. Wenn das Licht daher auf die Wein-Luft-Trennungsfläche trifft, ändert es seine Richtung. Anders jedoch als bei der gegen den Strand schlagenden Brandung bewegen sich die Wellen in diesem Fall von einem Gebiet mit niedrigerer zu einem mit höherer Geschwindigkeit. Folglich wird die Welle in die entgegengesetzte Richtung gebeugt – eher von einer zur Oberfläche rechtwinkligen Richtung weg als zu ihr hin. Dieser Weg ist in der Darstellung aufgetragen.

Sinkt das Weinglas, so wird der durch die Oberfläche hindurchgehende gebeugte Strahl immer weiter von der rechtwinkligen Richtung weg gebeugt, bis schließlich eine kritische Situation erreicht ist (siehe Mitte der Abbildung). Bei diesem Winkel besagen die Brechungsgesetze, daß die aus dem Wein hervortretende Lichtwelle sich nun parallel zur Oberfläche fortbewegen wird. Sinkt das Glas noch weiter, dann ergibt sich die rechts gezeigte Situation. Die auf die Wein-Luft-Trennungsfläche auftreffende Welle kann sich überhaupt nicht in der Luft ausbreiten, sondern wird statt dessen in die Flüssigkeit zurückgebrochen (siehe rechts). Dies verursacht das plötzliche Aufhellen der unteren Oberfläche des Weins, wenn das Glas sinkt; an diesem Punkt sieht man das Kerzenlicht an der Trennungsfläche, die unter diesem Winkel fast genau wie ein Spiegel funktioniert.

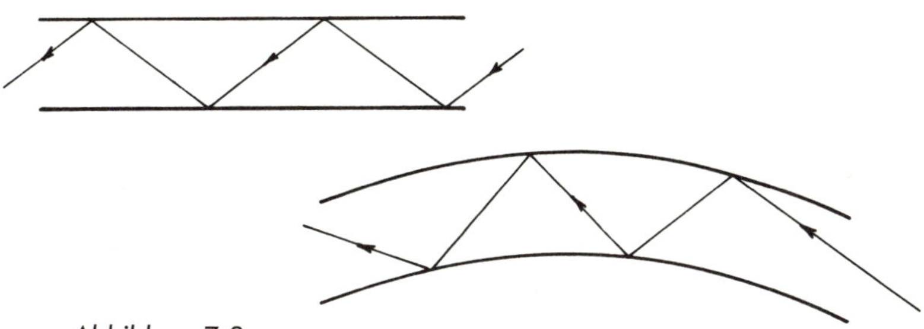

Abbildung 7-8

Diese Erscheinung ist als totale innere Reflexion bekannt. Während sie im Prinzip auch bei Wasserwellen zu beobachten wäre, ist sie allerdings nur bei jenen Wellen von praktischem Nutzen, die eine relativ kurze Wellenlänge besitzen. Nehmen wir zum Beispiel einmal an, daß ein Lichtstrahl sich in einem Rohr aus durchsichtigem Material wie etwa hellem Plastik fortpflanzt. Ist der Winkel zwischen der Richtung des Strahls und dem Rand des

Rohrs ausreichend klein, dann unterliegt der Strahl der totalen inneren Reflexion, wenn er an die Rohrwand stößt (siehe links in Abbildung 7-8). Etwas einfache Geometrie zeigt: Wenn das Licht bei seinem ersten Zusammenstoß mit der Rohrwand der totalen inneren Reflexion unterliegt, dann wird es sich weiterhin bei jedem weiteren Zusammenstoß ebenso verhalten, während es sich weiter fortbewegt. Die Nettowirkung einer Reihe von Reflexionen ist rechts in der Abbildung dargestellt. Das Licht ist im Plastikrohr eingefangen und kann nicht entweichen, selbst bei einem gebogenen Rohr nicht. Ein solches Rohr wird Lichtfaser genannt. Die einzige Voraussetzung ist, daß dieses Rohr noch so sanft gebogen sein muß, daß der Winkel, unter dem das Licht auf die Rohrwand auftrifft, noch unterhalb des kritischen Winkels für die Reflexion liegt. Ich kann mich noch lebhaft an die Demonstration erinnern, die einer der Pioniere auf diesem Gebiet vor einer Versammlung von Ärzten zum besten gab. Er bog das Plastikrohr hin und her und führte vor, daß das an einem Ende eintretende Licht auch wirklich am anderen Ende wieder herauskam. Im Verlauf der Vorführung verrenkte er das Rohr zu immer komplizierteren Gebilden, bis er es schließlich zu einem sauberen Knoten geknüpft hatte, wobei immer noch das Licht an einem Ende hineintrat und am anderen wieder herauskam.

Das Prinzip der inneren Reflexion ist das Herzstück der blühenden neuen Fiberoptik-Industrie. Ein Gebiet, auf dem die Menschen dieses Prinzip vermutlich ohne weiteres antreffen, ist das der medizinischen Diagnostik, wo es dazu eingesetzt wird, Bilder von inneren Organen zu liefern. Die Idee dazu ist ziemlich einfach. Ein Bündel Lichtfasern aus Plastik (jede einzelne Faser dünner als ein Menschenhaar) mit einer winzigen Lichtquelle wird an denjenigen Ort im Körper befördert, den der Arzt untersuchen möchte. Zum Beispiel kann ein solches Rohr hinuntergeschluckt werden, falls es notwendig ist, die Magenwand von innen zu untersuchen. Das Licht, das von den winzigen Lichtfasern eingefangen wird, gelangt unverfälscht nach außen. Dort wird das Bild vergrößert, wobei eine Reihe von nahe beieinanderliegenden Punkten erzeugt wird, die das menschliche Auge als zusammenhängendes Bild erkennt. Die Zusammensetzung eines Bildes aus einer Reihe heller und dunkler Punkte ist uns vom Fernsehen her vertraut, bei dem ein ähnliches Verfahren verwendet wird. Durch den Einsatz solcher Geräte kann ein Arzt die inneren Körperorgane untersuchen, das Licht um Ecken herumführen und es als Abbild ans Tageslicht befördern, wo er es betrachten kann.

In ähnlicher Weise werden die Lichtfasern zu Versuchszwecken in der Architektur eingesetzt. Die größten Unkosten beim Unterhalt großer Gebäude verursacht die Innenbeleuchtung. Bei Bürogebäuden, die nur während des Tages eine intensive Beleuchtung benötigen, können große Fensterflächen die Unkosten dafür erheblich verringern. Andererseits haben Fenster jedoch einen sehr geringen Wärmedämmwert – der größte Wärmeanteil in gut gedämmten Gebäuden geht tatsächlich über die Fenster verloren. Der Architekt steht vor einem Dilemma. Eine Vergrößerung der Fensterflächen bringt eine Einsparung an Beleuchtungskosten, erhöht aber zugleich die Kosten für Heizung und Klimaanlage. In Gebieten mit mildem, sonnigem Klima können diese beiden Posten gleich groß sein, und die Wahl des Designs ist alles andere als naheliegend.

Einige Architekten aus den amerikanischen Südstaaten haben als Lösung für dieses Dilemma den folgenden Einsatz von Lichtfasern vorgeschlagen. Große Spiegel außerhalb des Gebäudes fangen das Licht ein und übertragen es ans Ende eines Lichtfaserbündels auf dem Dach. Dieses verläuft dann (mehr oder weniger wie ein elektrisches Kabel) in die einzelnen Räume im Innern des Gebäudes, wo es an der Decke auseinandergefächert wird, um ein gleichförmiges Licht zu liefern.

Falls dieser Vorschlag in die Tat umgesetzt werden kann, würde nicht nur Tageslicht zu bedeutend geringeren Kosten, sondern auch wesentlich wirksamer geliefert. Denn schließlich wandelt eine gewöhnliche Glühlampe nur fünf Prozent ihrer Energie in Licht um – die übrigen 95 Prozent gehen als ungenutzte Wärme verloren, die zudem noch die Klimaanlage abführen muß. Neonröhren sind zwar wirksamer als Glühlampen, wandeln dennoch auch über siebzig Prozent ihrer Energie in Wärme um. Lichtfaserbündel dagegen bringen *nur* Licht in einen Raum und sind keine Energieverschwender.

Eine Behandlung der Fiberoptik wäre unvollständig, würde man nicht ihre Verwendung in der Nachrichtentechnik erwähnen. Eine gewöhnliche Schallwelle besteht aus mehreren hundert Wellenkämmen pro Sekunde, die die Luft durchqueren. Ein Maß für die Informationsmenge, die ein Nachrichtensystem befördern kann, ist die Anzahl der Wellenkämme pro Sekunde, die an einem bestimmten Punkt vorbeiziehen. Zum Beispiel könnte ich eine Botschaft verschlüsseln, indem ich die Höhe der Wellen verändere, so daß jemand an der Empfangsstation mit der entsprechenden Information die Abfolge der Wellenhöhen beobachten und sie entschlüsseln könnte. Um ein banales Beispiel zu geben, nehmen wir an, daß eine Welle mit maximaler Höhe einen Punkt bedeutet, eine Welle mit halber Höhe aber einen Strich. Mit Hilfe dieser Technik könnte ich eine Morsebotschaft versenden.

Die Schwierigkeit bei den Schallwellen liegt darin, daß sie höchstens ein paar hundert Punkte und Striche pro Sekunde befördern könnten – vielleicht etwa hundert Wörter. Während dies mit der normalen Unterhaltung verglichen eine sehr große Anzahl ist, so ist es doch wenig verglichen mit dem, was ein Computer an Signalen erzeugen und verarbeiten kann. Eine Lösung dieses Problems besteht darin, den Wellen eine viel höhere Frequenz zu geben. Die Wellen zum Beispiel, die UKW-Radio und Fernsehbilder ins Wohnzimmer bringen, haben gewöhnlich beim Eintreffen auf der Antenne 100 Millionen Wellenkämme pro Sekunde. Aus diesem Grunde können sie all die für die Bildung eines Farbfernsehbildes notwendigen komplizierten Informationen befördern. Die äußerste Erweiterung dieser Vorstellung wäre es, Licht mit 10^{15} Wellen pro Sekunde zu verwenden, also 10 Millionen mal mehr als bei der Übertragung von Fernsehbildern üblich. Im Prinzip ist nämlich bei der Informationsübermittlung ein Einsatz des Lichts weitaus wirksamer als derjenige von Schall oder Mikrowellen.

Leider wird dieser theoretische Vorteil auf der Erdoberfläche zunichte gemacht, da das Licht in der Atmosphäre absorbiert wird, die Funkwellen dagegen nicht. Lichtsignale lassen sich nicht so einfach senden wie die Funkwellen. Wenn wir andererseits ein Lichtsignal verschlüsseln und es irgendwo durch ein Lichtfaserbündel schicken, dann gibt es keine wesentliche Absorption, und das Signal kann ohne Verluste an dem dafür bestimmten Zielort eintreffen. Ein optisches Nachrichtensystem kann visualisiert werden, wenn man sich ein «Telefon» vorstellt, das Schall- in Lichtwellen umwandelt, die dann durch ein Fasernetz bis zu einer Empfangsstation verlaufen, wo das Signal dann wieder in Schall zurückgewandelt wird. Ersatzweise kann man als Ausgangssignal statt des Schalls auch einen elektrischen Impuls verwenden, der von einem Computer erzeugt wird. Auf jeden Fall kann ein Lichtfaserbündel eine große Informationsmenge befördern – weitaus mehr als etwa ein herkömmliches Kupferkabel.

Wie zu erwarten ist, sind die technischen Verfahrensprobleme im Zusammenhang mit dem Bau eines solchen Systems gewaltig. Am meisten dürfte jedoch überraschen, daß sie weitgehend gelöst sind. Seit 1983 sind die Bundesstaaten New York und Washington D.C. über Glasfaserkabel miteinander verbunden. Die Leistungsfähigkeit dieser Fasern im Rahmen der Informationsübermittlung ist so enorm, daß über ein einziges Faserpaar die gesamte *Encyclopaedia Britannica* in weniger als einer Minute übertragen werden kann!

Die Form der Brandung

Aus der einfachen Tatsache, daß die Brandung immer gerade auf den Strand zurollt, können wir die Gesetze ableiten, die die neuen Technologien, von der Medizin bis hin zur Nachrichtentechnik, beherrschen. Doch die Richtung der Wellen ist in vielerlei Hinsicht die am wenigsten interessante Eigenschaft der Brandung. Viel komplizierter sind die Myriaden von Formen und Variationen der einzelnen Wellen. Ein paar Augenblicke der Beobachtung reichen aus, um jedermann davon zu überzeugen, daß nicht nur die einzelnen Wellen sich voneinander unterscheiden, sondern daß verschiedene Teile derselben Welle sich unterschiedlich verhalten. In der Wissenschaft werden die Probleme durch ihre Kompliziertheit an sich nicht interessanter. Wenn die Techniken zur Lösung eines Problems bekannt sind, dann wird es bald langweilig. Die Brandung des Ozeans jedoch gehört nicht dazu. Der Brecher, die heranstürzende Welle, ist ein gutes Beispiel für ein System, in dem einfache physikalische Gesetze solche Folgen haben, daß den schönsten Bemühungen der modernen Wissenschaft, Voraussagen zu machen, die Stirn geboten wird. Selbst mit den besten Computermodellen sind wir nämlich nicht in der Lage, bis ins Detail vorauszusagen, auf welche Weise eine Welle an den Strand brechen wird.

Und dennoch können wir ein gut Teil dessen verstehen, was mit einer Welle am Strand geschieht. Wie bei jedem anderen Versuch, eine komplizierte Erscheinung in den Griff zu bekommen, besteht der erste Schritt darin, Kategorien aufzustellen, in die wir die beobachteten Erscheinungen unterteilen können.

Bei den anrollenden Wellen stellen wir vier solcher Gruppen fest:

1. *Rollende Brecher* – Brecher, bei denen die Welle vornüberrollt und der obere Teil schneller vorwärtsschießt als die ganze Welle, so daß sie schließlich einen Tunnel im Wasser bildet.
2. *Überlaufende Brecher* – Brecher, bei denen der Schaum den vorderen Hang der Welle hinabgleitet.
3. *Einstürzende Brecher* – kleine Wellen, die den Strand so hinaufgleiten, daß die vordere Wellenfront eine rechwinklige Stufe bildet.
4. *Hochbrandende Brecher* – Wellen, die ohne auseinanderzubrechen den Strand hinaufbrausen.

Diese vier Wellenarten sind in Abbildung 7-9 dargestellt.

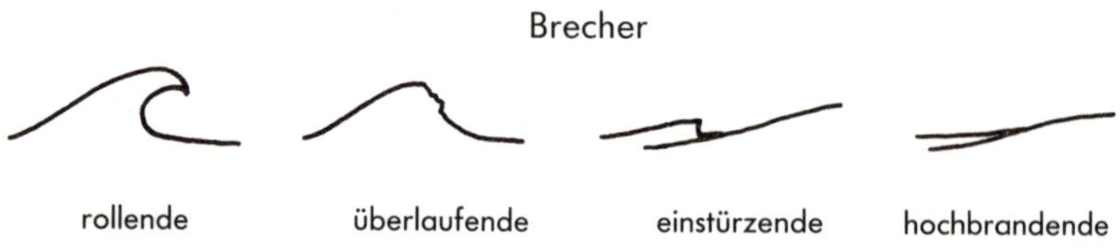

Abbildung 7-9

Die beiden ersten Brecherarten kommen am häufigsten vor. Die beiden letzten sind eher seltene Erscheinungen und gewöhnlich nur in geschützten Gebieten oder Seen anzutreffen, wo die Brandung weniger turbulent ist. Den beiden ersten Brecherarten ist die Eigenschaft gemeinsam, daß sie entweder durch den Wind oder durch die Natur des Bodens verursacht werden. Daher können die rollenden wie die überlaufenden Brecher sowohl auf offener See wie am nahen Strand beobachtet werden. Bei der ersteren Art entsprechen sie den Schaumkronen, bei der letzteren der Brandung.

Der grundlegende Vorgang des Wellenbrechens wird klar, wenn wir uns wiederum an die Abbildung 7-1 halten, in der die Bewegung der einzelnen Wasserteilchen aufgezeichnet ist. Nähert sich eine Welle dem Strand, so beginnt der Boden diese Wege zu verzerren, und schließlich wird die Wassertiefe so gering, daß das Wasser seinen elliptischen Kreislauf nicht mehr vollenden kann. Grob gesprochen geschieht dies, wenn die Wassertiefe 1,3mal dem Wert der Wellenhöhe entspricht. Wasser, das in größeren Tiefen aufsteigen würde, um die Welle aufzufüllen, wird abgebremst und sogar wegen der Bodennähe gestoppt. Das Resultat ist in Abbildung 7-10 dargestellt.

Abbildung 7-10

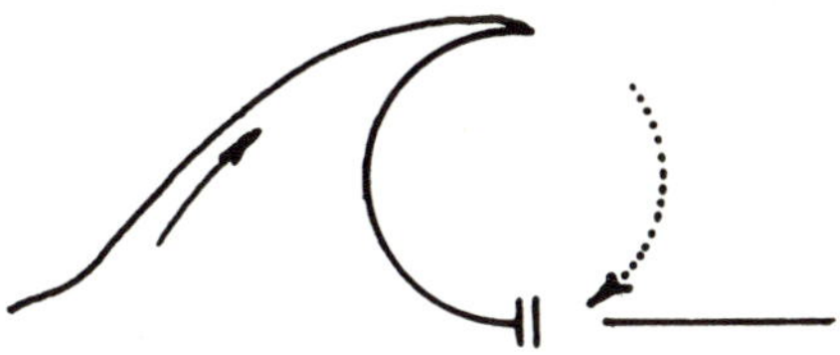

Der Welle fehlt plötzlich die Stütze. Da die gewohnte Wellenbewegung auf diese Weise abreißt, bricht die Welle. Ob nun das nicht mehr gestützte Wasser am Kamm über die Welle hinausschießt und einen rollenden Brecher erzeugt oder lediglich an der Wellenfront überläuft, hängt von Kleinigkeiten ab – besonders davon, wie steil die Welle und der Strand sind.

Eine Anzahl von Analogien hat herhalten müssen, um das Brechen von Wellen zu beschreiben. Einige Autoren reden davon, daß die Wellen «sich die Zehen anstoßen», wenn das Wasser seichter wird. Ein etwas besseres Bild wäre das jener alten Gewohnheit beim Vaudeville, bei der ein Schauspieler sich auf einen Stock stützt, ein anderer den aber wegkickt, so daß jener hinfällt. Auf eine ähnliche Weise wird das Wasser im Wellenkamm nicht mehr gehalten und fällt zusammenberstend herunter.

Durch eine andere Art der bildhaften Darstellung finden wir vielleicht leichter einen Übergang zu den Wellen auf offener See. Nähert sich eine Welle dem Strand, so verändert sich deren Form. Sie beginnt, sich aufzutürmen und wird steiler, je mehr sie sich dem Strand nähert. Der Grund dafür liegt, worauf ich bereits hingewiesen habe, in der durch den nahen Boden verursachten Bewegungsveränderung. Wir können uns diesen Vorgang des Auftürmens vorstellen, indem wir an zwei verschiedene Geschwindigkeiten denken. Die eine ist die Geschwindigkeit der Welle – die Schnelligkeit, mit der der Wellenkamm sich der Küste nähert. Die andere ist die Geschwindigkeit der Wasserteilchen auf dem Wellenkamm. Normalerweise ist die Geschwindigkeit der Welle größer als die des Wassers. Wird die Welle jedoch steiler, so erhöht sich die Geschwindigkeit des Wassers auf dem Wellenkamm und erreicht schließlich einen Wert, der dem der Welle entspricht. Eine kritische Situation liegt vor, wenn der Wellengipfel einen Winkel von 120° bildet. Dies ist eine instabile Lage. Geht der Wellengipfel über diesen Wert hinaus, dann läuft das Wasser auf dem Wellenkamm vor der Welle her, und wir beobachten, daß die Welle bricht. In der Tiefsee taucht, wie wir gesehen haben, diese kritische Situation auf, wenn die Wellenlänge siebenmal so groß ist wie die Höhe der Welle. In seichtem Wasser taucht sie auf, wenn die Tiefe 1,3mal so hoch ist wie die Welle. Eine 9 m hohe Welle bricht also, wenn die Wassertiefe ungefähr 12 m beträgt, wogegen eine 1 m hohe Welle bricht, wenn der Boden sich etwas weniger als 1,2 m tiefer darunter befindet. Das Verhalten der Brandung hängt also von der Größe der hereinkommenden Wellen ab, die wiederum, wie bereits im vorigen Kapitel geschildert, vom Wind abhängen, der sie geformt hat. Auch ist es nicht ungewöhnlich, daß die Bedingungen dergestalt sind, daß eine Welle mehr als einmal bricht. Eine 9 m hohe Welle zum Beispiel kann

Rollende Brecher am San Gregorio State Beach (Kalifornien).

Überlaufende Brecher am Bean Hollow State Park (Kalifornien).

Hochbrandende Brecher in einem von einer vorgelagerten Insel geschützten Gebiet. Año Neuvo State Park (Kalifornien).

weit entfernt vor der Küste brechen und in ihrem Gefolge kleinere Wellen erzeugen, die sich weiter auf das Land zu bewegen und dann ihrerseits brechen, wodurch sie noch kleinere Wellen erzeugen, die diesen Vorgang wiederholen.

Steht man an der Küste und sieht, wie die Wellen auf See sich brechen, so kann man sicher sein, daß der Boden an jenem Punkt so seicht ist, daß er die Bedingungen für das Brechen einer Welle erfüllt. Wenn in einiger Entfernung von der Küste, was oft genug geschieht, sich die Wellen an nur einem Punkt brechen, so kann man daraus schließen, daß es an diesem Punkt einen unterirdischen Felsgipfel oder -kamm gibt. Dieser Vorgang des Brechens und Neubildens von Wellen als Reaktion auf den sich verändernden Boden kann sich mehrmals wiederholen, während die Wellen auf das Land zurollen; es ist ganz und gar nicht ungewöhnlich, daß der letzte rollende Brecher weniger als 30 cm hoch ist, wenn er schließlich den Strand benetzt.

Der Schaum kennzeichnet den Punkt, wo die Welle bricht. Auf diesem Foto bilden sich die Wellen mehrfach neu, bevor sie den Strand erreichen. San Gregorio State Beach (Kalifornien).

Rollende Brecher brauchen nicht groß zu sein. Hier – zwei See-Elefantenbullen kämpfen im Hintergrund – sind sie nicht einmal 30 cm hoch. Año Neuvo State Park (Kalifornien).

Geysire, die von der Druckluft gebildet werden, die entsteht, wenn die Wellen gegen Felsgestein schwappen. Bean Hollow State Beach (Kalifornien).

Fast gleichzeitig nähern sich zwei rollende Brecher dieser kleinen Bucht am San Georgio State Beach in Kalifornien.

Abbildung 7-11

Diese Diskussion der allgemeinen Eigenschaften der Brandung berücksichtigt die auffallendsten Erscheinungen, vernachlässigt jedoch, was in meinen Augen der faszinierendste Aspekt dieses Themas ist. Während man allgemeine Kategorien über das Brechen von Wellen definieren kann, reichen dagegen ein paar Augenblicke der Beobachtung, um festzustellen, daß sich nicht zwei Wellen genau gleichen. Es kommen sämtliche möglichen Variationen vor. Sie unterliegen zwar alle den allgemeinen Gesetzen, die wir skizziert haben, doch jede Welle geht aus den etwas unterschiedlichen Bedingungen innerhalb der Geschichte dieser Welle hervor. Ein rollender Brecher zum Beispiel kommt in vielen verschiedenen Formen vor; dies hängt vor allem davon ab, um welchen Wert die Geschwindigkeit des Wassers jene der Welle übertrifft. Einige Beispiele sind in Abbildung 7-11 dargestellt. Das überschießende Wasser kann an die Wellenfront oder an den vorderen Teil gleiten. Schlägt es auf, dann erzeugt es eine Menge Schaum oder spritzt auf. Wenn die im Tunnel der Welle eingefangene und zusammengepreßte Luft entweicht, spritzt wie bei einem Geysir das Wasser in die Höhe – gewöhnlich dann, wenn die Welle auf einem felsigen Strand auftrifft. Wenn die Küstenlinie leicht unregelmäßig verläuft, kommen die Wellen aus verschiedenen Richtungen am Strand an und schaffen interessante Effekte, so zum Beispiel, wenn eine Reihe von Brechern eine andere überholt. Dieselbe Welle, die in einem Winkel an der Küste eintrifft, kann in einem Segment ein überlaufendes, im anderen Teil ein rollendes Verhalten an den Tag legen. Ohne Zweifel ist es diese unendliche Verschiedenheit, die den Strand zu einem solch fesselnden Ort macht.

Ich bin davon überzeugt, daß das Beobachten von Wellen mit dem Hören von Musik verwandt ist. Für einen Anfänger hört sich jede Wiedergabe einer Klaviersonate von Chopin gleich an, doch je genauer er hinhört, um so deutlicher beginnen die Unterschiede aufzuleuchten. Nach einer Weile ist er nicht nur davon überzeugt, daß jeder Künstler seine eigene Fassung darbietet, sondern daß auch die verschiedenen Darbietungen ein und desselben Künstlers nie identisch sind. So verhält es sich auch mit den Wellen. Zuerst sehen sie wie Mauern aus Wasser aus, die sich bewegen – zuerst. Doch nach und nach fallen die feinen Unterschiede ins Auge, und wir erkennen in jeder einzelnen Welle ein individuelles Kunstwerk.

8 Blasen im Schaum

Du weißt genau, bist ja kein Kind,
Warum alles zu Bruche ging,
Alles zugleich und nichts allein
So wie die Blasen platzen, nein,
So wie verschwand der wunderbare Pferdewagen,
Logisch ist logisch, nur soviel will ich sagen.

Oliver Wendell Holmes,
Der Einspänner

Das Endergebnis einer ganzen Generation von Meereswellen und der Zerstörung dieser Wellen in der Brandung ist der Schaum, der am Strand zurückbleibt. Sprühnebel und Schaum sind interessant, wenn auch nur, weil sie überall anzutreffen sind. Ozeanographen schätzen, daß jederzeit drei bis vier Prozent der Ozeanoberfläche mit Schaum bedeckt sind, der von den Brechern auf offener See oder an der Küste stammt. Dies heißt, daß ein Gebiet der Erdoberfläche, das etwa dem Nordamerikas entspricht, aus denselben winzigen kleinen Blasen besteht, die an meinen Lieblingsstrand gespült werden. Angesichts der Bedeutung der Ozeane für die Bildung des Erdklimas wäre es überraschend, wenn der Schaum nicht eine Rolle in unserem Alltag spielte.

Nebenbei gesagt sind Blasen und Tröpfchen an sich und aus sich selbst heraus interessant.

Es sind Gebilde, die wir mit bloßem Auge sehen können, jedoch jene Kräfte widerspiegeln, die auf der atomaren Ebene zutagetreten. Die flüssige Haut einer Blase ist vielleicht nicht mehr als ein paar hundert Atome dick, so daß die Details der zwischenatomaren Kraft gesehen werden können. Diese Details gehen in der großen Menge oftmals unter, da die Anzahl der Atome, die bei einem sichtbaren Effekt beteiligt sind, sich dem Wert 10^{26} nähert.

In Wirklichkeit führt die Existenz der Blasen zu einer noch fundamentaleren Frage: Aus welchem Grund bleiben geringste Flüssigkeitsmengen überhaupt zusammen? Weshalb werden beim Wasser Kräfte aktiv, die es zu Tropfen formen, da es doch aus Atomen besteht, die elektrisch neutral sind? Wenn wir diese Frage auf eine grundlegende Ebene zurückführen: Wieso können zwei neutrale Atome eine Kraft aufeinander ausüben, wenn die Gesetze, die die elektrische Wechselwirkung bestimmen, besagen, daß nur geladene Teilchen eine elektrische Kraft ausüben können?

Dies ist eine interessante Scherzfrage. Und tatsächlich gehört sie zu meinen liebsten – ich stelle sie oft den Kandidaten beim Rigorosum, der mündlichen Doktorprüfung, wenn ich in die Prüfungskommission berufen worden bin. In der Praxis wirkt dies längst nicht so sadistisch, wie es erscheinen mag. Das Rigorosum ist längst nicht mehr jene Einrichtung, in der es ums Ganze geht; der Doktorvater hat längst erkannt, daß die Dissertation die für den Doktorgrad erforderliche Qualifikation erfüllt, und daher hat kaum jemand dieses Rigorosum nicht bestanden. Gewöhnlich erzähle ich meinen Studenten, daß der Sinn eines Rigorosums darin bestehe, ihnen vor Augen zu führen, daß sie nicht alles wissen, wenn sie die Universität verlassen. Zu diesem Zweck eignet sich diese Frage wirklich hervorragend.

Man stelle sich zwei Atome vor, die identisch sind oder auch nicht. Ein jedes ist, wie wir wissen, elektrisch neutral. Doch wir wissen überdies, daß diese Neutralität sich ergibt, weil die positive elektrische Ladung im Innern eines jeden Atoms von der negativen elektrischen Ladung in den Elektronen auf ihren Umlaufbahnen genau neutralisiert wird. Befinden sich die Atome weit voneinander entfernt, bedeutet – insgesamt betrachtet – diese elektri-

Jederzeit sind drei bis vier Prozent der Erdoberfläche mit Schaum wie diesem bedeckt.

sche Neutralität, daß es zwischen ihnen wirklich keine Kräfte gibt. Die von den Elektronen ausgeübte Kraft wird durch die vom Kern ausgeübte Kraft neutralisiert. Ist die Entfernung zwischen den beiden Atomen jedoch geringer, dann muß dies nicht mehr stimmen. Die von der Ladung ausgeübte Kraft hängt von der Entfernung zwischen der Ladung und dem Punkt ab, an dem die Kraft wirkt. Befinden sich die Atome nahe genug beieinander, so kommt es vor, daß die Entfernung von einem Punkt in einem Atom zu den Elektronen im anderen sehr verschieden sein können von der Entfernung zwischen diesem Punkt und dem Kern. Die resultierende Nettokraft muß deshalb nicht unbedingt gleich null sein.

Abbildung 8-1 gibt ein Beispiel dafür. Ein Elektron im Punkt A im rechten Atom erfährt, wegen der beiden Elektronen im linken Atom, eine abstoßende Kraft. Diese Kraft bewirkt, daß das Elektron in A sich nach rechts bewegt. Das Elektron erfährt natürlich ebenso eine anziehende Kraft, die vom Kern im linken Atom stammt. Doch da der Kern von Punkt A weiter entfernt ist als die

Elektronen, obsiegt die abstoßende Kraft. Dieselbe Folgerung gilt natürlich ebenso für die Elektronen im linken Atom. Die Nettowirkung der Annäherung der beiden Atome ist rechts in der Abbildung zu sehen. Die symmetrische Form der Elektronenwolke im Falle des isolierten Atoms wird verzerrt. Als Folge des Vorhandenseins des Nachbaratoms bewegt sich das Zentrum der Wolke vom Kern weg. Im Jargon der Physik sagen wir, daß das Atom ein induziertes Dipolmoment erwirbt.

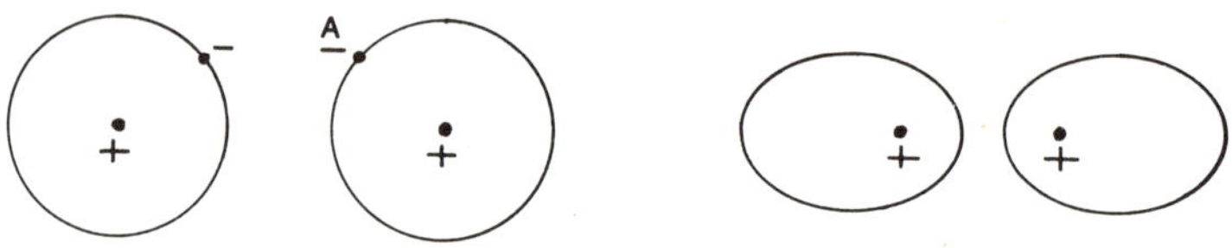

Abbildung 8-1

Obwohl Atome also, insgesamt gesehen, elektrisch tatsächlich neutral sind, bedeutet die Tatsache einer ungleichförmigen Verteilung der elektrischen Ladung innerhalb des Atoms, daß Verzerrungen wie die eben erwähnte eine Situation zu schaffen vermögen, in der Kräfte zwischen Atomen in geringer Entfernung existieren können. Folgen wir dieser Vorstellung mathematisch, dann sehen wir, daß die Kraft zwischen zwei Atomen, die einer Verzerrung wie jener in der Abbildung zuzuschreiben ist, eine Anziehung ausübt – das heißt sie versucht, die beiden Atome zueinander hinzuziehen – und schnell verschwindet, wenn die Entfernung zwischen den Atomen sich vergrößert. Sind die beiden Atome identisch, dann bezeichnen wir die auf diese Weise gewonnene Kraft als «Kohäsionskraft». Dies ist die Kraft, die die Tropfen zusammenhält. Gehören die Atome verschiedenen chemischen Sorten an, so sprechen wir von «Adhäsionskraft». Dies ist die Kraft, die eine Substanz veranlaßt, mit einer anderen zusammenzuhalten.

Da wir gesehen haben, wie elektrisch neutrale Atome einander anziehen können, fällt es nicht schwer, diese Vorstellung auf kompliziertere elektrisch neutrale Gebilde wie Moleküle anzuwenden. Ein Wassermolekül zum Beispiel besteht aus einem Atom Sauerstoff und zwei Atomen Wasserstoff, dem bekannten H_2O. Ähnliche (nur etwas kompliziertere) Gründe wie jene für die einzelnen Atome gültigen führen zur selben Schlußfolgerung: Es gibt eine Kraft, die die Wassermoleküle zusammenzuhalten versucht, und eine Kraft, die die Wassermoleküle mit anderen Substanzen zusammenbringen möchte. Es ist die letztere Kraft, die bewirkt, daß die Wassertropfen an der Haut haften bleiben, nachdem man aus dem Schwimmbecken oder der Badewanne gestiegen ist.

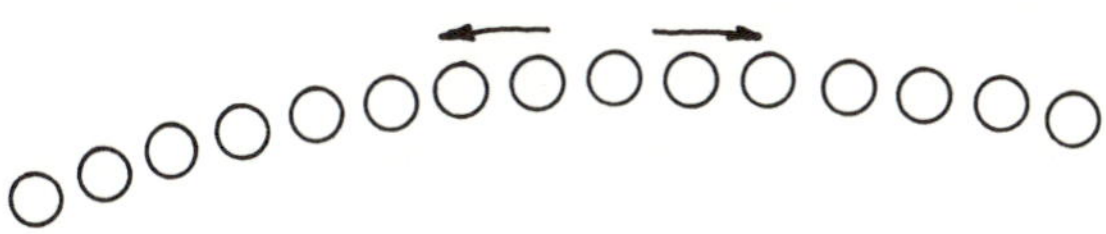

Abbildung 8-2

Die Kohäsionskraft ist auch verantwortlich für das Vorhandensein der Blasen und Tröpfchen in der schäumenden Brandung am Strand. Beginnen wir mit der Betrachtung der Blasen. Stellen wir uns einmal eine idealisierte Membran von der Dicke genau eines Atoms vor, so wie in Abbildung 8-2 dargestellt. Jedes Atom wird von seinem Nachbaratom angezogen, so daß die Kräfte – wie gezeigt – entlang der Membran wirken. Da die Membran sich nicht bewegt, muß natürlich die Kraft auf jedes Atom nach links genau der Kraft nach rechts entsprechen. Die Kraft per Längeneinheit, die auf diese Weise entlang der Oberfläche wirkt, wird Oberflächenspannung der Membran genannt (siehe 6. Kapitel).

Es ist klar, daß das Vorhandensein der Oberflächenspannung von den atomaren Kohäsionskräften abhängt. Ebenso klar ist, daß die Oberflächenspannung so wirkt, daß die Membran nach innen gezogen wird, wodurch sie in sich zusammenschrumpft. Das Schrumpfen hält nur dann an, wenn der Druck in der Substanz der Blase (normalerweise Luft) so anwächst, daß die Kräfte der Oberflächenspannung ausgeglichen werden und ein stabiler Gleichgewichtszustand erreicht ist.

Die Situation in einem Tröpfchen ist ziemlich ähnlich. Ein Molekül im Tropfen wird von seinen Nachbarn gleichermaßen in alle Richtungen gezogen und verspürt keine Nettokohäsionskraft. Ein Molekül an der Oberfläche jedoch verspürt zwei Kräfte. Beide Kräfte entstammen derselben interatomaren Reaktion, die ich angesprochen habe, doch wegen der Anordnung der Atome im Tropfen wirken sie in verschiedene Richtungen. Eine der beiden Kräfte, genau wie diejenige in der Membran, ist entlang der Oberfläche ausgerichtet. Die andere resultiert aus der Tatsache, daß Moleküle in Flüssigkeiten eine nach innen gerichtete Kraft auf die Moleküloberfläche ausüben – eine Kraft, die nicht durch Moleküle auf der anderen Seite der Oberfläche ausgeglichen werden kann, einfach weil es dort per Definition keine Moleküle gibt. Diese beiden Kräfte ziehen das Tröpfchen so lange nach innen in sich selbst zusammen, bis sie sich mit dem Druck der Flüssigkeit im Tropfen im Gleichgewicht befinden.

Daher können wir diese Kräfte in einer Blase und in einem Tröpfchen in jeder Hinsicht als identisch betrachten, selbst wenn die beiden Systeme uns eher unterschiedlich vorkommen. Der Grund für diese etwas überraschende Feststellung liegt darin, daß die wesentlichen Merkmale beider Strukturen mit den Eigenschaften von Oberflächen zu tun haben. Was die Oberfläche dabei einschließt, ist weit weniger wichtig als die Existenz der Oberfläche selbst. Es ist übrigens nützlich, sich sowohl die Blasen wie auch die Tröpfchen als den Luftballons vergleichbar vorzustellen, ein weiteres System, das «ganz aus Oberfläche» besteht. Um einen Ballon aufzublasen, ist eine Kraft notwendig, da die Entfernung zwischen den Oberflächenmolekülen vergrößert, also die Anziehungskraft zwischen ihnen überwunden werden muß. Sich selbst überlassen, nimmt ein Ballon eine Kugelform an und zerplatzt, wenn der innere Druck die Oberflächenkräfte übersteigt, er sich also genau wie Tröpfchen und Blase verhält.

Schaum

Der gischtige Rückstand, den die anrollenden Wellen am Strand hinterlassen, ist eine als Schaum bekannte Mischung aus Luft und Wasser. Die Luft gelangt durch die turbulente Wirkung der Brandung ins Wasser, wodurch Wasser und Luft miteinander vermischt werden. Der Ozeanschaum entsteht fast genau auf dieselbe Weise wie Schlagsahne, also indem Luft auf mechanischem Wege in eine Flüssigkeit gedrückt wird. Chemiker ordnen andere Schaumarten nach der Art und Weise, in der Gas in die Flüssigkeit eingeführt wird. Manchmal geschieht diese Vermischung durch die Chemie. Ein «Schaum», der auf eine solche Weise entsteht, ist in jeder Küche herzustellen – durch die Wirkung der Hefe im Brotteig entstehen Blasen aus Kohlenstoffdioxid, wodurch der Teig aufgeht. Die Mischung kann auch erreicht werden, indem man Gas unter hohem Druck in einer Flüssigkeit absorbieren läßt und dann den Druck so verringert, daß das Gas Bläschen wirft. Diese Technik wird verwendet, um beispielsweise den «Sprudel» in den kohlensäurehaltigen Getränken und im Bier zu erzeugen. Daher sind also Bier, Brot, Schlagsahne und eine Unmenge anderer Schaumformen dem ähnlich, was man am Strand sieht.

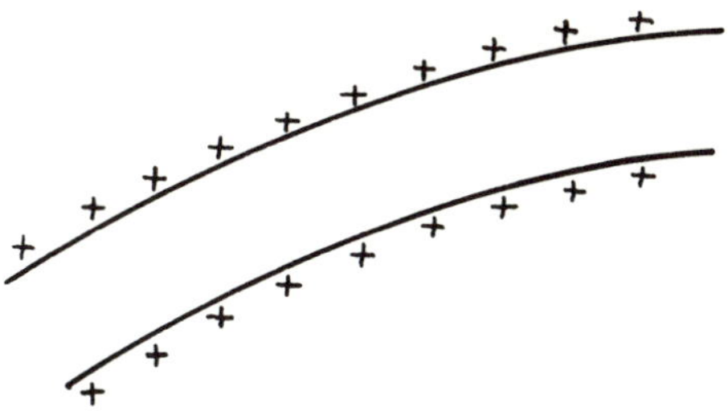

Abbildung 8-3

Bisher haben wir ein eher idealisiertes Bild von der Bläschenstruktur im Schaum gegeben. Wie man sich denken kann, ist das wirkliche Leben sehr viel komplizierter, als dieses Bild vorgibt. Zum Beispiel will reines Wasser (und jede andere reine Flüssigkeit) überhaupt nicht schäumen, obwohl es möglich ist, Luft und Seewasser so zu mischen, daß Schaum entsteht. Dazu ist es erforderlich, daß ein Schaumstoff in der Flüssigkeit vorhanden ist. Diese Tatsache ist uns allen wohl bekannt – wir schaffen es nicht, einen Schaum zu erzeugen, wenn wir unsere Hände im Wasserstrahl gegeneinanderreiben, doch durch die Zugabe von ein wenig Seife oder Shampoo verändert sich diese Situation radikal.

Die Rolle des Schaumstoffs besteht darin, besondere elektrische Ladungen in die Blasenmembranen einzuführen. Ein Schnitt durch eine Membran ist in Abbildung 8-3 dargestellt. Die besonderen elektrischen Ladungen dienen dazu, eine abstoßende Kraft zu erzeugen, die verhindert, daß die Membranen zu dünn werden, und die daher die Lebensdauer der Blasen verlängert.

Das Regenwasserrezept

Im 2. Kapitel haben wir gesehen, daß die Eingliederung der Minerale des Ozeans im Regenwasser ein wichtiges Glied in den chemischen Reaktionen ist, die das Meerwasser salzig machen. Ebenso haben wir gesehen, daß die chemische Zusammensetzung des Flußwassers, das ins Meer strömt, sich deutlich von der Zusammensetzung des Meerwassers selbst unterscheidet. Es kann daher kaum verwundern zu erfahren, daß sich das Regenwasser in seiner Zusammensetzung sowohl vom Fluß- wie vom Meerwasser unterscheidet.

John Dalton, der Mann, der uns unsere moderne Theorie von der atomaren Struktur der Materie gab, war der erste, der nachwies, daß im Regenwasser Salz vorhanden ist. Das war im Jahre 1822. Noch anderthalb Jahrhunderte nach seiner Entdeckung bleibt die Frage unbeantwortet, weshalb das Regenwasser so und nicht anders zusammengesetzt ist. Wir haben bereits gesehen, wie das Regenwasser die Substanzen aus dem Boden herauswäscht, um die Chemikalien im Flußwasser zu befördern, das sich ins Meer ergießt, und wie chemische Reaktionen im Meer alles aufnehmen, bis auf das Natrium und Chlor in Salzform. Die Frage nach der Zusammensetzung des Regenwassers ist daher das einzig fehlende Glied in unserem Verständnis vom Wasserzyklus auf der Erde.

Im Jahre 1963 lieferte der neuseeländische Wissenschaftler G. A. Dean harte Daten zur Analyse dieser Frage, indem er eine akribische Untersuchung des Regenwassers unternahm, das auf eine kleine Stadt an der Küste seines Landes fiel. Das Ergebnis seiner Arbeit bestand in folgendem «Rezept» zur Herstellung von Regenwasser:

Regenwasser à la Dean

Man nehme 0,5 Milligramm gewöhnliches Meerwasser,
füge 4 Milligramm Plankton und Algen
(jeweils getrocknet) hinzu,
fülle mit destilliertem Wasser bis zu 1 Liter auf,
vermische alle Zutaten und rühre gut um.

Die erste Zutat überrascht uns nicht – wir wußten bereits, daß etwas Meerwasser im Regen enthalten sein muß. Es dient dazu, die korrekten Mengen Natrium, Chlor und Kalzium zu liefern (siehe Tabelle Seite 29). Die Überraschung steckt vielmehr in der zweiten Zutat, denn die getrocknete organische Substanz, die Dean fand, taucht hier in einer zweitausendmal größeren Konzentration auf als im Ozean oder im verdunsteten Meerwasser. Irgendwie scheint der Weg, auf dem das Wasser vom Meer sich in Regen verwandelt, einen Vorgang einzuschließen, der die Menge an organischen Substanzen erhöht.

Eine Anzahl solcher Mechanismen sind unterbreitet worden, doch der von unserem Standpunkt aus interessanteste ist der des Ozeanographen Ferren MacIntyre von der University of Rhode Island. Er wies darauf hin, daß Algen und Plankton, die dem Regenwasserrezept zufolge im Regenwasser landen, sich an der Meeresoberfläche sammeln, wo sie die einfallende Energie in Form von Sonnenlicht verwenden. Daher erwarten wir, daß die Konzentration organischer Materie, die sich in einer dünnen Schicht nahe der Ozeanoberfläche sammelt, größer ist als diejenige im Meerwasser im allgemeinen. Diese organische Materie gelangt natürlich nicht über die Verdunstung in die Luft, sondern durch eine andere Erscheinung, die diese besondere Funktion übernehmen kann: durch die berstende Blase.

Ich habe bereits den großen Anteil an der Erdoberfläche erwähnt, der jederzeit mit Schaum bedeckt ist. Beobachtet man den Schaum am Strand, kann man sich schnell davon überzeugen, daß die meisten Blasen in weniger als einer Minute zerplatzen – was gäbe es schließlich Vergänglicheres als eine Blase? Zufälligerweise ist die Art und Weise, in der Blasen platzen, das bevorzugte Studienthema jener Leute gewesen, die Hochgeschwindigkeitskameras entwickelt haben. Ihnen haben wir es zu verdanken, daß wir eine Menge darüber wissen. Trotz der zu Anfang dieses Kapitels zitierten Aussage Oliver Wendell Holmes' platzen Blasen «nicht auf einmal», sondern folgen einer gutumrissenen Abfolge, so wie in Abbildung 8-4 dargestellt.

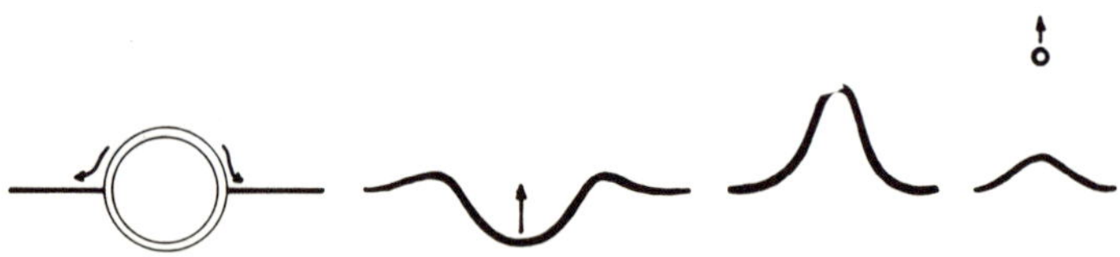

Abbildung 8-4

Wenn eine Blase sich zuerst über den Wasserpegel erhebt, dann beginnt die Erdanziehungskraft, die Flüssigkeit aus der Blasenwand zu ziehen, wie ganz links gezeigt. Ist die Wand hinreichend dünn geworden, platzt sie oben auf. An diesem Punkt schnellt der aus dem Wasser herausragende Teil unter dem Einfluß der Oberflächenspannung nach oben (Mitte links). Dabei schießt die Oberfläche über die Gleichgewichtslinie hinaus und bildet eine dünne Säule (Mitte rechts), die dann in einen oder mehrere Tropfen zerplatzt (rechts). Wenn man genau hinsieht, kann man eine genau ähnliche Abfolge auf der Wasseroberfläche beobachten, nachdem man einen Kieselstein hineingeschleudert hat. Die auf diese Weise gebildeten Blasen können 30 cm oder höher in die Luft geworfen werden. Das Wasser im Tropfen hat genügend Zeit zu verdunsten und hinterläßt ein Teilchen in der Luft, das schließlich vom Regen zur Erde zurückbefördert wird.

MacIntyre schätzt, daß eine einzige platzende Blase mit dem Durchmesser eines Pfennigs 30 Milliardstel Gramm Salz und 0,3 Milliardstel Gramm organischer Substanzen in die Atmosphäre spritzen kann. Dies mag für sich genommen eine unerhört winzige Menge an Substanzen sein, doch nimmt man alle Blasen im Ozean zusammen, so ergibt sich, daß mehrere Milliarden Tonnen Salz pro Jahr auf diesem Wege in die Atmosphäre gelangen, neben den mehreren hundert Millionen Tonnen organischer Substanzen.

Verbringt man eine längere Zeit im Jahr in Strandnähe, so erfährt man die Existenz organischer Substanzen in der Luft auf direktem Wege. Nach einem Tagesmarsch, immer am Strand lang, fühlen sich Haut und Haare nicht nur klebrig an, sie sind es tatsächlich – denn man durchquert eigentlich eine sehr dünne Suppe aus Plankton und Algen in der Luft. Ebenso ist die Windschutzscheibe verschmiert, wenn das Auto in den Wind geparkt ist. Eines der üppigsten Artischockenfelder, die ich je gesehen habe, befindet sich in San Francisco nur ein paar Meter vom Südpazifik entfernt – Felder, auf denen die Pflanzen ein gut Teil ihrer Nahrung derselben Mischung in der Luft entziehen. Ich habe mir sagen lassen, daß das Fleisch von Schafen, die an der Küste in der Normandie grasen, wegen des salzhaltigen Grases dort einen ganz besonderen Geschmack aufweist, der von den Franzosen hochgeschätzt wird. Multipliziert man diese vereinzelten Beobachtungen mit der umfangreichen Ausdehnung der mit Schaum bedeckten Ozeane, so wird klar, daß die Blasen in der Ökologie der Erde eine größere Rolle spielen, als man aufgrund ihrer Größe und ihrer Vergänglichkeit annehmen würde.

Blasen im Bier

Eine der besten Möglichkeiten, das Verhalten von Blasen zu studieren, ist auch die am ehesten zugängliche. Aus einem Glas, das ein Getränk mit Kohlensäure enthält – gleich ob Limonade, Bier oder Champagner –, kann mit ein wenig Wissen ein herrliches Labor werden. Dieser Schaum wird natürlich anders erzeugt als der im Meer, doch inzwischen wissen wir, daß das Verhalten einer Blase von der Oberflächenspannung beherrscht wird, sobald sie gebildet ist. Ob sie beim Einfangen der Luft durch einen rollenden Brecher entstand oder durch das plötzliche Absinken des Drucks beim Öffnen einer Flasche, ist in diesem Zusammenhang unerheblich. Eine Blase ist eine Blase.

Ein mit Kohlensäure versetztes Getränk entsteht auf zwei Weisen. Kohlendioxidmoleküle (CO_2) von einer äußeren Quelle werden unter hohem Druck in eine Flüssigkeit hineingedrückt. Alternativ dazu können die von der Hefe eingeleiteten chemischen Reaktionen im Innern der Flüssigkeit das Kohlendioxid ohne Einwirkung von außen entstehen lassen. In beiden Fällen wird das Kohlendioxid in der Flüssigkeit unter hohem Druck gehalten. Limonaden werden auf die erste, Champagner und einige Biersorten auf die zweite Weise hergestellt. Der hohe Druck wird natürlich von der Dose oder der Flasche aufrechterhalten, in der die Flüssigkeit gelagert wird.

Beim Öffnen der Flasche oder der Dose fällt der Druck, sobald das darin eingefangene Gas in die Atmosphäre gelangt. Dieses Entweichen des Gases erzeugt den vernehmlichen Knall beim Korkenziehen. Bei Freisetzung des Drucks bilden sich Blasen aus Kohlendioxid, die den bekannten Sprudeleffekt eines Getränks erzeugen.

Hält man ein Glas Champagner hoch ins Licht und sieht auf die Oberfläche, so kann man tatsächlich den Vorgang betrachten, durch den organische Substanzen vom Ozean in die Luft gelangen. Wenn die Blasen an der Oberfläche erscheinen und aufplatzen, erkennt man die winzigen Teilchen Sprühnebel, die von der Oberfläche hochspringen. Fällt das Licht gerade im richtigen Winkel darauf und sind die Blasen groß genug, sieht man den Beweis für das Abtropfen der Flüssigkeit von der Blasenmembran, kurz bevor sie zerplatzt. Bemüht man sich sehr, so kann man kurz vor dem Platzen ein Schillern auf der Blasenoberfläche ausmachen. In diesem Fall sollte man einen violetten oder blaugrünen Glanz dort sehen, wo Licht auf die Blase fällt. Das Licht, das auf den dünnen Film der Substanz auftrifft, verursacht dieses Schillern. Etwas

Licht wird an der oberen Oberfläche widergespiegelt, etwas Licht durchquert den Film und wird an der unteren Seite widergespiegelt. Die Kombination dieser beiden Wellen erzeugt die sichtbare Wirkung, doch um dies überhaupt sehen zu können, muß der Film so dünn sein, daß die zweite Welle während ihres Durchgangs durch die Flüssigkeit nicht absorbiert wird. Das Einsetzen des Schillerns bezeichnet den Punkt, an dem das Ausdünnen der Membranwand beginnt, da sie nicht mehr den kleinen Erschütterungen und Unregelmäßigkeiten widerstehen kann, denen sie normalerweise ausgesetzt ist. Früher oder später tritt ein Stoß auf, dem die inzwischen geschwächte Blasenwand nicht mehr widerstehen kann, und der Vorgang des Platzens nimmt seinen Lauf.

Ein mit Kohlensäure versetztes Getränk wird technisch als supergesättigtes System bezeichnet. Die in der Flüssigkeit enthaltene Menge an Kohlendioxid beläuft sich auf die Gesamtmenge, die bei hohem Druck absorbiert werden kann. Sowie die Flasche geöffnet wird, fällt plötzlich der Druck, und die Flüssigkeit befindet sich in einer Lage, in der sie tatsächlich mehr Kohlensäure enthält, als sie beim neuen, geringeren Druck halten kann. Die einfache Tatsache, daß es sich so verhält, heißt jedoch nicht, daß das Gas sofort in Form von Bläschen herausströmt. Ein perfekt ruhiges System kann seinen supergesättigten Status eine ganze Weile lang aufrechterhalten – im Prinzip kann es ewig im supergesättigten Zustand verweilen. Andererseits kennt jedes wirkliche System Unregelmäßigkeiten, die als Kernpunkte für die Bläschenbildung dienen. Durch das Öffnen einer Flasche und das darauffolgende Entweichen von Gas entstehen in der Flüssigkeit genug Turbulenzen, damit der Vorgang der Bläschenbildung in Gang gesetzt wird. Dies geschieht für das Auge zu schnell, so daß es diesem Vorgang nicht folgen kann.

Es gibt eine andere Erscheinung, die gewöhnlich bei Getränken mit Kohlensäure auftritt, bei der der Vorgang der Bläschenbildung durch Kernbildung zu beobachten ist. Nachdem das Getränk in ein Glas geschüttet worden ist, sieht man oft einen steten Strom von Bläschen, der einem bestimmten Punkt entspringt. Die Bläschen sind bezeichnenderweise einen halben bis einen Zentimeter voneinander entfernt. Abbildung 8-5 zeigt, was bei der Entstehung der Bläschen geschieht. Der Punkt, der als Startpunkt für die Bläschen dient, ist ein winziger Riß in der ansonsten glatten Glasoberfläche. Wird das Getränk eingeschenkt, wird eine kleine Luftblase in diesem Riß so eingefangen, wie links dargestellt. Ein Kohlendioxidmolekül in der Flüssigkeit nahe der Luft unterliegt zwei Kräften: einer Anziehungskraft, die es in der Flüssigkeit halten will, und einer Anziehungskraft, die es zur Lufttasche hinzieht. Die erste Kraft entsteht aufgrund der Wechselwirkung des Moleküls mit den Wassermolekülen in der Flüssigkeit; die zweite aufgrund der Wechselwirkung der Moleküle mit dem Sauerstoff und Stickstoff in der Lufttasche. Wegen der Strukturen der beteiligten Atome und Moleküle erweist sich die zweite Kraft stärker als die erste. In der Folge verlassen die Kohlendioxidmoleküle daher die Flüssigkeit und haften an der äußeren Fläche der Lufttasche (siehe Mitte).

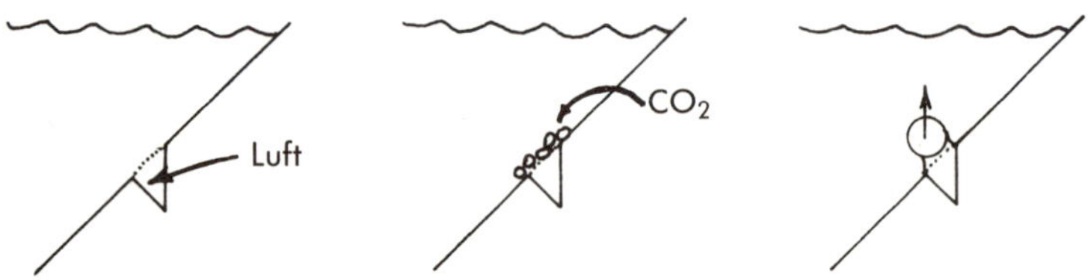

Abbildung 8-5

Da mehr und mehr Moleküle aus der Flüssigkeit angezogen werden, bildet sich eine Blase. Diesen Vorgang unterstützt eine neue Kraft – die Anziehung zwischen den Kohlendioxidmolekülen in der Flüssigkeit und den Molekülen desselben Gases auf dem Oberflächenfilm. Je mehr Substanz eine Blase daher hat, um so stärker zieht sie an. Schließlich ergibt sich eine Situation wie die rechts gezeigte. Eine große Blase mit Kohlendioxid hat sich gebildet, und eine neue Kraft – die gewöhnliche Auftriebskraft – betritt die Szene. Sie drückt die Blase nach oben, und ist die Blase groß genug, so überwindet der Auftrieb die Adhäsionskraft, die die Blase an der Lufttasche festhält, und die Blase beginnt, zur Oberfläche hochzusteigen. Die Lufttasche, nunmehr wiederum «sauber», kann den gesamten Vorgang erneut wiederholen und den steten Bläschenstrom in Gang setzen, den wir beobachtet haben.

Das Beobachten der Bläschen kann den menschlichen Geist zum philosophischen Grübeln verleiten. Und es gibt mindestens einen historischen Vorfall, bei dem ein solches Grübeln zu einer wichtigen wissenschaftlichen Entdeckung geführt hat. Im Jahre 1952 beschäftigte sich Donald Glaser, ein Physiker an der Universität von Michigan, gerade mit dieser Aktivität an einem Wasserloch auf dem Campus, als ihm aufging, daß seine Beobachtungen einen neuen Schlüssel zum Aufspüren der Elementarteilchen liefern könnten. Diese Teilchen, noch kleiner als der Kern eines Atoms, sind mit bloßem Auge nicht zu sehen. Da jedoch angenommen wird, daß sie den Schlüssel zur grundlegenden Struktur der Materie enthalten, ist die Untersuchung ihrer Eigenschaften für die Wissenschaft von größter Bedeutung. Glaser begriff an jenem Abend in Ann Arbor, daß *alles* als Kernpunkt zur Blasenbildung in einer supergesättigten Flüssigkeit in Frage komme, selbst die zurückgebliebenen Trümmer nach dem Zusammenstoß von Elementarteilchen mit gewöhnlichen Atomen. Dies wurde das Arbeitsprinzip für seine Erfindung, ein Gerät, das er Blasenkammer nannte und das ihm 1960 den Nobelpreis für Physik einbrachte.

Seine Idee war die folgende: Bewegt sich ein Elementarteilchen an einem Atom vorbei, so können die elektrischen Wechselwirkungen so stark sein, daß sie ein Elektron aus seiner Bahn herausreißen. Dem übrigen Atom, als Ion bekannt, fehlt nun ein Elektron oder mehr als eines; es besitzt daher eine positive elektrische Ladung. Befindet sich das Atom zufälligerweise in einer supergesättigten Flüssigkeit, dann werden die Gasmoleküle von ihm angezogen, ganz so wie sie von der Lufttasche im Champagnerglas angezogen wurden. Eine Blase wächst – ein sichtbares Stück eines makroskopischen Beweises dafür, daß ein Elementarteilchen anwesend war.

In einer Blasenkammer wird die Flüssigkeit unter hohem Druck in einer Kammer gehalten, die auf einer Seite einen beweglichen Kolben besitzt. Nachdem ein Teilchenstoß aus einem Beschleuniger in die Kammer eingetreten ist, wird der Kolben heruntergezogen, wodurch der Druck gesenkt wird und die Blasen sich zu bilden beginnen. Gleich daneben werden die Blasen von mehreren Kameras mit Blitzlichtern fotografiert, und alles, was innerhalb der Kammer geschieht, wird aufgezeichnet. Die Blasen werden dann mit Hilfe von Magnetfeldern außer Sicht befördert, der Druck durch Hochziehen des Kolbens wiederhergestellt und der ganze Vorgang wiederholt. In modernen Experimenten auf dem Gebiet der Hochenergiephysik machen meterhohe Kammern, die auf einer Seite mit flüssigem Wasserstoff einer Temperatur von ein paar Grad oberhalb des absoluten Nullpunktes gefüllt sind, alle paar Sekunden einen Kreislauf durch und erzeugen dabei Hunderte, ja Tausende Fotos, die analysiert werden müssen. Sie sind ein wichtiges Werkzeug in unserer Erforschung der Eigenschaften der subnuklearen Welt.

Es gibt noch ein anderes Feld, das vom Verhalten der Blasen berührt wird. Obwohl bisher nur von Blasen im Zusammenhang mit Flüssigkeiten die Rede war, geht doch klar daraus hervor, daß es nur zweier widerstreitender Kräfte bedarf, um ein blasenartiges Verhalten zu erzeugen. Eine der beiden Kräfte muß, der Oberflächenspannung entsprechend, sich auf die Oberfläche auswirken, um das System zusammenzuhalten; die andere, dem Druck entsprechend, muß so wirken, daß sie auseinanderdrückt. Falls in einem System zwei Kräfte dieser Art bestehen, dann müßte es ein den Blasen vergleichbares Verhalten an den Tag legen, auch wenn das System selbst allem anderen gleicht, nur einer flüssigen Mischung aus Gas und Flüssigkeit nicht.

Eine der Tatsachen, die Strahlenchemiker und Atomphysiker über die Welt entdeckt haben, ist die folgende: Obwohl es fast hundert natürlich vorkommende Elemente gibt, scheint es eine Grenze für die Masse eines Atomkerns zu geben. Das Uran mit seinen 238 Teilchen im Kern (davon 92 positiv geladene Protonen) kommt in der Natur ziemlich häufig vor. Es ist in der Tat reichlicher vorhanden als solch bekannte Substanzen wie Silber und Quecksilber. Doch schwerere Elemente als Uran sind entweder selten oder kommen in der Natur nicht vor; wir kennen sie nur, weil kleine Mengen in Labors oder Kernreaktoren künstlich hergestellt wurden. Der Grund für diese Tatsache ist ziemlich einfach: Atomkerne, schwerer als die des Urans, sind instabil und zerfallen ziemlich schnell in Fragmente, die wiederum Kerne leichterer Atome sind. Selbst Uran ist instabil, jedoch mit einer Halbwertzeit von 4,5 Milliarden Jahren kann es in der Welt des Atoms als die Grenzlinie zwischen Stabilität und Instabilität betrachtet werden. Um die Abwesenheit von transuranischen Elementen in der Natur zu verstehen, müssen wir erst die Instabilität der schweren Atomkerne begreifen.

Das Überraschendste an den Eigenschaften der Blasen und Tröpfchen ist, daß die Frage der atomaren Stabilität – vom Produkt der Brecher am Strand scheinbar so weit entfernt wie nur erdenklich – zuerst dank eines Modells gelöst wurde, in dem der Kern selbst als winziger Tropfen betrachtet wurde. Unter dem Namen «flüssiges Tropfenmodell» des Kerns schilderte diese Annäherungsweise das Verhalten des Kerns als von der Wirkung zweier Kräfte bestimmt. Die eine, dem Druck in einem Tropfen oder einer Blase entsprechend, ist die elektrische Abstoßung zwischen den Protonen im Kern. Da alle Protonen elektrisch positiv geladen sind, besteht zwischen je zwei Protonen eine Kraft, die sie voneinander wegzudrücken sucht. Die zweite Kraft, der Oberflächenspannung entsprechend, erzeugt das, was die Physiker die starke Wechselwirkung nennen. In diesem Jahrhundert entdeckt, stellt diese Kraft so etwas wie den «Leim» dar, der die elektrische Abstoßung überwindet und den Kern in seinem Innersten zusammenhält. Für unsere Zwecke können wir uns dies so vorstellen, daß diese Kraft einfach der Anziehungskraft zwischen den Atomen entspricht. Die starke Kraft betrifft Neutronen und Protonen gleichermaßen und führt auf genau die gleiche Weise, in der die Kohäsionskraft zwischen Atomen wirkt, zur Oberflächenspannung im atomaren «Tropfen» (siehe Abbildung 8-2).

Stellen wir uns den Kern auf diese Weise vor, so geht uns auf, daß er die kleinste Blase in der Natur darstellt. Über seine Stabilität können wir auf genau die gleiche Weise Überlegungen anstellen wie über die Stabilität der Blasen in der Brandung oder im Bier. Wenn eine Blase instabil ist, soviel wissen wir, dann platzt sie, und wir wissen ebenfalls, daß eine Möglichkeit, eine Blase zum Platzen zu bringen, darin besteht, den Gasdruck im Innern zu erhöhen. Durch Analogie könnten wir daher erwarten, daß eine Druckerhöhung in der atomaren Blase durch Hinzufügen von Protonen dazu führt, daß diese Blase ebenfalls platzt. Doch wenn dem Kern Protonen zugefügt werden, dann heften sich Elektronen von selbst ans Atom, um die zusätzliche positive Ladung auszugleichen, und als Endergebnis ergibt sich ein neues chemisches Element, dessen Masse höher ist als die jenes Elementes zu Beginn. Genau wie durch das Pumpen von Luft in eine Blase diese letztlich instabil wird, so führt das Hinzufügen von Protonen zum Kern lediglich dazu, das sich ebenfalls ein instabiles System ergibt. Einfache Berechnungen zeigen auf, daß die Instabilität genau dann einsetzt, wenn 90 bis 95 Protonen vorhanden sind – genau jener Grenzwert, den wir in der Natur vorfinden. Daher kann ein ziemlich grundlegendes Problem der Kernchemie gelöst werden, indem man über das Verhalten von Blasen nachdenkt.

Ich habe Grund dazu, diese Tatsache zu schätzen. Als ich zum erstenmal einen Fachkurs in Strömungsmechanik an der University of Virginia zu halten hatte, beschlossen der Student Bruce Broulik (inzwischen selbst Physiker) und ich, das flüssige Tropfenmodell zu verwenden, um einer interessanten Frage nachzugehen. Die Kraft der starken Wechselwirkung ist eine der grundlegenden Konstanten der Natur, und es ist wichtig herauszufinden, ob sie wirklich konstant ist oder sich mit der Zeit verändert. Bruce und ich überlegten uns nun folgendes: Wenn die Oberflächenspannung in der Vergangenheit stärker gewesen war, als sie heutzutage ist, dann wäre die Oberflächenspannung der Atomkerne größer gewesen, als sie ist. Daraus würde sich ergeben, daß einige Kerne, die heute genau jenseits der Stabilitätsgrenze liegen, in der Vergangenheit stabil gewesen wären, und daraus wiederum würde sich ergeben, daß einige Kerne, die man heute nicht mehr in der Natur antrifft, früher vorgekommen wären. Die Abwesenheit der Kerne an der Stabilitätsgrenze wäre deshalb der Beweis für die Beständigkeit der starken Wechselwirkung in der Zeit.

Wir entdeckten, daß ein besonderes Plutoniumisotop, das ^{244}Pu, in der Natur nicht vorkam, und verwendeten diese Tatsache als Grundbaustein zu einem brillant geschriebenen und überzeugend durchdachten Artikel, in dem wir nachwiesen, daß diese starke Kraft in der Tat über alle geologischen Zeiten hinweg konstant geblieben war. Ein halbes Jahr später waren wir immer noch voll des Lobes wegen unserer Bravour, als ein Team aus Geochemikern die Entdeckung von Spuren des ^{244}Pu in einem Eisblock aus der Antarktis anzeigte.

Ich erzähle diese Geschichte, weil sie zum Teil illustriert, wie weit die einer einfachen Blase innewohnende Physik reicht, aber auch, weil sie einen wichtigen Unterschied zwischen der Wissenschaft und den anderen technischen Gebieten wie Mathematik und Logik verdeutlicht. In der Wissenschaft ist es möglich, mit einer Reihe vernünftiger Hypothesen zu beginnen, daraus korrekt zu folgern, bis hin zu tadellosen Schlußfolgerungen, und dennoch falsch zu liegen. Dies ist deshalb so, weil es in der Wissenschaft stets eine unbefangene äußere Richtschnur gibt, an der sich Ergebnisse messen lassen müssen, und zwar an der Richtschnur der experimentellen Stichhaltigkeit. Wissenschaftliche Theorien haben daher nicht nur folgerichtig zu sein, sondern sie müssen sich auch noch durch konkrete Beweise erhärten lassen.

9 Über die Form einer Welle

(Denn ich) verwandle mehr als Proteus mich und nehme den mördrischen Machiavell in Lehr.

William Shakespeare,
Heinrich VI., 3. Aufzug, 2. Szene

Das Dumme bei den Ozeanwellen ist, daß sie aufhören, sich wie die Bilderbuchbeispiele zu verhalten, über die ich gesprochen habe, wenn man die Regelmäßigkeiten der Brandung hinter sich läßt und nunmehr die Tiefsee betrachtet. Tiefseewellen sind nur in den seltensten Fälle einfache wellenförmige Bewegungen des Meerwassers. Häufiger scheinen die Wellen im Querschnitt fast dreieckig mit größeren und kleineren Unregelmäßigkeiten an der Oberfläche. Beobachtet man sie genauer, so bemerkt man zudem, daß sie während der Fortbewegung ihre Form verändern. Wie solche unregelmäßigen, ständig die Form wechselnden Gebilde aus regelmäßigen Wellen herauswachsen, gehört zu einer der faszinierendsten Erscheinungen in der Physik.

Im 6. Kapitel habe ich aufgezeigt, wie Wellen von Winden erzeugt werden, die aus weiten Entfernungen kommend über die Oberfläche wehen. Das Nettoergebnis des Windes ist die Ozeandünung – sanfte und regelmäßige Wellen, die sich vom Wind weg bewegen. Würde nur ein Wind auf einmal über die Oberfläche streichen, dann könnten wir nicht damit rechnen, eine große Anzahl von Unregelmäßigkeiten in den Wellenformen zu finden. Doch wie in Abbildung 9-1 dargestellt, gibt es normalerweise zwei oder mehr Wellenfronten, jede von einem anderen Wind erzeugt, die auf jener Oberfläche zusammentreffen, die wir im Auge haben. Um die Folge eines solchen Zusammentreffens zu verstehen, müssen wir erst wissen, was beim Zusammenstoß zweier Wellen an einem Punkt vor sich geht.

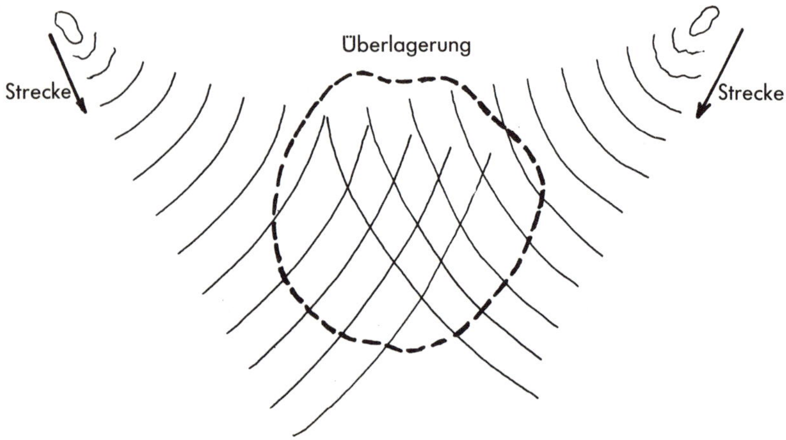

Abbildung 9-1

Um sich eine solche Situation bildhaft vor Augen zu führen, stellt man sich am besten vor, daß eine Welle an einem bestimmten Punkt der Oberfläche den Befehl erteilt «Einen Meter aufsteigen» oder «Dreißig Zentimeter sinken». Bei dieser Vorstellung ist die Frage gelöst, was mit zwei Wellen geschieht, die zugleich am selben Punkt eintreffen: Die Oberfläche zählt die erhaltenen Befehle der getrennten Wellen zusammen. In unserem Beispiel stiege die Oberfläche um einen Meter, würde um 30 Zentimeter sinken, also summa summarum um 70 Zentimeter steigen. Dieser besondere Vorgang heißt Interferenz. Eine Vorstellung von diesem Vorgang erhalten wir, wenn wir uns andere Beispiele näher ansehen.

Im Fall von Wellen gleicher Höhe und Wellenlänge hängt die Höhe der Oberfläche davon ab, auf welchen Abschnitten die beiden Wellen am Beobachtungspunkt zusammentreffen. Treffen zwei Wellenkämme aufeinander, so ist ihre Gesamthöhe doppelt so hoch wie die einer einzelnen Welle. Treffen zwei Wellentäler aufeinander, dann wird der Wasserpegel um doppelt soviel wie für eine einzelne Welle niedergedrückt. Falls dagegen der Wellenkamm der einen und das Wellental der anderen zugleich aufeinandertreffen, dann wird der Wasserpegel überhaupt nicht bewegt. Die Oberfläche erhält zwei «Befehle», die sich aufheben.

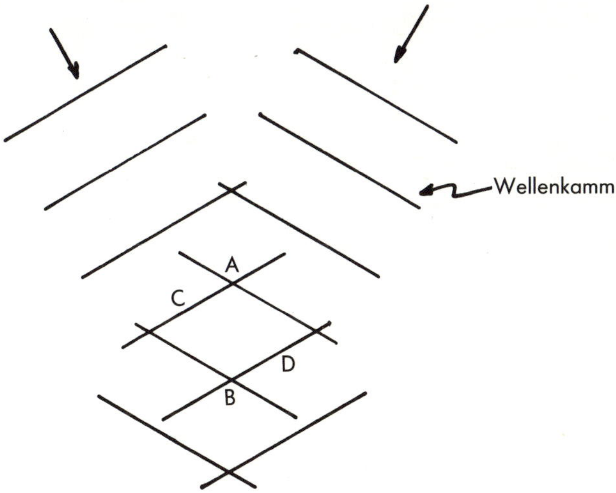

Abbildung 9-2

In diesem Fall gibt es zwei mögliche Betrachtungsweisen der Interferenz. Die eine besteht darin, die Wasseroberfläche im Überlagerungsgebiet zu einem bestimmten Zeitpunkt zu beobachten – also etwa indem man die Oberfläche mit Hilfe eines Fotos einfriert und diese dann studiert. In diesem Fall ergibt sich eine Situation wie die in Abbildung 9-2. An den Punkten A und B, an denen die Wellenkämme aufeinandergestoßen sind, ist die Wasserhöhe doppelt so groß wie normal. An anderen Punkten, etwa C und D, an denen der Kamm der einen und das Tal einer anderen Welle sich treffen, bleibt das Wasser so, wie es ist. Es gibt auch andere Punkte, an denen der Wasserpegel zweimal so tief ist wie normal. An den meisten Punkten liegt der Wasserpegel an irgendeinem Punkt dazwischen und entspricht zum Beispiel dem Kamm einer Welle, der sich mit einer gerade aufsteigenden anderen Welle trifft.

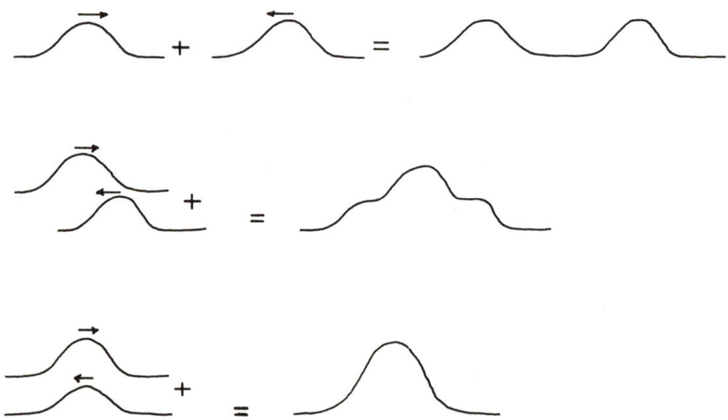

Abbildung 9-3

Zwei Umstände sollten bei dieser Abbildung hervorgehoben werden. Zum einen sieht die Oberfläche auf Fotos, die zu verschiedenen Zeitpunkten aufgenommen wurden, nie gleich aus. Da die Wellen sich durch ein Gebiet bewegen, verändert sich die Lage, an denen Wellenkämme und -täler übereinstimmen. Daher wird ein Beobachter in einem Gebiet das Wasser an jedem Punkt regelmäßig ansteigen und fallen sehen. Der andere Umstand hat mit der Wellenform im Überlagerungsgebiet zu tun. In Abbildung 9-2 hatten wir es mit einer Situation zu tun, in der beide Wellen im Gebiet als sanfte, voll entwickelte Dünung eintreffen. Solche Wellen besitzen an jedem Punkt der Wellenfront im wesentlichen denselben Querschnitt. Stoßen sie jedoch mit anderen Wellen zusammen, trifft dies nicht mehr zu. In Abbildung 9-2 befindet sich der Punkt A auf dem Kamm einer Welle, die von links kommt. Punkt C befindet sich an einem Punkt, an dem sich normalerweise der Wellenkamm befände, wegen der Interferenz jedoch befindet sich C auf einem unveränderten Pegel. Daher können wir an diesem einfachen Beispiel erkennen, daß die Interferenz von Wellen die Form einer Welle vollkommen verändern kann.

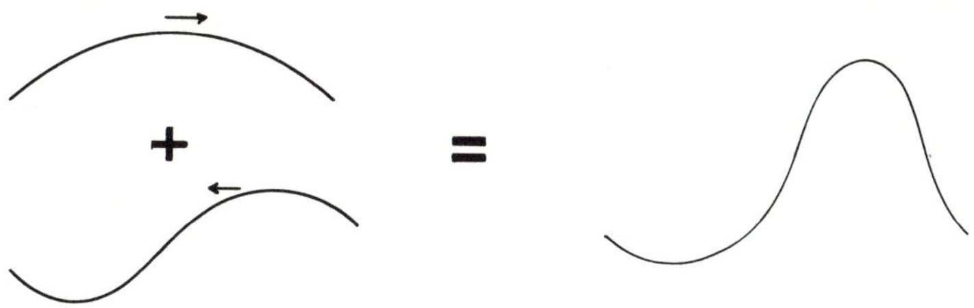

Abbildung 9-4

Eine weitere Möglichkeit zu erkennen, daß es sich so und nicht anders verhält, besteht darin, sich das genauer anzusehen, was geschieht, wenn zwei Wellen aufeinandertreffen – indem man also das bewegliche Bild einer einzelnen Welle durch das Foto von vielen ersetzt. Die Situation ergibt sich so wie in Abbildung 9-3 dargestellt. Nähern sich zwei Wellen einander, nimmt die Wasseroberfläche eine Reihe komplizierter Formen an. Erst wenn die beiden Wellen halbwegs ineinander verschachtelt sind – mit den Kämmen und Tälern so ausgerichtet wie gezeigt –, nimmt die Wasseroberfläche eine einfache Form an. Daraus erkennen wir, daß selbst in diesem einfachen Fall die Wasseroberfläche wegen der Interferenz ziemlich gewundene Formen annimmt.

Das Prinzip der Welleninterferenz kann leicht auf noch kompliziertere Situationen angewendet werden. In Abbildung 9-4 zum Beispiel werden zwei Wellen ungleicher Höhe und Wellenlänge gezeigt, die ineinanderströmen.

Wiederum können sich sogar bei zwei einfachen Wellen ziemlich komplizierte Oberflächen ergeben.

Eine andere mögliche Darstellung dieser Oberfläche ist die in Abbildung 9-5 gezeigte, die uns später noch nützlich sein wird. Wir wissen, daß die Oberfläche – trotz der komplizierten Formen – eigentlich nichts anderes ist als die Summe zweier Wellen. Die von rechts kommende Welle hat die doppelte Höhe und die halbe Wellenlänge der von links kommenden Welle. Haben die beiden Wellen dieselbe Geschwindigkeit, dann kann der Unterschied in der Wellenlänge in die Behauptung übersetzt werden, daß die rechte Welle die doppelte Frequenz der linken besitzt, während innerhalb einer bestimmten Zeitspanne sich zwei ihrer Wellenkämme an einem Punkt vorbeibewegen, aber nur ein Wellenkamm der linken Welle vorüberzieht. Die alternative Darstellungsmöglichkeit der Oberfläche ist daher die graphische Darstellung in Abbildung 9-5. Jede Welle wird durch eine senkrechte Gerade dargestellt. Die Höhe der Geraden gibt die Wellenhöhe an, und verschiedene Geraden gehören zu verschiedenen Frequenzen.

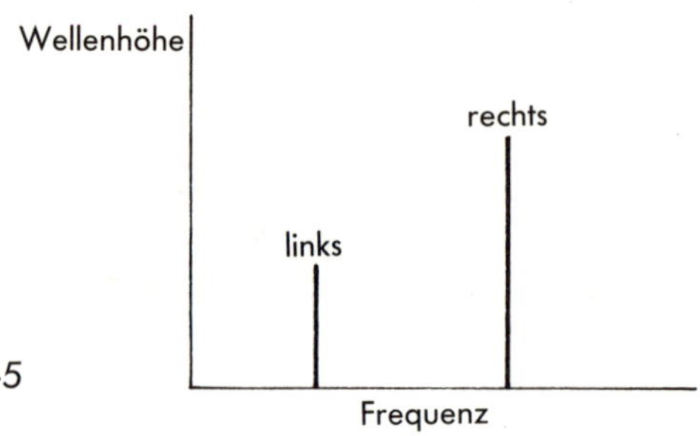

Abbildung 9-5

Wenn ich sage, diese graphische Darstellung sei eine alternative Darstellung der Oberfläche, dann meine ich damit, daß wir anhand der Graphik die beiden in Abbildung 9-4 gezeigten Wellen rekonstruieren können. Und anhand dieser Wellen können wir mit Hilfe der Regeln über die Welleninterferenz die Oberfläche rekonstruieren. Die Gleichwertigkeit der Abbildungen 9-4 und 9-5 ist für meine späteren Ausführungen noch wichtig.

Der wirkliche Ozean

Ein Beobachter auf einem Schiff in der Mitte des Ozeans erkennt den Kreuzungspunkt von sehr viel mehr als nur zwei Wellen. Die von Stürmen und Winden erzeugten Dünungen aus vielen Teilen des Ozeans treffen aufeinander, wobei jede Dünung eine unterschiedliche Höhe und Frequenz besitzt. Zudem kann ebendort, wo das Schiff sich befindet, ein so starker Wind wehen, daß die Wellen sich gerade erst zu einer stürmischen See aufbauen. Zugleich kann der Wind Kapillarwellen auf der Oberfläche der größeren Wellen erzeugen. Insgesamt betrachtet handelt es sich um eine sehr komplizierte Situation.

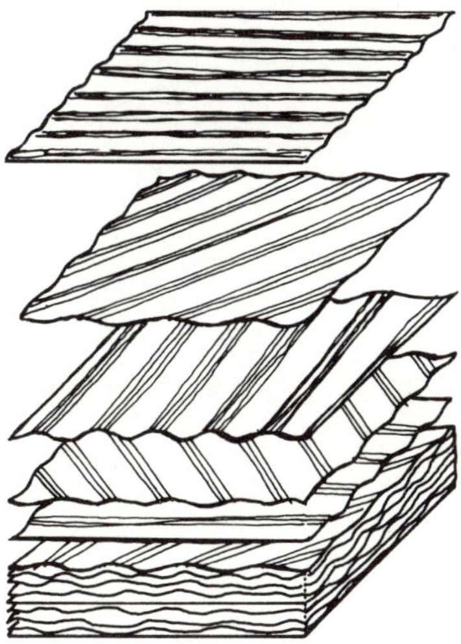

Abbildung 9-6

Doch inzwischen steht uns eine Methode zur Verfügung, mit deren Hilfe wir die grundlegende Ordnung in all der scheinbaren Verwirrung ermitteln können. Wir wissen, daß wir an jedem Punkt der Ozeanoberfläche den Beitrag jeder der vorhandenen

Wellen zusammentragen müssen, wobei wir zu berücksichtigen haben, ob eine Welle dem endgültigen Ergebnis hinzugezählt oder abgezogen wird. Dieser Vorgang ist in Abbildung 9-6 illustriert. Alternativ könnten wir die Addition der Wellen durch eine Reihe von Geraden in einer Graphik wie in Abbildung 9-7 darstellen. In diesem Fall stellt das Bündel von Geraden mit niedriger Frequenz (langer Wellenlänge) die verschiedenen Dünungen dar, die das

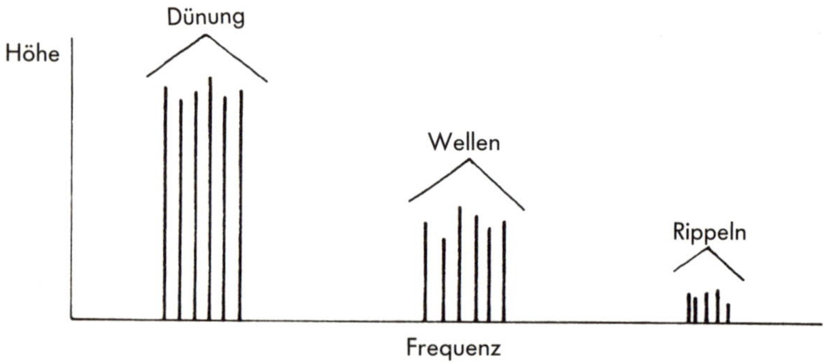

Abbildung 9-7

Ergebnis entfernter Stürme sind. Die Geraden mit mittlerer Frequenz (und daher mittlerer Wellenlänge) stellen die noch nicht voll entwickelten Wellen dar, die von den Winden am Beobachtungspunkt erzeugt werden. Das Bündel der Geraden mit kurzer Wellenlänge (hoher Frequenz) entspricht den Kapillarwellen oder Rippeln, die von einer sporadisch über das Wasser wehenden Bö und Brise verursacht werden. Die gegenseitige Interferenz all dieser Wellen ergibt die komplizierte Oberfläche, die wir im wirklichen Ozean beobachten.

Die Fourierreihe

Die Idee, daß man sich komplizierte Formen als die Summe einer Reihe einfacher Wellenformen vorstellen könne, wurde im Jahre 1807 zuerst von Jean Fourier in die Physik eingeführt. Fourier war ein Protegé Napoleons und hatte bis 1815 mehrere diplomatische und Regierungsposten inne. Nach Napoleons Abtreten von der politischen Bühne Frankreichs führte Fourier ein ruhiges, normales Leben als Beamter der Akademie der Wissenschaften, für die er eine Reihe von mathematischen Artikeln über den Vorgang der Wärmeausbreitung in Festkörpern erstellte. Den Hauptanteil an seinem Ruhm verdankt er jedoch nicht etwa seinem Beitrag zur Theorie der Wärmeausbreitung, sondern der mathematischen Technik, die bei seinen Untersuchungen sozusagen als Nebenprodukt abfiel – die als Fourieranalyse bekannte Technik. Wir haben bereits das wesentliche Merkmal der Fourieranalyse in unserer Beschreibung der wirklichen Ozeanwellen am Werk gesehen, als ich sagte, daß eine Kombination von nur zwei Wellen eine komplizierte Oberflächenstruktur ergebe. Fourier und alle, die ihm nachfolgten, zeigten das Gegenteil dieser Behauptung auf – jede Form, so kompliziert oder unregelmäßig sie auch sei, kann durch Kombination einer hinreichend großen Anzahl verschiedener Wellen erzeugt werden. Die Summe der einzelnen Wellen ist als Fourierreihe bekannt.

Auf den ersten Blick handelt es sich wieder einmal um eine jener zwar interessanten, doch nicht sehr nützlichen Folgerungen, mit der sich die Mathematiker von Zeit zu Zeit zu Wort melden. Die Fourierreihe ist jedoch ein äußerst nützliches Werkzeug in allen Sparten der Wissenschaft. An diesem Punkt möchte ich einen praktischen Aspekt im Zusammenhang mit den Ozeanwellen betrachten, die uns bisher beschäftigt haben. Nehmen wir einmal an, ich müßte die Anlagen für einen Hafen entwerfen, der von einem großen Wellenbrecher aus Beton vor Hochseewellen geschützt wäre. Das erste, was ich in Erfahrung zu bringen wünschte, wäre das Verhalten der Wellen, wenn sie gegen den Wellenbrecher schlagen. Natürlich würden Teile der Wellenfront vom Beton abgebremst, doch andere Teile gelängen durch die für die Schiffe vorgesehenen Passagen ins Hafenbecken hinein. Eine Analyse des Vorgangs im Hafen beim Heranrollen der Wellen ist nicht einfach, besonders dann nicht, wenn sie von der Art jener gewundenen Formen sind, die in dem in Abbildung 9-7 dargestellten Vorgang erzeugt werden.

Die Anwendung von Fouriers Technik kann dieses Problem jedoch einer Lösung näherbringen. Sie wird in drei Schritten ausgeführt. Zuerst betrachte ich die eintreffende Welle und zerlege sie in ihre einfachen Bestandteile – tatsächlich beginne ich unten am Stapel aus der Abbildung 9-6 und arbeite mich nach oben vor. Danach löse ich das Hafenproblem für jeden dieser einzelnen Bestandteile. Da ich die Welle auf ihre einfache Form zurückgeführt habe, ist dieser Schritt viel leichter auszuführen, als wenn ich mich an die Lösung mit der wirklichen Welle herangewagt hätte. Zum Schluß, nachdem ich nun weiß, wie sich jede einfache Welle im Hafen verhält, füge ich sie wieder zusammen, um die endgültige Wasseranordnung an der Oberfläche zu erhalten. Mit Hilfe der Fouriertechnik kann ich wirklich jedes physikalische Problem im Zusammenhang mit Wellen anhand der einfachsten möglichen Wellen abhandeln. Der Umgang mit der wahrhaft komplizierten wirklichen Welt wird auf eine ziemlich einfache Aufgabe über das Zusammenzählen einfacher Formen reduziert.

Diese Technik wird in all jenen Situationen angewendet, in denen Wellen vorkommen. Bei Fernseh- und Funksignalen zum Beispiel ist die Quantität jeder Frequenzwelle, aus der ein Signal besteht, für Ingenieure von großer Bedeutung, die verhindern müssen, daß verschiedene Signale sich überlagern. Auf eine ähnliche Weise müssen sich die Konstrukteure von Schallquellen, vom Musikinstrument bis hin zu Stereoanlagen für Großräume, um das Verhalten komplizierter Schallwellen kümmern, sobald sie sich in geschlossene Räume begeben.

Besonders interessant wird diese Technik durch ihre Anwendung in Situationen, in denen das Vorhandensein von Wellen nicht augenfällig ist. Zum Beispiel möchten Hochbauingenieure häufig die Schwingungen berechnen, die der Wind verursacht, wenn er an einer Brücke oder einem Gebäude rüttelt. Die Kraftlinie des Windes in einem gewöhnlichen Sturm kann wie das Diagramm in

Abbildung 9-8 aussehen. Je nach der Stärke dieser Kraft schwankt und schwingt ein Gebäude, und in einem bestimmten Augenblick könnte es die wegen der Anschaulichkeit übertrieben gezeichnete Form in Abbildung 9-9 annehmen. Sowohl die Windstärke als auch die Struktur des Gebäudes sind komplizierte Formen; doch genau wie bei unserem Beispiel über den Wellengang im Hafen lassen sich diese komplizierten Formen in eine Anzahl einfacher Formen zerlegen. Das Problem, das Verhalten eines wirklichen Gebäudes bei Windböen zu berechnen, kann deshalb durch das

Abbildung 9-8

Abbildung 9-9

viel einfachere Problem aus Darstellung 9-10 ersetzt werden, bei dem ein Wind, dessen Stärke sich in der Zeit sanft verändert, auf ein Gebäude einwirkt, dessen Form mathematisch einfach zu berechnen ist.

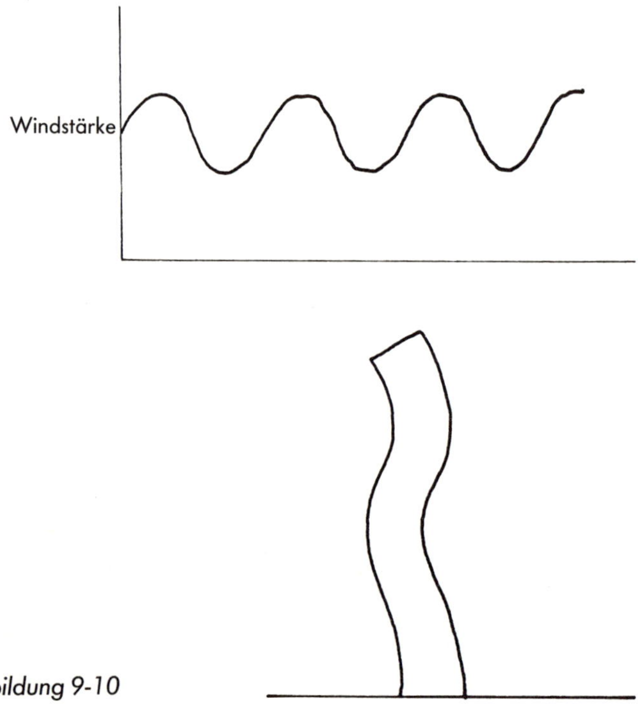

Abbildung 9-10

Dieses Beispiel ließe sich endlos vervielfachen. Ich spreche hier aus persönlicher Erfahrung, denn ich habe die Fourierreihe bei so höchst unterschiedlichen Projekten angewendet wie der Arbeitsweise künstlicher Herzklappen und dem Design für die Ausrüstung zur Fertigung von Brennstäben in Kernreaktoren. Eine besonders unerwartete Anwendung behandle ich im nächsten Abschnitt.

Damit nicht der falsche Eindruck entsteht, daß sich sämtliche physikalischen Probleme dank der Fourierreihe lösen lassen, möchte ich hier zur Vorsicht eine Anmerkung einfügen. Das ganze System beruht darauf, daß wir die wirkliche Gesamtlösung durch Zusammenfügen einfacher Lösungen konstruieren können, wenn diese vorliegen. Die Physiker nennen ein System, das eine solche Eigenschaft besitzt, ein lineares System. Allen Beispielen, die ich erwähnt habe, ist diese Eigenschaft gemeinsam. Es gibt jedoch Systeme in der Natur, die nicht dazugehören – das Brechen der Brandung gehört dazu. Solche Systeme werden nicht-linear genannt, und noch bis vor kurzem konnten die meisten Probleme, die damit in Zusammenhang stehen, nicht gelöst werden.

Paläoklimatologie

Die Wetteranalyse wäre das letzte Gebiet, bei dem man vermuten würde, daß eine Anwendung der bisher besprochenen Handhabung von Wellen möglich wäre. Denn schließlich gibt es keine irgendwie gearteten «Wellen» bei einer Meßserie zur Temperatur oder zur Niederschlagsmenge. Ein solcher Trugschluß jedoch würde die Allgegenwart wellenähnlicher Erscheinungen außer acht lassen. Wir wissen zum Beispiel, daß Temperaturen im Verlauf von vierundzwanzig Stunden einem allgemeinen Muster folgen – am Tag ist es warm und kalt in der Nacht. Zudem wissen wir, daß es einen jährlichen Wechsel in den Temperaturen gibt – im Sommer ist es wärmer als im Winter. Wenn wir also die Temperaturen für einen bestimmten Ort über ein Jahr lang aufzeichnen, erhalten wir eine Kurve wie die oben in Abbildung 9-11 dargestellte. Die täglichen Temperaturschwankungen nehmen die Form einer vierundzwanzigstündigen Rippelwelle auf einer graduellen Veränderung im Wechsel der Jahreszeiten ein. Dabei fällt auf, daß – von einem rein mathematischen Standpunkt aus betrachtet – dieses Diagramm ebensogut eine Kapillarwelle darstellen könnte, die von einer frischen Brise auf der Oberfläche einer großen Ozeandünung erzeugt wurde. Um diesen Wechsel zu bewerkstelligen, brauchten wir nur die Beschriftung auf der senkrechten Koordinate des Diagramms auszutauschen; statt «Temperatur» schriebe man dort «Wasserpegel». Da ein solcher Taschenspielertrick den tatsächlichen Inhalt der Kurve nicht wirklich beeinträchtigt und da die Fourierreihe sich mit mathematischen Formen befaßt, ohne jemals anzugeben, wozu diese Formen gehören, können wir weitermachen und diese Technik, die wir zur Analyse von Ozeanwellen entwickelt haben, auch auf diese «Temperaturwellen» anwenden.

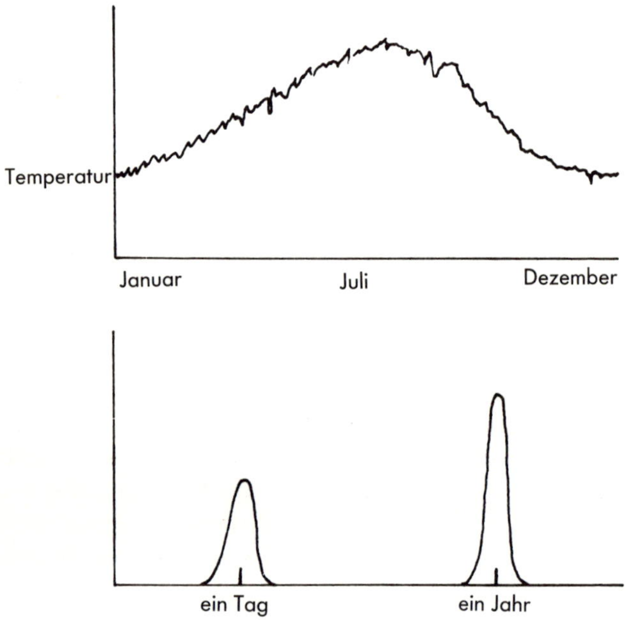

Abbildung 9-11

Wenn wir auf diese Weise vorgehen, kommen wir zum Diagramm unten in Abbildung 9-11. Es tauchen in diesem Diagramm zwei Zacken auf, die andeuten, daß die «Welle» aus zwei miteinander verwobenen Wellen mit unterschiedlicher Frequenz kombiniert wurde – der täglichen und der jährlichen. Die Zacken sind nicht vollkommen spitz, so wie sie es bei den vereinfachten Wasserwellen waren, von denen bisher die Rede war. Dafür gibt es einen einfachen Grund. Hin und wieder kommt es vor, daß das Maximum und das Minimum der Temperatur an einem bestimmten Tag nicht genau zwölf Stunden auseinanderliegen. Wenn eine Wetterfront ein Gebiet durchquert, dann kann es unter Umständen in der Nacht wärmer sein als am Tag zuvor oder auch am Tag kälter als in der Nacht vorher. Dies bedeutet, daß die Rippeln in Abbildung 9-11 nicht vollkommen regelmäßig sind, sondern einige Wellen länger oder kürzer sind als der Durchschnitt. Diese Tatsache erscheint im Diagramm der Wellenhöhe als verbreiterte tägliche Spitze. Auf eine ähnliche Weise ist die jährliche Spitze ebenso verbreitert, da sich das Muster des jahreszeitlichen Wechsels von Jahr zu Jahr verändert.

Betrachten wir das Ergebnis, so stellen wir ein wichtiges Merkmal fest: Wir sind in der Lage, den einfachen physikalischen Mechanismus aufzuzeigen, der das Vorhandensein eines jeden Zackens erklärt. Die Tatsache, daß die Erde sich in vierundzwanzig Stunden einmal um ihre eigene Achse dreht, erklärt den ersten Zacken, während die Tatsache, daß sie ein Jahr dazu benötigt, um einmal die Sonne zu umkreisen, den zweiten erklärt. Natürlicherweise taucht die Frage auf, ob es ähnlich überzeugende Erklärungen gibt, wenn wir das Wetter auf der Erde über sehr viel längere Zeiträume hinweg betrachten.

Der Begriff «Wetter» ist üblicherweise jenen Erscheinungen vorbehalten, die sich über eine Periode von höchstens einigen Jahren ereignen, während der Begriff «Klima» sich auf darüber hinausgehende, längere Zeiträume bezieht. Daher handelt es sich bei einem heißen Sommer um eine Wetterveränderung, bei der Eiszeit dagegen um eine Klimaveränderung. Die aufgeworfene Frage stellt sich nun wie folgt: Können wir einfache physikalische Erklärungen für die Klimaveränderungen auf der Erde liefern?

Die einzige Möglichkeit, diese Frage zu beantworten, besteht in einer Aufzeichnung der Erdtemperatur über viele Tausende Jahre hinweg und darin, die sich daraus ergebende «Welle» dann zu analysieren. Dies setzt jedoch voraus, daß wir etwas über das Wetter auf der Erde über lange Zeiträume hinweg wissen. Das ist keine bescheidene Anforderung, da das Wetter lediglich in den vergangenen paar hundert Jahren aufgezeichnet worden ist, und dies auch nur an wenigen Orten. Als Mitglied der Fakultät an der University of Virginia weiß ich zufällig, daß die Wetteraufzeichnungen aus der Hand des Universitätsgründers Thomas Jefferson einen wichtigen Teil einer sehr spärlichen Datensammlung in Nordamerika ausmachen. Da das Thermometer erst im 17. Jahrhundert erfunden wurde, muß jede Temperaturangabe, die mehr als dreihundert Jahre zurückgeht, sich auf Ableitungen aus anderen Informationen stützen. Die Geschichte darüber, wie man alte Wetteraufzeichnungen rekonstruiert, ist zwar faszinierend, doch für unsere Zwecke genügt es zu wissen, daß sie gemacht wurden. Wird die Höhe der Temperaturwelle als Funktion der Frequenz dargestellt, so erhalten wir ein Kurvendiagramm wie in Abbildung 9-12. Die Geschichte des Erdklimas erscheint schlicht als Reihe spitzer Zacken vor einem gleichförmigen Hintergrund.

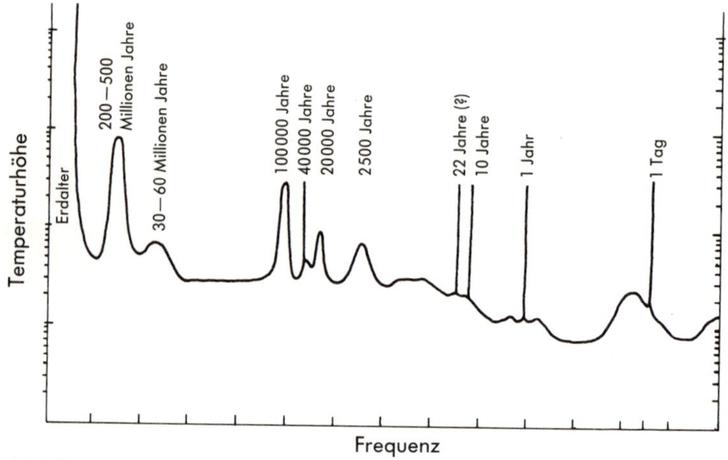

Abbildung 9-12

Mit einer Ausnahme können sämtliche Zacken einfach erklärt werden. Über den täglichen und den jährlichen Zacken habe ich bereits gesprochen. Der breite Zacken im Zusammenhang mit

Zeitskalen von wenigen Wochen hat zu tun mit der Zeit, die die Atmosphäre benötigt, um sich Veränderungen der Energiezufuhr anzupassen. Der Höcker bei 10 Jahren hat mit der Zeit zu tun, die die Energie benötigt, um zwischen der Atmosphäre, den Ozeanströmungen und den Eisfeldern der Erde hin und her übertragen zu werden.

Die Spitze bei 20000 Jahren stellt eine viel längere Welle dar. Ihre Ursache hängt mit dem Langzeitverhalten der Drehachse der Erde zusammen. Im Moment zeigt die Achse auf den Polarstern, was erklärt, weshalb der Polarstern am Himmel als Fixstern erscheint. Die Achse zeigt jedoch nicht immer auf diesen bestimmten Stern, sondern beschreibt einen Kreis im All, der der Drehachse eines flatternden, sich drehenden Kreisels nicht unähnlich ist. Alle 23000 Jahre vollendet diese Achse einen kompletten Umlauf (als Bezugspunkt gilt dabei der sich der Sonne am nächsten befindende Punkt der Erdachse). Von dieser Bewegung der Erde wird angenommen, daß sie periodisch Eiszeiten verursacht.

Die beiden nächsten Zacken werden ebenfalls mit Hilfe der Astronomie erklärt. Alle 41000 Jahre verändert sich der Neigungswinkel der Erdachse leicht, und alle 93000 Jahre ist die Erdumlaufbahn wegen des Vorhandenseins der anderen Planeten einer regelmäßigen Veränderung ihrer Form unterworfen. Von beiden Wirkungen erwarten wir eine Veränderung des Wetters – eine Erwartung, die durch das Vorhandensein der Zacken bei 40000 und bei 100000 Jahren erhärtet wird. Noch längere Wellenlängen – die Spitzen entsprechen vielen Millionen Jahren – werden solch geologischen Wirkungen wie der Kontinentalverschiebung zugeschrieben.

Der einzige Zacken des Diagramms, der kontrovers gesehen wird, ist der einer Welle mit einer Periode von etwa 20 Jahren. Dies ist der Punkt der berühmten Sonnenfleckenwirkung (berüchtigt wäre tatsächlich die bessere Bezeichnung, soweit es die Wissenschaftler betrifft). An diesem Punkt habe ich ein Fragezeichen hinzugefügt, weil ein Teil der Auseinandersetzungen um den Sonnenfleckenpunkt sich um die Frage dreht, ob es wirklich eine Wirkung auf das Wetter mit einer regelmäßigen Periode von 22 Jahren gibt. Der andere Teil der Auseinandersetzungen dreht sich darum, welcher Mechanismus diese Wirkung erklären könnte, wenn es denn eine gibt – vermutlich hat es irgendwas mit der Wechselwirkung zwischen den Sonnenwinden und dem Magnetfeld der Erde zu tun.

Ich erwähne diese Auseinandersetzungen um den Sonnenfleckenpunkt hier, damit der Leser nicht vom Diagramm in die Irre geführt wird. Die Wissenschaftler wissen noch nicht alles, was es über das Klima der Erde zu wissen gibt.

Nach dieser Bemerkung erkennen wir, daß die Anwendung der Fourieranalyse es uns ermöglicht, die Ursachen für das Langzeitklima der Erde den verschiedenen Faktoren zuzuteilen, die sich darauf auswirken, und zwar den meteorologischen, astronomischen und geologischen.

Dispersion

Inzwischen dürfte die Idee, daß komplizierte Wellen in einfache unterteilt werden können, sich in der Vorstellung festgesetzt haben. Dennoch bleibt womöglich ein bohrender Zweifel an der Realität der ganzen Unternehmung zurück. Aus der bloßen Tatsache, daß irgendein mathematischer Taschenspielertrick im Spiele zu sein scheint, darf nicht abgeleitet werden, daß es die einfachen Wellen in der Natur wirklich gibt.

Dennoch gibt es etwas, das wir in Wellen erkennen können, um nachzuweisen, daß diese Art von Pessimismus ungerechtfertigt ist. Als ich das Thema der wirklichen Wellen einführte, wies ich auf zwei wichtige Eigenschaften hin: sie hatten komplizierte Formen, und diese Formen veränderten sich mit der Zeit. Die Anordnung irgendeiner dieser Wellen, die sich im Ozean fortbewegt, ist nicht notwendigerweise an einem Punkt mit der an einem anderen identisch. Jedermann kann dies gut bemerken, wenn er die Rippelwellen in einem Teich beobachtet, nachdem er einen Kiesel hineingeworfen hat. Während die Wellen sich von jenem Punkt aus ausbreiten, an dem der Kiesel ins Wasser eingetreten ist, werden sie, verglichen mit ihrem Zustand am Ausgangspunkt, breiter und flachen immer mehr ab.

Der wesentliche Grund für die Existenz dieser Wirkung ist die Tatsache, daß die einfachen Wellen sich im tiefen Wasser nicht alle mit derselben Geschwindigkeit ausbreiten. Tatsächlich bewegt sich jede Wellenlänge mit einer leicht unterschiedlichen Geschwindigkeit fort, wobei die längeren Wellenlängen schneller sind als die kurzen. Im Jargon der Physik heißt es, das Wasser zeige ein Dispersionsverhalten. Um zu sehen, warum die Dispersion zu einer Veränderung der Form sich bewegender Wellen führt, betrachte man den linken Teil der Abbildung 9-13. Eine Welle dieser Form kann natürlich in zwei einzelne einfache Wellen unterteilt werden, von denen einige im unteren Teil der Darstellung zu sehen sind. Während die ursprüngliche Welle sich fortbewegt, bewegen sich die einfachen Wellen, aus denen sie besteht, mit verschiedener Geschwindigkeit, so daß sie, wenn wir das System eine Weile später betrachten (siehe den rechten Teil), sich im Verhältnis zueinander fortbewegt haben. Das empfindliche Gleichgewicht, bei dem eine große Anzahl von Bestandteilen zu

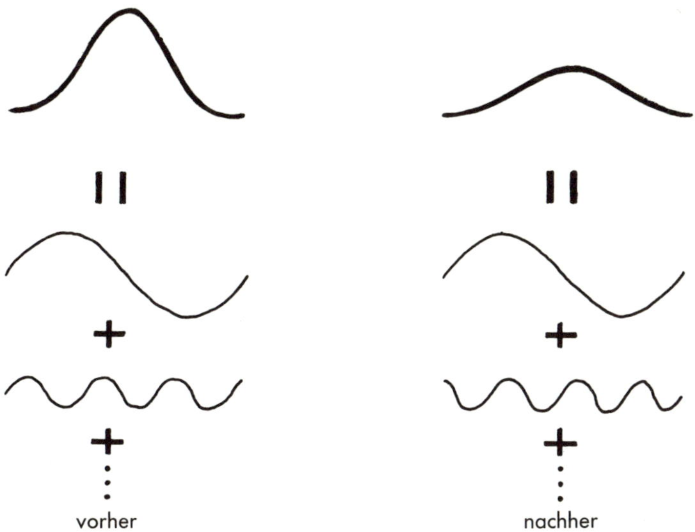

Abbildung 9-13

einer einfachen Welle von bestimmter Form zusammengefaßt wird, ist daher zerstört. Die neue Form der Welle erhält man, indem man die Bestandteile in ihrer neuen relativen Lage zusammenfaßt, ein Vorgang, der uns das verwischte Ergebnis wie dargestellt liefert.

Die Wirkung der Dispersion kann an Wasserwellen beobachtet werden. Sie ist auch den Nachrichteningenieuren wohlvertraut, die Signale durch die Atmosphäre befördern müssen. Selbst wenn es in der Atmosphäre keinen Mechanismus gäbe, der die Energie elektromagnetischer Wellen absorbieren würde, so müßten die Ingenieure dennoch gegen das von der Dispersion verursachte Verwischen der Signale ankämpfen. Dies ist besonders für die Nachrichtenübermittlung über weite Entfernungen hinweg wichtig. Die Erfahrungen der praktisch arbeitenden Männer bekräftigt also die Schlußfolgerungen, zu denen wir aufgrund unserer Beobachtung der Wasserwellen gelangt sind: die Fourier-Bestandteile einer komplizierten Welle existieren wirklich. Sie sind nicht bloß eine mathematische Annehmlichkeit.

10 Der Pudding der Königin

Das Walroß und der Zimmermann,
Spazierten hier am Strand
Und weinten herzlich über den
Entsetzlich vielen Sand:
«O weh und ach!» so seufzten sie,
«Der Sand nimmt überhand!»
«Wenn sieben Mägde sieben Jahr
Hier täglich siebenmal kehren,
Ob sie dann wohl»,
das Walroß sprach,
«Den Strand vom Strand entleeren?»
«Wohl schwerlich»,
sprach der Zimmermann
Und weinte heiße Zähren.

Lewis Carroll,
Alice hinter den Spiegeln

Ich kann mich daran erinnern, wie mir jemand erzählte, daß die Anwälte am Inns of Court, der Innung der Barrister in London, die für Ausbildung und Zulassung zuständig sind, ein ungewöhnliches Ritual einhalten. Alle Jahre wieder an einem bestimmten Datum wird ihnen als Teil eines Festbanketts ein großer Plumpudding aufgetragen. Die Erzählung besagt, im 18. Jahrhundert habe Königin Anne ihre Anwälte dadurch geehrt, daß sie es sich nicht nehmen ließ, ihnen höchstselbst einen Plumpudding zuzubereiten. Zu dieser Zeit wurde eine kleine Portion des ursprünglichen

Puddings beiseite gestellt und der Charge des nächsten Jahres untergemischt, von der man wiederum etwas beiseite stellte und so weiter bis zum heutigen Tag. Es besteht also eine kleine, wenn auch begrenzte Wahrscheinlichkeit dafür, daß ein Teil des Plumpuddings, der einer Person im Jahre 1985 aufgetischt wurde, tatsächlich vor zwei Jahrhunderten von Königin Anne überreicht worden ist.

Ich erwähne diese Tradition deshalb, weil sie sehr mit dem verwandt ist, was geschieht, wenn ich am Strand eine Handvoll Sand in die Hand nehme. Dann besteht ebenfalls die Wahrscheinlichkeit (und sei sie noch so klein), daß eines der Sandkörner tatsächlich zu den ersten Sandkörnern gehört, die jemals auf dem Planeten Erde entstanden sind. Und sollte ich dabei weniger Glück haben, dieses Sandkorn zu erwischen als ein Stück von Königin Annes Handarbeit, so brauche ich mir nur zu vergegenwärtigen, daß es auf der Welt mehr Sandkörner als Plumpuddings gibt.

Die Untersuchung über den Sand kann ich damit beginnen, daß ich erst einmal eine Weile lang meine Handvoll betrachte. Man könnte auf den Gedanken kommen, daß sich auf der Erde nichts so sehr ähnelt wie zwei Sandkörner am Strand, doch sieht man genauer hin, so erkennt man rasch, daß die Sandkörner sich überhaupt nicht ähneln. Hier und dort in einer Handvoll hellen Sands erkennt man zum Beispiel ein Korn einer dunkleren Substanz. Gelegentlich leuchtet ein kleines Stück Glimmer im Sonnenlicht auf. Würde man ihn unter dem Mikroskop betrachten, kämen weit mehr Unterschiede zum Vorschein. Einige Körner sind spitz und winklig, als wären sie soeben vom lebenden Gestein abgebrochen; andere sind glatt und rund, mit dichter grauer Oberfläche, die das Licht nicht gleichmäßig widerspiegelt. All diese Unterschiede sind wichtig, denn der Sand in der Hand stammt aus vielen verschiedenen Quellen und hat eine unterschiedliche Geschichte. Es ist nicht einmal übertrieben zu behaupten, jedes Sandkorn habe seine eigene, einzigartige Geschichte zu erzählen, die wir häufig durch eine kluge Anwendung der Elementarphysik enträtseln können.

Vom Standpunkt eines Geologen aus betrachtet, besteht Sand aus einer Anhäufung kleiner Mineralkörner, deren Ausmaße sich zwischen 0,05 und 2 Millimetern bewegen. Ein Pfennig ist etwas dicker als ein Millimeter; eine Anhäufung aus Teilchen, deren Durchmesser so dick wie zwei Pfennige ist, kann man als (wenn auch als eher grobkörnigen) Sand einstufen. Ebenso eine Anhäufung, deren Körner einen Durchmesser von einem Zehntel der Dicke einer einzigen Münze besitzen. Körner mit einem Durchmesser von mehr als 2 Millimetern werden als Kies angesehen, solche mit weniger als 0,05 mm als Schlamm, und ist ihr Durchmesser kleiner als 0,004 mm als Lehm. Es ist nicht erforderlich, daß die Körner irgendwie besonders zusammengesetzt sind, woraus sich erklärt, daß wir mit dem Begriff «Sand» sowohl die schwarze Substanz an manchen Küsten des Pazifiks wie auch die helle anderswo bezeichnen. Jede Substanz kann zu Sand gemacht werden. Dazu reicht es aus, daß die Körner den erforderlichen Durchmesser haben. Der gewöhnliche Sand – den ich am ehesten an meinem Lieblingsstrand vorfinde – stammt aus Quarz. Chemisch betrachtet besteht er aus einem Molekül Silizium und zwei Sauerstoffmolekülen, eine Zusammensetzung, die unter dem Namen Siliziumdioxid bekannt ist.

Es gibt wirklich eine Menge mehr Sand in der Welt, als man sich vorstellen kann, wenn man den Meeresstrand betrachtet, auf dem er sich wie eine helle Trasse an der Naht zwischen Land und Meer abhebt. Der meiste Sand auf der Erde ist nicht an den Meeresstränden zu finden. Einiger Sand ruht auf der Oberfläche in den Wüsten rund um den Globus und noch mehr in unterirdischen Ablagerungen, aus denen er manchmal wegen der in ihm enthaltenen Spuren seltener Mineralien abgebaut wird. Die niedrigste Schätzung über die Gesamtmenge an Sand auf der Erde beläuft sich auf etwa 64 Millionen km^3 – genug, um die Gesamtheit der USA mit einem mehr als fünf Kilometer dicken Teppich aus Sand auszulegen. Das meiste von diesem Sand befindet sich auf den Kontinenten und den direkt angrenzenden Schelfgebieten, den Küstensokkeln im Ozean. In den tieferen Teilen der Ozeane ist kaum Sand vorzufinden. Diese Tatsache gibt uns den ersten Fingerzeig darauf, woher der Sand kommt, und zwar vom trockenen Land. Und deshalb sollten wir dort mit der Suche nach seinen Ursprüngen beginnen.

Aus der chemischen Zusammensetzung des Sandes wissen wir, daß er vom kontinentalen Felsgestein im Verlauf eines Verwitterungsvorgangs stammen muß. Üblicherweise wird angenommen, daß dieses Felsgestein von Flüssen und Bächen mitgeschleppt wurde, bis die Sandkörner und die feineren Substanzen an den Rändern des Weges, den das Felsgestein entlanggerollt war, verstreut liegenblieben. In dieser Sicht der Dinge wäre der Sand, den wir sehen, nichts anderes als die letzte Stufe eines Felsens, der zu Staub zerfallen ist, und kein Sandkorn dürfte es lange bleiben. Jedes Sandkorn wäre also der Überrest eines großen Steins, wobei der übrige Stein als Staub am Flußbett entlang abgelagert worden ist. Doch da ein Sandkorn nur den Millionsten Teil vom Gesamtvolumen eines durchschnittlichen Steins ausmacht, muß bei diesem Vorgang für jede Schaufel Sand am Strand eine ganze Zugladung voller Schlamm und Lehm befördert worden sein. Auf der Erde gibt es aber einfach zuviel Sand, als daß er durch einen solchen Verwitterungsvorgang hätte entstehen können.

Sandgroße Körner können auf verschiedene Weise entstehen, darunter auch durch chemische Reaktionen und Bildung durch lebende Organismen. Die vorherrschende Entstehungsweise jedoch scheint die Verwitterung von Felsgestein zu sein, das im Verlauf der Gebirgsbildung an die Spitze befördert wurde. Will man also letztlich den Ursprung seines Lieblingsstrandes suchen, so muß man sich zu fernen Bergen begeben. Dort verbünden sich die Kräfte des Wetters, der Vegetation und der Schwerkraft, um Felsgestein in kleine Stücke aufzubrechen und die Hochgebirgstäler mit Trümmerstücken in jeder erdenklichen Größe zu bestreuen, vom Schlamm über Sand und Kies bis hin zu häusergroßen Klötzen. Regen- und Schneeabfluß stoßen die Trümmerstücke auf ihrem Weg in den Ozean vorwärts. Nicht nur Sand und Kies kann auf diese Weise befördert werden. Ich erinnere mich noch lebhaft an jene Nacht im Zelt, als ich am Ufer eines Bergstroms in Montana zu schlafen versuchte, während ich draußen andauernd das dröhnende Gepolter der faßgroßen Brocken hörte, die in den Frühjahrsfluten abwärts gerollt wurden.

Verlassen die Ströme die Berge, so verringert sich die Größe der Teilchen, die vom Wasser mitgeschleppt werden können; sie passen sich der neuen, gemäßigten Fließgeschwindigkeit an. Münden die Ströme in Flüsse ein, welche die Ebenen auf Wasserpegelstand durchqueren, so werden schwerere Teilchen ausgefällt. Zur Zeit fließen die Flüsse in Nordamerika so langsam, daß sie nur noch Schlamm für das Schelfgebiet mitschleppen, wenn sie ins Meer münden. Vor zehntausend Jahren jedoch, zu einer Zeit, da die großen Eisschollen abschmolzen und die Ozeane noch tiefer als heute waren, sah das noch anders aus. Zur Zeit der Fluten gelangten große Sandmengen ins Meer, und vielleicht erreichten einige Sandkörner aus meiner Handvoll den Strand, als in Europa noch die Neandertaler umherstreiften.

Dieses Bild von der Wanderung des Sandes zum Meer erklärt vieles aus meiner Handvoll Sand. Da viele kleine Flüsse in die größeren münden, ist es verständlich, daß Körner aus vielen unterschiedlichen Formationen miteinander vermischt werden, da jeder einzelne Nebenfluß sein Scherflein zum ganzen Tribut beisteuert. Dies erklärt auch, weshalb die Menschen glauben, daß Sand aus abwärtsrollenden Brocken besteht, denn man braucht nur irgendeinem Fluß vom Ozean zurück bis zur Quelle zu folgen, um zu bemerken, daß er immer größere Steine befördert.

Falsch wäre es jedoch, die Fortbewegung eines Sandkorns von einem Bergtal bis an den Strand als einen glatten, ununterbrochenen Verlauf darzustellen. Körner bewegen sich nämlich überhaupt nicht kontinuierlich. Ein bestimmtes Korn etwa beginnt seinen Weg an einem Berghang, verfängt sich in den Wurzeln einer Pflanze und verharrt dort vielleicht jahrelang, bevor die Frühjahrsfluten es auswaschen und es in die Ebene mitreißen, wo es, hinter einem Steinklotz eingezwängt, eine ganze Weile hängenbleibt, und so weiter. Ist der Sand an den Ufern eines Flusses hoch abgelagert oder in der Ebene während einer Überschwemmung, so kann es Tausende Jahre dauern, bevor er seine Reise bis ans Meer vollendet hat. Als Daumenregel gilt: In einem durchschnittlichen Fluß benötigt ein Sandkorn eine Million Jahre, um seinem Ziel zweihundert Kilometer näher zu kommen. Legt man diesen gemächlichen Zeitmaßstab zugrunde, so sind die zehntausend Jahre seit der letzten Eiszeit eine verschwindend geringe Zeitdauer, verglichen mit der Fortbewegung des Sandes insgesamt.

Ist der Sand nun am Strand angekommen, so kann eine Menge geschehen. Er kann einige Zeit als Strand- oder Dünensand verbringen, vom Wind herum- oder von der Strömung hin- und hergetragen werden. Vielleicht wird er auch vom Strand weg und zum Meeresboden hin befördert. Da die Wirkung von Stürmen selten über eine Tiefe von 30 Metern hinausgeht, bleibt ein dort abgelagertes Sandkorn vermutlich liegen und wird schließlich unter dem nachrückenden Sand begraben. Gelegentlich gleitet der an der Kante des Schelfgebiets abgelagerte Sand bei sogenannten Schlammströmungen zum tieferen Meeresboden hinab, doch gleich, ob er auf dem Schelfgebiet oder auf dem Meeresboden landet, sein Schicksal bleibt dasselbe. Im Verlauf der Zeit und mit der Zunahme der Überlast werden die Sandkörner mehr und mehr zusammengedrückt. In einem Lithifaktion (Steinbildung) genannten Vorgang werden sie schließlich zu einem Sandstein zusammenzementiert. Wenn auch der Sand sich dabei von einer losen Anhäufung einzelner Körner in einen Festkörper verwandelt, so werden die einzelnen Sandkörner doch nicht auseinandergespalten. Der Sandstein ist lediglich eine andere Form der Zusammensetzung für eine Anhäufung lockerer Sandkörner und läßt sich durchaus mit dem vergleichen, was man erhält, nachdem man eine Tube Leim über einem Sandhaufen ausgeleert hat.

Ist ein Sandkorn erst einmal in eine Sandsteinablagerung eingebunden, so stehen ihm zwei Möglichkeiten offen. Wird der Stein eingegliedert (siehe 2. Kapitel), dann findet das Sandkorn Eingang in die Erdkruste. Der Stein schmilzt, und das Sandkorn wird in seine Molekülbestandteile zerlegt. Während diese Moleküle eines Tages im Gestein an der Erdoberfläche auftauchen können, bedeutet die Eingliederung der Sandsteinschichten für das einzelne Sandkorn das Ende seiner Existenz.

Ebensogut jedoch kann es vorkommen, daß keine Eingliederung des Sandsteins erfolgt, sondern daß er bei einem neuen Zyklus der Gebirgsbildung hinaufgetragen wird. In diesem Fall wird der Sandstein schließlich wieder dem Verwitterungsprozeß ausgesetzt, und das einzelne Sandkorn wird sich erneut auf seinen langen Weg ins Meer begeben. In diesem Fall können wir uns das einzelne Sandkorn als in einem Zyklus der Wiederverwertung begriffen vorstellen: von dem der Witterung ausgesetzten Felsgestein über die Beförderung im Fluß bis hin zum Strand, dann zum Sandstein und wieder zu dem der Witterung ausgesetzten Felsgestein. Daher besitzt nicht nur jedes Sandkorn am Strand eine verschiedene Geschichte, sondern jedes einzelne Korn hat womöglich mehrere Geschichten. Bei jedem Durchgang im Kreislauf gehen einige Körner verloren, doch wie im Fall von Königin Annes Pudding finden einige den Weg zurück in die neue Mischung. Gehen wir davon aus, daß jeder Zyklus 100 Millionen Jahre dauert, so gab es seit dem Beginn des geologischen Vorgangs Gelegenheit zu etwas mehr als vierzig Zyklen. Es bestehen also gar keine geringen Aussichten, am Lieblingsstrand ein paar Körner aus dem ersten Kreislauf zu erwischen.

Das Studium der Ursprünge und der Geschichte der Sandkörner – von den Wissenschaftlern die Herkunft des Sandes genannt – ist ein wichtiger Bereich der Geologie. Dahinter steckt die Vorstellung, daß durch die Untersuchung von Sand, der nun in Flüssen und Bächen abgelagert wird, etwas über die geologische Struktur des Landes in Erfahrung zu bringen ist, das einst stromaufwärts lag. Wegen ihrer langen Durchgangszeit können Sandkörner dazu dienen, uns Einsichten in die geologische Geschichte zu liefern.

Die Tatsache aber, daß einzelne Sandkörner wiederverwendet worden sind, sollte uns jedoch dazu veranlassen, Untersuchungen dieser Art mit aller Vorsicht durchzuführen. Zum Beispiel besteht keine Möglichkeit zu entscheiden, ob sich aus dem Vorhandensein von Siliziumdioxidkörnern darauf schließen läßt, daß Quarz im Hochland vor einer Million Jahren verwittert ist oder ob dies heißt, daß der Quarz vor einigen Zyklen verwittert ist und die entsprechenden Körner Teil einer neuen Sandsteinablagerung in den dazwischenliegenden Jahren gewesen sind.

Dieser Zweifel macht ersichtlich, warum Geologen einige Anstrengung darauf verwendet haben, das Verwittern von Sandkörnern zu untersuchen. Denn schließlich liegt der einzige Unterschied zwischen einem wiederverwendeten und einem neu geprägten Korn darin, daß das alte Korn den Elementen über eine längere Zeit lang ausgesetzt war. Der Abnutzungseffekt von Wasser,

Wind und durch die Zusammenstöße mit anderen Teilchen müßte beim wiederverwendeten Korn augenfälliger sein.

Im Verlauf der Verwitterung wird aus einem ursprünglich scharfen und eckigen Sandkorn ein glattes und rundes. Da wir wissen, daß Sandkörner von Strömen befördert werden, könnten wir erst einmal annehmen, daß das Fließen des Wassers und das Scheuern am Boden dazu ausreichen, eine wahrnehmbare Verwitterung zu bewirken.

Leider deuten entsprechende Versuche darauf hin, daß die Körner während ihrer Beförderung im Wasser nur wenig von ihrer Masse verlieren; um aus einem typischen Korn ein rundes zu machen, müßte man es mehrmals um die Erde befördern. Die Beförderung im Wasser erzeugt keine spürbaren Veränderungen am Sandkorn.

Die Beförderung durch den Wind dagegen erzeugt ziemlich schnell ein abgerundetes Korn. Der Grund liegt darin, daß der Wind die Körner nur selten über große Entfernungen hinweg trägt, sondern ständig Körner aufpickt, sie ein paar Meter weit weht und dann auf die Erde fallen läßt. In den Dünen erleidet jedes Korn an der Oberfläche zwei Arten von Zusammenstößen: erstens, wenn der Wind es emporhebt, und zweitens, wenn andere Körner darauf fallen. Ständige Zusammenstöße ergeben ein abgescheuertes und abgerundetes Korn. Ein Geologe der Zukunft wird keine Schwierigkeiten haben, ein Sandkorn, das sich jetzt in der Sahara befindet, als eines zu identifizieren, das eine ausgiebige Periode lang einer Beförderung durch den Wind ausgesetzt war. Auf Hinweisen wie diesem beruht die Hoffnung derjenigen Wissenschaftler, die sich damit beschäftigen, das immer noch ungelöste Problem der Herkunft einzuordnen.

Wenn auch weiterhin viele Lücken in unserer Fähigkeit klaffen, etwas über den Ursprung des Sandes an unseren Stränden herauszufinden, so haben wir doch sehr viel darüber erfahren, was mit dem Sand geschieht, wenn er den Ozean erreicht. Dieses Wissen wirkt sich eingehend auf die Art und Weise aus, in der wir die Eigenschaften der Uferfront handhaben. Denn es ist einfach eine Tatsache, daß der Sand nicht unbeweglich am Strand liegenbleibt, sondern sich ständig in Bewegung befindet, wodurch die Ufer-

Es muß nicht immer ein Sandstrand sein. Der Bean Hollow State Beach in Kalifornien besteht aus Kieselsteinen.

linie, der Strand, der Meeresboden, ja sogar die Form der Wellen selbst sich verändert.

Viele Kräfte sind daran beteiligt, den Sand an den Stränden zu bewegen. Steht man an einem windigen Tag auf den Dünen, so spürt man die stechenden, windgepeitschten Körner an den Knöcheln. Geht man näher an die Wasserlinie heran und betrachtet man das an den Strand gespülte Wasser, so erkennt man – wenn es nicht gerade zuviel Schaum gibt – ganze Wolken aus Sandkörnern, die im Wasser schweben und sich mit ihm bewegen. Manchmal, wenn die Brandung besonders hoch geht, kann man breite Streifen schwebenden Sands in den aufgewühlten Wellen selbst sehen. Schließlich bewegt sich das ganze Wellen-Sand-System zweimal am Tag mit den Gezeiten den Strand hinauf und hinab. Und wie wir gleich sehen werden, sind Kräfte am Werk, die den Sand den Strand entlang wie auch mit den Wellen auf und ab bewegen.

Der bei der Sandbewegung wichtigste Mechanismus ist der Verladung genannte Vorgang, bei dem die Körner vom Wasser in Bewegung erfaßt und befördert werden. Die Frage, ob ein bestimmtes Korn erfaßt wird, ist kompliziert und hängt von der Wassergeschwindigkeit ab, davon ob die Strömung turbulent ist oder nicht, welche Form sie hat und auf welcher Art von Unterlage es sich befindet, wenn das Wasser kommt. Für unsere Zwecke benötigen wir lediglich einige gewöhnliche Beobachtungen: schnell fließendes, turbulentes Wasser erfaßt Körner leichter als Wasser, das weniger schnell oder turbulent ist; und leichtere Körner werden eher von einem Wasserwirbel erfaßt als schwerere.

Im 7. Kapitel habe ich aufgezeigt, daß der Meeresboden auf die Wellenbewegung des Wassers einwirkt, sobald die Tiefe mit der Wellenlänge vergleichbar ist. In größeren Tiefen beeinflußt das Vorüberrollen der Welle kaum die Wasserbewegung am Meeresboden, und daher auch wenig den Sand, der sich dort befindet. Nimmt die Tiefe jedoch ab, pendelt das Wasser am Boden in einer Schaukelbewegung, die mit dem Ansteigen und Brechen der Wellen anwächst, nach vorne und zurück. Nach dem Brechen der Welle läuft das Wasser den Strand hoch und wird dabei langsamer. Schließlich kommt die Welle zu einem Halt, etwas Wasser versikkert im Sand, und einiges läuft ins Meer zurück. An den meisten Punkten am Meeresboden bewegt sich das Wasser in einer geschlossenen Kreisbewegung, zuerst auf den Strand zu und dann von ihm weg. Im allgemeinen ist mit dieser Art Kreislauf keine Nettobewegung verbunden.

Und doch soll dies nicht heißen, daß es keine Nettobeförderung eines einzelnen Sandkorns gäbe. Um ein Beispiel dafür zu geben: An einem steil abfallenden Strand rollt ein aus seiner Lage vertriebenes Sandkorn wegen der Anziehungskraft den Abhang hinunter. Dieses Korn bewegt sich natürlich nicht schnell den steilen Abhang wieder hinauf, wenn Wasser sich in dieser Richtung bewegt. In diesem Beispiel erzeugt die Wirkung der Anziehungskraft eine Nettobeförderung der Sandkörner vom Strand weg. Andererseits kann die Lage an einem Strand sich so darstellen, daß das Wasser auf seinem Weg zum Strand Sand befördert und ihn dort ablagert, bevor es ins Meer zurückläuft, woraus sich eine

Nettobeförderung von Sand zum Strand hin ergibt. Noch viele andere Situationen mehr als die beiden erwähnten ergeben eine Nettobeförderung des Sandes, und so viele Faktoren spielen dabei eine Rolle, daß es schwierig ist vorauszusagen, auf welche Weise sich der Sand in einer bestimmten Lage fortbewegt.

Ein Grund für diese Ungewißheit liegt darin, daß jede Welle ein Sandkorn nicht sehr weit tragen muß, um ein eindrucksvolles Transportergebnis zu erzielen. Schlagen zum Beispiel die Wellen alle sechs Sekunden an meinen Lieblingsstrand, dann sind dies $10 \times 60 \times 24 = 14440$ Wellen am Tag. Trägt jede Welle ein einzelnes Sandkorn nur etwa 1,5 Millimeter mit sich fort, dann beträgt die Nettobeförderung pro Tag fast 22 Meter. Ein Korn brauchte also nicht lange zu warten, um von seiner ursprünglichen Lage weit entfernt zu werden.

Es gibt eine allgemeingültige Regel über die Bewegung des Sandes, die die Ozeanographen inmitten der komplizierten Lage erkannt haben. Wellen geringer Höhe, die mit ihrer Wellenlänge verglichen «kurz» sind, so scheint es, befördern Sand an die Küste, wogegen Wellen mit größerer Höhe ihn von der Küste wegbefördern. Grob gesprochen: Beträgt das Verhältnis der Länge zur Höhe der Welle weniger als 0,03 (z. B. bei einer Welle, die 30 m lang und weniger als 90 cm hoch ist), so ist die Welle «kurz». Ist dieses Verhältnis jedoch größer als 0,03, so ist sie «lang». Der Mechanismus für die zum Strand gerichtete Beförderung scheint der in den obengenannten Beispielen zu sein: Sand wird aufgewirbelt, wenn Wasser sich zum Strand bewegt, und schleppt sich beim Zurückweichen auf dem Boden dahin. Sind die Wellen größer – wie etwa bei einem Sturm –, so nimmt die allgemeine Turbulenz der Brandung zu, und der Sand schwebt so lange im Wasser, bis er an den Punkt zurückkehrt, wo die Brecher sich bilden. An diesem Punkt wird der Sand abgelagert und eine längliche Sandbank unter Wasser gebildet.

Da schwere Stürme und große Wellen vor allem während des Winters auftauchen, die ruhige See aber zur Sommerszeit, so läßt diese Analyse der Sandbewegungen darauf schließen, daß es eine jahreszeitlich bedingte Veränderung in der Form der Strände geben müsse. Im Sommer häuft sich Sand an der Küste an, wogegen

Ein Beispiel für einen von felsigen Landzungen geschützten Strand, der deshalb wirksam von dem Förderband der Küste isoliert ist: der Bean Hollow State Beach (Kalifornien).

die Wellen den Sand im Winter vom Strand wegholen und auf einer der Küste vorgelagerten Sandbank ablegen. Dieses allgemeine Muster ist natürlich an vielen Stränden zu beobachten. Die jahreszeitlich bedingte Bewegung des Sandes überlagert jeden langfristigen Erosions- oder Anschwemmungsvorgang, der an einem bestimmten Strand stattfindet.

Wäre der Strand so vollkommen isoliert, daß kein Sand aus dem Brandungsgebiet fortbewegt werden könnte, dann wäre die jahreszeitliche Veränderung der einzige größere Wandel. Einzelne Strände, die in Buchten zwischen Landzungen liegen, sind auf eine solche Weise fast isoliert, und so manches Wissen über die Strömungsmechanik von Stränden stammt aus der Untersuchung solch einfacher Systeme. Manche Strände bestehen jedoch aus kilometerlangen Sandstreifen, so daß wir neben der Bewegung des Sandes zum Strand hin und von ihm weg auch noch jene den Strand hinauf und herunter ermitteln müssen.

Vom Wasserabfluß hinterlassene Markierungen am Strand – derselbe Abfluß ist Teil des Förderbands der Küste.

Eine Anzahl Mechanismen bewegt die Sandkörner den Strand entlang. Im 7. Kapitel haben wir gesehen, daß die Brechung der Ozeanwellen die Brandung dazu bringt, herumzuschwenken und sich dem Strand mehr oder weniger parallel zu nähern. Wäre die Küstenlinie vollkommen gerade und der Boden absolut gleichförmig, dann würde die Brandung sich dem Strand genau entlang einer Parallelen nähern. In der wirklichen Welt ist eine solche Situation nur selten anzutreffen. Gewöhnlich nähert die Brandung sich der Küste in einem kleinen Winkel, der von den Details der Geographie am Ort bestimmt wird. Wenn die Welle auf diese Weise an den Strand heranrollt, bewegt sich das Wasser in diesem Winkel den Strand hoch, kommt zum Einhalt und fließt dann unter dem Einfluß der Anziehungskraft gerade den Abhang hinunter. Ein im Wasser schwimmendes Sandkorn wird daher in einer Winkelrichtung den Strand hinauf- und in gerader Linie hinunterbefördert. Die nächste Welle befördert es wieder in einem Winkel weiter hoch, und es ist nicht schwer einzusehen, daß die vielfachen Wellen bewirken, daß das Sandkorn in einem Sägezahnmuster am Strand weiterwandert.

Zusätzlich zu dieser eher unkomplizierten Wirkung an der Strandlinie geht die von den Wellen verursachte landein oder seewärts gerichtete Bewegung des Sandes ebenfalls in einem bestimmten Winkel zum Strand vor sich. Wenn also die anrollenden Wellen klein sind, so rufen sie eine Nettobeförderung von Sand in einem bestimmten Winkel zum Strand hervor. Geschieht dies an einer langen Küste, so kann man sich die entsprechende Wirkung als die Summe zweier getrennter Bewegungen vorstellen: die gewohnte Bewegung zum Strand und eine zusätzliche kleine den Strand entlang. Sowohl die Sägezahnbewegung der Sandkörner wie auch ihre Winkelbewegung am Meeresboden ergeben eine parallel zum Strand verlaufende Bewegung.

In seinem ausgezeichneten Buch *Waves and Beaches** beschreibt Willard Bascomb die Bewegung des Sandes den Strand entlang als «das Förderband der Küste». Er weist darauf hin, daß Ozeanographen sich die Bewegung des Sandes wie eine riesige Ausgrabungsarbeit vorstellen. Die Wellen übernehmen dabei die Rolle der Bagger, die den Sand ausheben, und die soeben beschriebene Erscheinung spielt die Rolle des Förderbandes, indem es den Sand seitwärts den Strand entlang befördert.

Da an einem bestimmten Strand nur eine begrenzte Sandmenge vorhanden ist, zieht das erwähnte Förderband der Küste für all jene Menschen und Gemeinden enorme Folgen nach sich, die Eigentum an der See besitzen. Im Gegensatz zu anderen Arten des Grundeigentums verändern sich im Verlauf der Zeit wahrscheinlich die Grenzen eines solchen Besitztums. Je nachdem, wo man sich im Verhältnis zum Förderband der Küste befindet, beobachtet man, daß der eigene Strand breiter wird, wenn sich Sand anhäuft, oder aber der eigene Strand, die eigene Küstenlinie und sogar das Haus werden vom vorrückenden Ozean aufgefressen. Leute, die Zehntausende oder Hunderttausende Dollar für ein Grundstück mit Haus am Meer ausgegeben haben, verlangen von

* New York: Doubleday 1980.

Dieses verschüttete Treppengeländer am Assateague National Seashore (Virginia) illustriert gut die Bewegung des Sandes am Strand. Die Stufen selbst befinden sich etwa einen Meter unter der Sandoberfläche.

den Gemeindeverwaltungen vor Ort, daß sie an diesem Punkt einschreiten und etwas unternehmen.

Eine Möglichkeit, den Sand daran zu hindern, ein bestimmtes Gebiet zu besetzen, ist der Bau eines rechtwinklig zum Strand stehenden langen Dammkörpers (auch Buhne genannt). Die Buhne fängt den Sand ein, der vom Förderband bewegt wird, häuft ihn an und schafft einen neuen Strandabschnitt. Leider führt diese besondere Lösung dazu, daß die jenseits der Buhne befindlichen Grundstücke nicht mehr wie zuvor mit Sand versorgt werden, und die dortigen Strände werden nach und nach ausgewaschen, wenn das unterbrochene Förderband sich wieder in Gang setzt. Ein klassisches Beispiel dafür ist in der Stadt Ocean City an der Atlantikküste in Maryland, ein paar Kilometer östlich von Washington, zu besichtigen. Angesichts einer Erosion der Strände und des dar-

Die Erosion der Dünen ist auf diesem Foto, wenige Tage nach dem tropischen Sturm Dean im Oktober 1983 am Assateague National Seashore aufgenommen, deutlich zu erkennen.

Ein weiterer Schaden, den der tropische Sturm Dean am Assateague National Seashore angerichtet hat. Das Gebiet rechts, hinter den Überbleibseln der Dünen, ist eine Asphaltstraße, die mehr als 30 cm hoch mit Sand bedeckt ist.

auffolgenden Rückgangs der Touristenzahlen sah sich die örtliche Gemeindeverwaltung im Jahre 1953 genötigt, mehrere große Buhnen und Molen zu bauen, um den Sand einzufangen. Der Eingriff war erfolgreich, und in der Zwischenzeit haben sich Stadtplaner in Ocean City mit dem Bau von Häusern und Wohnanlagen in Meeresnähe eine goldene Nase verdient. Zugleich wurde der Assateague National Seashore, ein unberührt belassener Strandstreifen direkt südlich davon gelegen, von der Versorgung mit Sand abgeschnitten. Das Resultat: Die Nordspitze der Halbinsel ist verschwunden, und ein acht Kilometer breiter Strand ist bedrohlich ausgewaschen worden.

Die Bewegung des Sandes die Küste entlang ist nicht das einzige Problem, dem sich Eigentümer an der Atlantikküste gegenübersehen; der Wasserpegel des Ozeans steigt zwanzig bis fünfundzwanzig Zentimeter pro Jahrhundert. Da das Land an der östlichen Meeresküste nur wenig höher als der Meeresspiegel ist, genügt sogar ein kleiner Anstieg des durchschnittlichen Wasserstandes, und schon muß ein bedeutendes Gebiet bei Sturmfluten Land unter melden. In einem typischen Jahr zum Beispiel werden allein in den Outer Banks (North Carolina) etwa 150 Häuser zerstört oder ernsthaft beschädigt.

Wenn die Wellen bis zu den Häusern vordringen, so besteht die erste Verteidigungsmaßnahme im Bau eines Deiches – einem schweren Damm aus Stein oder aus Beton, der die Wellen zurückhalten soll. Dieses Bollwerk erfüllt für eine Weile seinen Zweck, doch wissen wir genug über die jahreszeitliche Wanderung des Sandes, um davon überzeugt zu sein, daß es nicht lange vorhält. Zuerst schlagen nur die Sturmfluten an den Deich – große Wellen, die Sand vom Strand wegbefördern. Gäbe es keinen Deich, würden diese Wellen Sand entfernen, aber einen leicht abfallenden Strand zurücklassen; tatsächlich würden sie den Strand landeinwärts vorschieben. Wegen des Deichs befördern sie zwar immer noch Sand weg, können aber nicht die Küstenlinie entlanglaufen. Daher fällt der Boden nach dem Sturm steiler ab als vorher. Dies bedeutet, daß die anrollenden Wogen schneller ansteigen und daß weniger kleine Wellen bis zum Deich kommen. Da unter normalen Umständen gerade die kleinen Wellen Sand an den Strand bringen, ergibt sich als Wirkung eines Deichs insgesamt: er beschützt zwar die dahinterliegenden Gebäude, aber auf Kosten einer Zerstörung des Strands davor. Da die Häuser vermutlich vor allem wegen des schönen Strands errichtet worden waren, kehrt sich das ganze System eindeutig in das genaue Gegenteil um.

Ein klassischer Fall einer Wechselwirkung von Deich und Strand ist in Miami Beach (Florida) zu beobachten. Als Deiche zum Schutz der kostspieligen Strandhotels gebaut wurden, verschwand bald darauf der Strand, der der Stadt ihren Namen gegeben hat. Im Jahre 1981 wurde ein ausgiebiges Wiederaufbauprogramm abgeschlossen, bei dem man sogar neuen Sand aus dem Ozean baggerte und heranschaffte. Die Kosten betrugen 2,5 Millionen Dollar pro Strandkilometer (im Jahre 1992 werden sich die Gesamtkosten auf 62 Millionen Dollar belaufen), und der Sand wird vermutlich etwa alle zehn Jahre wieder aufgefüllt werden müssen. Fazit: Kommt man der Natur in die Quere, so wird es eindeutig sehr teuer.

Wenn die Versuche, die gegenwärtige Küstenlinie zu bewahren, unweigerlich zur Zerstörung führen, wenn wir zur Erhaltung unseres Strandes den des Nachbarn verelenden lassen müssen, was soll dann mit dem Eigentum in Küstennähe geschehen? Für einen Teil der teuren Grundstücke wie die in Miami Beach gibt es eine klare Antwort: Wir bauen den Strand wieder auf, koste es, was es wolle. An anderen Orten hat die Bundesregierung bereits den Abschluß von preisgünstigen Sturmversicherungen untersagt, ein Beschluß, der einer weiteren Bautätigkeit einen Riegel vorschiebt. Dort werden sich die natürlichen Vorgänge am Strand fortsetzen, und die Küstenlinie wird sich entwickeln. Es scheint wirklich keinen goldenen Mittelweg zu geben. Oder wie Orrin Pilkey von der Duke University sagt, der sich mehr als jeder andere darum bemüht hat, die Öffentlichkeit darüber zu informieren, was mit den amerikanischen Stränden geschieht: «Uns bleibt nur die Qual der Wahl, entweder die Strände oder die Häuser. Beides zugleich können wir nicht haben.»

11 Vom Strand und vom Baseball

Nah beim kräftigen Schlagmann fliegt
der Ball unbeachtet.
«Ist nicht mein Stil», meinte Casey.
«Triff ihn», sagte der Schiri.

E. L. Thayer,
Casey, der Schlagmann

Der große Einblick, den die Physik, mehr als jeder andere Wissenschaftszweig, uns verschafft, besteht darin, daß ein allgemeines Naturgesetz, das wir einmal abgeleitet haben, auf jede Erscheinung anwendbar sein muß, unabhängig davon, wie verschieden uns diese Erscheinungen bei oberflächlicher Betrachtung vorkommen mögen. Es sind dieselben Gesetze, die sowohl die Bewegungen des Sandes am Strand als auch die der Wellen bestimmen, die ans Ufer schlagen, und auch die der Gezeiten, die den Wasserpegel regeln, ja sogar die des Mondes auf seiner Umlaufbahn, der diese Gezeiten hervorruft. Daß sie sowohl auf den größten astronomischen Körper als auch auf das kleinste Sandkorn angewendet werden können, ist ein Hinweis auf den Umfang der Einblicke, der vor allem in die Formulierung der Gesetze einging.

Die erste Formulierung von universellen Gesetzen war das Werk Isaac Newtons. In seiner *Principia Mathematica* von 1687 formulierte er drei Prinzipien, die die Bewegung aller materiellen Körper bestimmen.

Diese Prinzipien, inzwischen unter der Bezeichnung Newtonsches Gravitationsgesetz bekannt, sind ziemlich einfach:

1. Gesetz: Ein Körper befindet so lange in Ruhe oder in einem Zustand gleichförmiger Bewegung, bis eine Kraft auf ihn einwirkt.

2. Gesetz: Die als Beschleunigung gemessene Wirkung eines Körpers ist proportional zur einwirkenden Kraft und umgekehrt proportional zu seiner Masse.

3. Gesetz: Jeder Wirkung (Aktion) entspricht eine gleich große und entgegengesetzt gerichtete Gegenwirkung (Reaktion).

Alles auf der Welt, was sich bewegt (oder in Bewegungslosigkeit verharrt), verhält sich entsprechend den in diesen einfachen Aussagen formulierten Regeln.

Bevor wir uns ansehen, in welcher Form sich diese Naturgesetze am Strand niederschlagen, sollten wir vielleicht einen Augenblick innehalten, um zu bedenken, daß sie – so unscheinbar sie uns heute auch vorkommen mögen – zu ihrer Zeit das wissenschaftliche Denken ebenso revolutionierten wie die Relativitätstheorie und die Quantenmechanik dies zu Anfang unseres Jahrhunderts bewirkten. Das erste Gesetz zum Beispiel besagt, daß ein Körper sich in einer geraden Linie fortbewegt (oder in Ruhestellung verharrt), bis irgendeine Kraft von außen auf ihn einwirkt. «Natürliche» Bewegung – Bewegung ohne Einwirkung von außen – ist mit andern Worten geradlinig. Diese Behauptung stand in direktem Widerspruch zu dem, wovon Wissenschaftler von Aristoteles bis weit nach Kopernikus überzeugt waren. Für sie alle stand außer Frage, daß sich ein Körper auf einer Kreisbahn bewegt, wenn man ihn sich selbst überläßt, da der Kreis die vollkommenste geometrische Figur sei.

Diese Vorliebe für den Kreis führte in der Zeit vor Newton zu allerlei Schwierigkeiten in der Wissenschaft. Da man beispielsweise annahm, daß Körper am Himmel von allen äußeren Einflüssen frei seien, wurde vorausgesetzt, daß sie auf Kreisbahnen umlaufen. Die beobachtete Kompliziertheit der Planetenbewegungen (eine Kompliziertheit, die – soviel wir inzwischen wissen –

teilweise darauf zurückzuführen ist, daß sie sich auf elliptischen Umlaufbahnen bewegen) erklärte man mit Hilfe von Kosmologien, bei denen die Planeten sich auf einem Kreis bewegen, der seinerseits auf einem Nebenkreis abrollt, und so fort. Ein solcher Kreis, der auf einem Nebenkreis abrollt, heißt *Epizykel*, und manche Erklärungsmodelle postulierten im Sonnensystem bis zu siebzig Epizyklen. Die Kompliziertheit dieser klassischen Sicht auf die Planetenbahnen veranlaßte Alfons X., den Weisen, König von Kastilien im 13. Jahrhundert, zu der Bemerkung: «Hätte der Herrgott sich von mir beraten lassen, bevor er die Schöpfung in Angriff nahm, so hätte ich ihm etwas Einfacheres empfohlen.» Er konnte natürlich nicht wissen, daß Gott tatsächlich etwas Einfacheres erschaffen hatte und daß die Planetenbewegung eines Tages mit Hilfe von drei Bewegungsgesetzen und dem Gravitationsgesetz erklärt werden kann (siehe 3. Kapitel).

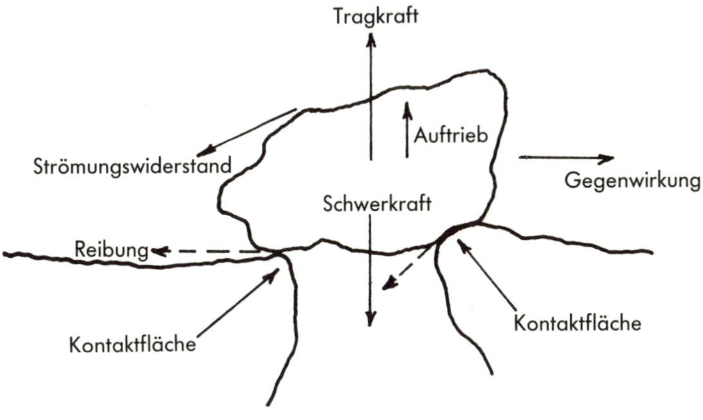

Abbildung 11-1

Die erste auf einen Planeten einwirkende Kraft ist die Anziehungskraft der Sonne. Würde diese Kraft plötzlich abgeschaltet, so bewegten sich die Planeten aus dem Sonnensystem auf einer geraden Linie hinaus (entsprechend dem 1. Gesetz). Daher erkennen wir, daß die tatsächlichen Umlaufbahnen der Planeten in hohem Maße «unnatürlich» sind, insofern eine konstante Kraft vonnöten ist, um diese auf Kurs zu halten. Will man die Bahn eines Planeten verstehen, so muß – wie bei jeder anderen Fragestellung im Zusammenhang mit Bewegung – zuvor die Frage beantwortet werden: Welche Kräfte sind am Werk? Für Planeten ist diese Frage relativ leicht zu beantworten.

Für ein Sandkorn, das am Meeresboden oder auf einer Düne lagert, ist die Situation viel komplizierter. Die Gesetze sind dieselben – die Newtonschen Gravitationsgesetze gelten nach wie vor –, doch die Anordnung der Kräfte ist vielschichtiger. In Abbildung 11-1 sind ein solches Sandkorn sowie alle darauf einwirkenden Kräfte dargestellt. Dabei fällt auf, daß die Kräfte nicht alle in dieselbe Richtung wirken.

Die am leichtesten zu verstehende Kraft ist die Schwer- oder Anziehungskraft. Sie wirkt auf das Korn ein, indem sie es zum Zentrum der Erde zieht. Diese Kraft ist stets anwesend, gleich wo das Korn sich befindet. Dann treten an den Kontaktflächen dieses Korns mit seinen Nachbarn Kräfte auf. Eine darunter ist die gewöhnliche Kontaktkraft, die zwischen zwei Körpern besteht, die einander berühren – es ist jene Kraft, die jedermann beim Stehen an den Fußsohlen spürt, oder jene auf die Handflächen, wenn man sich an eine Mauer lehnt. Diese Kraft steht rechtwinklig zur Kontaktfläche zwischen dem Sandkorn und seinen Nachbarn.

Die zweite Kraft, die durch Berührung entsteht, ist die Reibung. Diese Kraft ist als gestrichelte Linie dargestellt, weil sie keine konstante Richtung besitzt, sondern stets der Bewegungsrichtung entgegengesetzt wirkt. Wird also das Korn nach links gedrückt, so wirkt die Reibungskraft nach rechts, und umgekehrt. Diese Kraft ist jedermann aus anderen Situationen vertraut. Versucht man zum Beispiel ein Möbelstück durch das Zimmer zu schieben, so muß man einige Kraft aufwenden, um dies zu bewerkstelligen. Es ist die Reibung, die der Muskelkraft entgegenwirkt.

Könnte man die Berührungsfläche von Möbelstück und Fußboden unter einem Mikroskop betrachten, so würde man etwas Ähnliches wie in Abbildung 11-2 erkennen. Die scheinbar glatten

Oberflächen stellen sich in der Vergrößerung als rauh und uneben heraus. Um die obere Fläche zu bewegen, muß daher eine solche Kraft aufgewendet werden, daß sich die Ausbuchtungen an beiden Flächen abreiben. Ist dies erst einmal geschehen, dann gleiten sie leichter aneinander vorbei – eine Tatsache, die erklärt, warum es leichter fällt, etwas in Bewegung zu halten, als es in Bewegung zu versetzen. Wir ersehen daraus, daß es stets Kräfte gibt, die auf die Körnigkeit unseres Sandkorns so wirken, daß sie es von einer Bewegung abhalten.

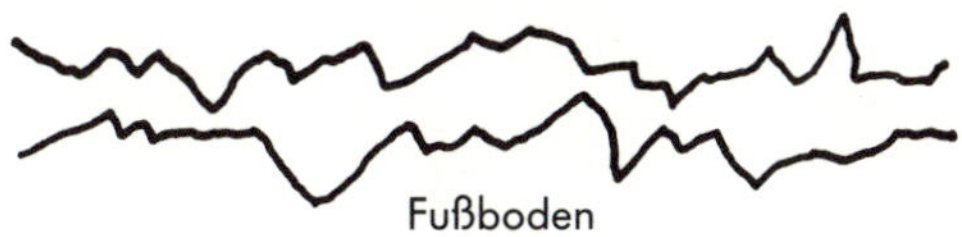

Abbildung 11-2

Bisher haben wir ausschließlich jene Kräfte angesprochen, die in Verbindung mit dem Gewicht des Sandkorns und seiner Wechselwirkung mit den Nachbarn auftreten. Würden wir über ein Sandkorn auf der Mondoberfläche reden, dann wäre dies das Ende meiner Erläuterungen. Denn keine der bisher erwähnten Kräfte verursacht eine Bewegung, so daß das Korn dort bleiben würde, wo es ist. Auf der Erde jedoch ist das Korn in einem Fluid eingebettet – sei es in Wasser (wenn es sich im Ozean befindet) oder in Luft (wenn es auf einer Düne lagert). Das Vorhandensein eines Fluids bringt eine Anzahl neuer Kräfte ins Spiel.

Bewegt sich das Fluid nicht, so ist der Druck die allein wirkende Kraft. Der beteiligte Mechanismus läuft durch den Zusammenstoß von Fluidmolekülen mit der Oberfläche des Sandkorns ab. Jeder Zusammenstoß bewirkt eine kleine, auf das Korn gerichtete Kraft. Die Anhäufung all dieser einzelnen Kräfte ergibt etwas, das man mit dem Luftdruckmesser für Autoreifen messen kann. Solange Wasser oder Luft sich nicht bewegt, wird dieser von den Zusammenstößen bewirkte Druck auf alle Seiten des Sandkorns ausgeübt. Da der Boden des Korns sich auf etwas geringerer Höhe als die Spitze befindet, ist der aufwärts gerichtete Druck auf den Boden etwas größer als der abwärts gerichtete Druck auf die Spitze. Das Ergebnis ist eine aufwärts gerichtete Nettokraft auf das Korn, die der abwärts gerichteten Anziehungskraft entgegenwirkt. Dieses Ungleichgewicht der verschiedenen Drücke ist tatsächlich nichts anderes als die uns bekannte Tragkraft, die uns beim Schwimmen über Wasser hält. Ihre Nettowirkung auf das Sandkorn ergibt, daß das Korn weniger wiegt, wenn es sich im Wasser befindet. Die Tragkraft ist dann von besonderer Bedeutung, wenn das Korn sich im Wasser befindet, denn sie hält es davon ab, sich wieder am Boden abzusetzen, nachdem es einmal von dort hochgewirbelt wurde.

Bewegt sich das Fluid – wie es der Fall ist, wenn ein Korn auf der Düne vom Wind emporgetragen wird oder am Meeresboden der Wellenbewegung ausgesetzt ist –, so müssen mehrere neue Fluidkräfte berücksichtigt werden. Wer je mit Hilfe eines Schlauchs einen Gehweg oder eine Straße gereinigt hat, verfügt über Erfahrung im Umgang mit einer von diesen. Wird der Wasserstrahl auf einen Gegenstand gerichtet, so wird der Gegenstand so zurückprallen, als wäre das Wasser durch einen Teilchenstrom ersetzt worden. Das Wasser spritzt in eine Richtung, der Gegenstand in die andere, so wie das Prinzip von Wirkung und Gegenwirkung aus dem 3. Gesetz es verlangt. Im Fall der Reinigungsaktion prallt der Schmutz vom Asphalt zurück, während das Wasser in die Luft spritzt. Auf eine ähnliche Weise wirkt eine Kraft auf das Sandkorn, die aus der Massenbewegung des Wassers stammt. Je nach der Richtung, in die sich das Wasser bewegt und der Neigung des Bodens, kann das Korn einen Abhang hinauf- oder hinuntergedrückt oder sogar noch fester gegen seine Nachbarn gepreßt werden. In Abbildung 11-1 wird diese Reaktionskraft als seitwärts gerichtet dargestellt.

Ein Fluid, das sich über eine feste Oberfläche bewegt, neigt dazu, die Oberfläche mit sich zu schleppen, eine Wirkung, die als viskoser Strömungswiderstand bekannt ist. Das bekannteste Beispiel dieser Wirkung ist der Luftwiderstand beim Autofahren, eine Erscheinung, die teilweise dem Strömungswiderstand der Luft über die Oberfläche zuzuschreiben ist. Segler kennen den viskosen Strömungswiderstand ebenfalls, obwohl in ihrem Fall diese Kraft eher von der Wasserströmung gegen den Schiffsrumpf bewirkt wird. Vom Standpunkt des Physikers aus spielt es keine Rolle, ob die Rede von einem Festkörper ist, der sich durch ein feststehendes Fluid bewegt (wie in diesem Fall), oder von einem Fluid, das sich an einem Festkörper vorbeibewegt (wie im Fall des Sandkorns). Der viskose Strömungswiderstand ist stets vorhanden und bewirkt, daß der Gegenstand sich mit derselben Geschwindigkeit fortbewegt wie das Fluid. Im Fall des Autos und des Segelboots heißt dies, daß er den Gegenstand abzubremsen versucht; im Fall des Sandkorns, daß das Fluid das Korn emporzuheben sucht.

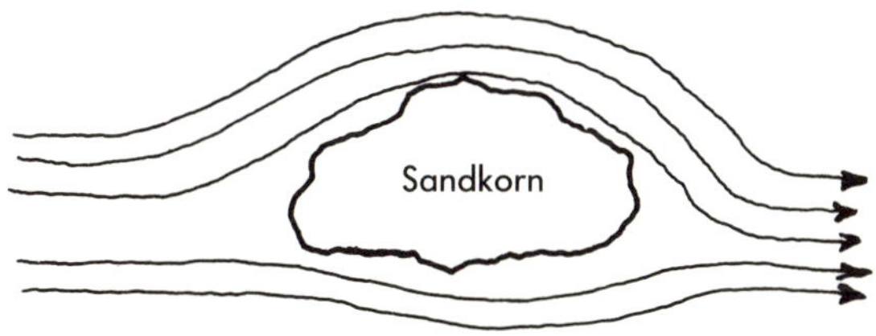

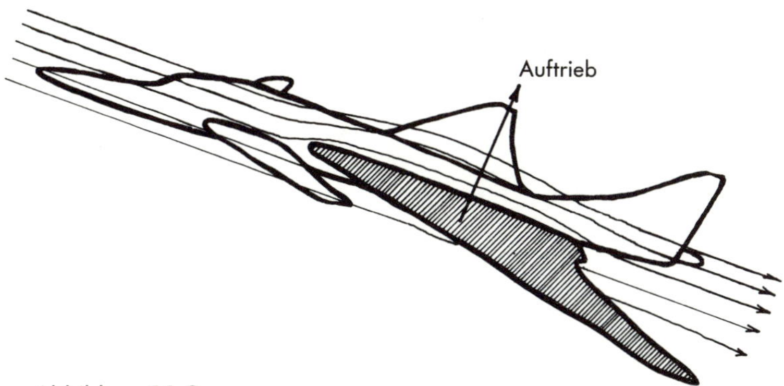

Abbildung 11-3

Die endgültige Wirkung des sich bewegenden Fluids liefert die interessanteste Kraft von allen – den Auftrieb. Oben in Abbildung 11-3 wird ein idealisiertes Sandkorn im umströmenden Fluid dargestellt. Damit sich ein kontinuierlicher Fluß ergibt, muß jener Teil des Fluids, das einen großen Bogen um die Kornspitze herummacht, schneller fließen als das Fluid, das unter dem Boden hindurchfließt. Daher verursacht das Vorhandensein des Korns eine gewisse Asymmetrie im Fließverhalten des Fluids.

Diese Asymmetrie wiederum ruft eine Kraft auf das Korn hervor. Von dieser Kraft kann man sich am besten ein Bild machen, wenn man sich eine Reihe von Beispielen vorstellt: Streicht ein Wind am Schornstein vorbei, so wird im Rauchfang Luft hochgezogen. Eine solche Wirkung kann man am offenen Kaminfeuer an einem stürmischen Abend beobachten. Ist ein Fenster in einem schnell fahrenden Wagen nur etwas geöffnet, so werden lose Papierfetzen aus dem Innern häufig nach draußen gesaugt – eine unbeabsichtigte Form der Umweltverschmutzung. In beiden Fällen bewegt sich etwas als Reaktion auf eine rasche Luftbewegung anderswo. Physiker kennen diese Wirkung als Bernoulli-Effekt. Wenn wir die Newtonschen Gesetze zugrunde legen und eine mathematische Beweisführung anwenden, so ergibt sich im wesentlichen, daß jene Teile des Fluids, die sich schnell bewegen, auf ihre Umgebung eine geringere Kraft ausüben als jene, die sich langsam bewegen.

In beiden Beispielen wird der Druck oben am Schornstein und am Wagenfenster wegen der schnellen Luftbewegung verringert. Daraus ergibt sich ein Ungleichgewicht des Drucks auf die Gegenstände im Haus oder im Wagen, das schließlich eine Bewegung herbeiführt.

Doch kehren wir zu unserem Sandkorn zurück, so sehen wir, daß sich wegen der ungleichmäßigen Bewegung des Fluids auch hier ein Ungleichgewicht im Druck ergibt. Der Druck oberhalb des Korns ist niedriger als der Druck darunter, und es ergibt sich eine aufwärts gerichtete Nettokraft auf das Korn. Dies ist die Auftrieb genannte Kraft. Wer je geflogen oder auf einem Boot gesegelt ist, hat ausgiebig von dieser Kraft Gebrauch gemacht, auch wenn er sich dessen nicht bewußt war.

Unten in Abbildung 11-3 wird ein typisches Muster für den Luftstrom um einen Flugzeugflügel herum dargestellt. Nach den Ausführungen zum Auftrieb des Sandkorns erkennen wir sofort, daß auf den Flügel eine aufwärts gerichtete Kraft wirkt. Bewegt sich das Flugzeug schnell genug, so wächst sie so stark an, daß sie die abwärts gerichtete Anziehungskraft übersteigt. Wenn dies geschieht, so sagen uns natürlich Newtons Gesetze, bewegt sich das Flugzeug in Richtung der Auftriebskraft. Von innen aus erkennt man, daß das Flugzeug vom Boden abgehoben und mit seinem Anstieg himmelwärts begonnen hat. Wichtig erscheint mir hier anzumerken, daß es dabei auf die relative Geschwindigkeit zwischen der Luft und dem Flügel ankommt. Denn bei gewaltigen Wirbelstürmen kommt es vor, daß kleine Flugzeuge vom Boden abheben, obwohl sie sich überhaupt nicht fortbewegt haben. Wenn Wasser oder Luft an einem Sandkorn oder am Segel eines Bootes vorbeistreichen, wird auf ähnliche Weise das Sandkorn emporgehoben oder das Segel bewegt.

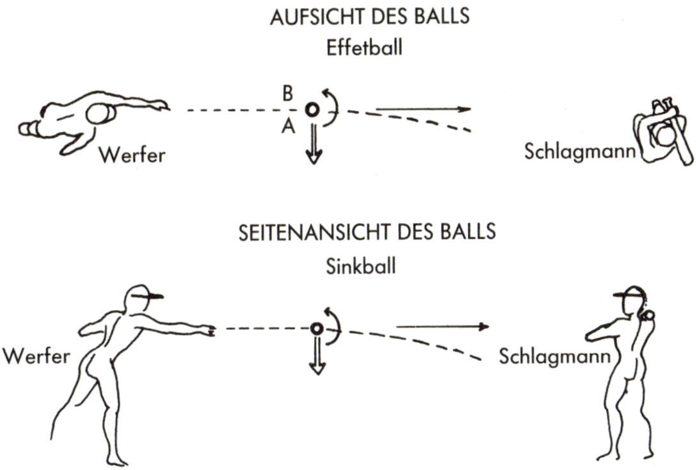

Abbildung 11-4

Bevor ich die Erläuterungen zum Bernoulli-Effekt abschließe, möchte ich gern noch auf ein anderes Gebiet hinweisen, auf dem dessen Folgen erforscht werden sollten. Es handelt sich dabei um die etwas unerwartete Tätigkeit des Baseballspielens. Betrachten wir einmal den Effetball. Bei dieser besonderen Wurftechnik wird der Ball so geworfen, daß er sich während seiner Vorwärtsbewegung so um eine Achse dreht, wie oben in Abbildung 11-4 dargestellt. Da die Balloberfläche rauh ist, bewirken die viskosen Kräfte, daß sich eine dünne Luftschicht mitsamt der Oberfläche dreht. Betrachten wir das Diagramm, so sehen wir, daß die Luft am Punkt A sich schneller bewegt als die Luft am Punkt B, weil im ersten Fall die Bewegung der Balloberfläche zur Gesamtgeschwindigkeit des Balls hinzugefügt, im zweiten Fall dagegen davon abgezogen wird. Die Wirkung besteht in einer «Auftriebskraft», die den Ball in die gezeigte Richtung fortbewegt. Vom Standpunkt des Schlagmanns aus gesehen, kommt der Ball auf einer gekrümmten Flugbahn angeflogen; die Richtung der Krümmung wird von der Richtung der Balldrehung bestimmt.

Ein Sinkball andererseits wird so geworfen, daß der Spin so erfolgt, wie unten in der Abbildung dargestellt. Dieser Drall wird auf den Ball übertragen, indem der Werfer ihn so hält, daß sich seine Finger entlang der Nähte befinden. Mit einer genau analogen Begründung wie beim Effetball schließen wir, daß sich beim Sinkball eine «Auftriebskraft» einstellt, die während des Flugs eine Abwärtsbewegung verursacht. Bei dieser Technik sieht der Schlagmann den Ball fallen, je mehr er sich dem Heimmal nähert.

Wäre der Baseball eine vollkommene Kugel, dann wäre dies die einzige Möglichkeit, einen Sinkball zu werfen. Doch ein Baseball ist keine vollkommene Kugel, da es an seiner Oberfläche hervorstehende Nähte gibt. Diese Nähte verursachen aerodynamische Wirkungen, die erheblich komplizierter sind als jene, von denen bislang die Rede war. Es genügt wohl, wenn ich sage, daß die von den Nähten hervorgerufenen Kräfte – falls der Werfer den Ball so greift, daß seine Finger ihn quer zu den Schnüren statt parallel zu ihnen halten – nicht nur die abwärts gerichtete Kraft im Einklang mit dem Bernoulli-Effekt übersteigen, sondern auch noch eine aufwärts gerichtete Kraft erzeugen. Das Endergebnis ist als ansteigender Sinkball bekannt. Als ich noch jünger und mit schnelleren Reflexen gesegnet war als jenen, an die ich mich in der Folgezeit habe gewöhnen müssen, galt es als allgemein anerkannt, daß die Höhe des «Hüpfers» beim Sinkball der beste Gradmesser für die Menge an «Pep» war, den ein Werfer seinen Würfen verleihen konnte.

Mit dem Auftrieb haben wir die Liste der Kräfte abgeschlossen, die auf ein Sandkorn einwirken können, das von einem Fluid in Bewegung beeinflußt wird. Der Katalog illustriert einen wichtigen Sachverhalt über die Arbeitsweise in der Physik: Das allgemeine Gesetz mag vielleicht einfach sein – sogar enttäuschend einfach –, doch bei der Anwendung auf eine lebensechte Situation wird die zugrundeliegende Einfachheit schnell von einer stattlichen Anzahl Faktoren überlagert, die zu berücksichtigen sind. Schließlich läßt sich jede Analyse der auf ein Sandkorn wirkenden Kräfte auf die einfache Frage reduzieren: Ist die Nettokraft gleich Null oder nicht? Ist sie gleich Null (zum Beispiel dann, wenn das Sandkorn zum Meeresboden gedrückt wird), so ergibt sich keine Bewegung. Das ist aus dem 1. Gesetz zu schließen. (In diesem Fall ist die abwärts gerichtete Kraft des Wassers durch die aufwärts gerichtete Kraft im Zusammenhang mit den Kontaktflächen oder der Reibung aufgehoben.) Ist sie nicht gleich Null, dann bewegt sich das Korn, und die Bewegung wird mit Hilfe des 2. Gesetzes beschrieben.

Bewegung in der Luft

Beginnen wir die Analyse mit einem Sandkorn, das über der Flutmarke am Strand liegt. Wenn der Wind stark genug weht, trägt er es mit sich fort. Einmal in der Luft, ist jedoch wenig Tragkraft vorhanden, da Sand sehr viel dichter ist als Luft. Daher fällt das Korn bald darauf auf den Boden zurück. Die Fortbewegung eines einzelnen Sandkorns kann man sich daher als eine Vielzahl von kurzen Hüpfern vorstellen – ein als *Springtanz* bekannter Vorgang.

Angesichts dieser Tatsache wird deutlich, daß sich von selbst ein Gleichgewicht einstellt, nachdem der Wind eine Zeitlang über den Sand geweht hat. Wann immer ein Sandkorn in einem bestimmten Gebiet abgelagert wird, wird ein anderes aufgewirbelt, so daß es – obwohl der Flecken Sand in Windrichtung befördert wird – zu keinerlei Anhäufung an irgendeinem bestimmten Punkt kommt, vorausgesetzt, der Flecken Sand war zu Beginn ebenförmig.

Abbildung 11-5

Doch wie wahrscheinlich ist es, daß ein Flecken Sand am Strand vollkommen ebenförmig ist? Am ehesten erwarten wir eine zufällige Anordnung von Hügeln und Tälern im Sand, da wirklich ebenförmige Flächen in der Natur nur selten anzutreffen sind. Nehmen wir zur Veranschaulichung einmal an, daß es an einem Punkt ein enges Tal an der Oberfläche gebe, so wie in Abbildung 11-5 dargestellt. Die springtanzenden Sandkörner treffen – wie gezeigt – in einem Winkel auf die Oberfläche. Dies hat zwei Wirkungen: erstens fallen weniger Körner in die geschützte Leeseite des Tals – die Oberfläche befindet sich teilweise wirklich «im Schatten». Während die Körner auf die ausgesetzte Talseite fallen, führen zweitens die Zusammenstöße jene Körner den Hang hinauf, die sich bereits dort befinden und bilden einen kleinen Hügel (durch die gestrichelte Linie in der Abbildung angedeutet). Wir sagen, der Sand kriecht den Abhang hinauf. Daher führt der Vorgang der springtanzenden Körner zu einer Aushöhlung der bereits bestehenden Täler und zur Schaffung eines Hügels an der dem Wind abgekehrten Seite.

Windgetriebene Rippeln bilden sich auf der Seite einer Düne. Der Wind wehte parallel zur Küste und schuf die Rippeln in nicht einmal einer ganzen Stunde. Assateague National Seashore (Virgina).

Die Veränderungen in der Oberfläche machen jedoch nicht an diesem Punkt halt. Noch immer weht der Wind und nimmt die Sandkörner auf dem neugeschaffenen Hügel auf. Sind die Sandkörner in einem Flecken von etwa derselben Körnung, dann ist die Entfernung, über die der Wind ein bestimmtes Korn transportieren kann, für alle Körner dieselbe. Daher bewegen sich die von der Spitze des Hügels emporgetragenen Körner über eine charakteristische Strecke hinweg, die von der Windgeschwindigkeit und der Korngröße abhängt. Daher bildet sich ein zweiter Hügel in einer gewissen Entfernung zum ursprünglichen Hügel in Richtung des Fallwindes, so wie rechts in Abbildung 11-5 dargestellt. Der natürliche Vorgang der Kornbewegung schafft eine Reihe von Rippeln im Sand.

Die Rippeln wachsen während dieses Vorgangs weiter an, bis sie so hoch sind, daß sie die Windbewegung am Boden verändern.

Vom Wind gebildete, großflächige Rippeln im Sand des Año Neuvo State Parks (Kalifornien).

Sind die Rippeln höher geworden, nimmt grundsätzlich die Windgeschwindigkeit an ihren Spitzen zu; dies wiederum bedeutet, daß mehr Körner in die geschützten Vertiefungen weggepustet oder gedrückt werden. Schließlich ist ein Gleichgewichtszustand erreicht, bei dem so viele Körner der Oberfläche hinzugefügt wie weggeweht werden, und die Form der Rippeln stabilisiert sich. Ein Strand wird von den Wellen und Strömungen ständig mit neuem Sand versorgt. Ist der Sand erst einmal getrocknet, wird er vom Wind weiterbefördert. Der Vorgang des Springtanzens und des Niederschlags kann daher jederzeit wieder von vorne beginnen.

Aus dieser Schilderung geht klar hervor, daß der Hauptvorgang, der beim Aufbau windgetriebener Rippeln am Werk ist, in der Wirkung des Niederschlags fallender Sandkörner auf das ursprüngliche Sandbett besteht. Es gibt eine andere durch den Niederschlag verursachte Erscheinung, der wohl jeder schon einmal beim Autofahren begegnet ist. Ich meine jene Straßen, die einem Waschbrett ähneln und bei nicht asphaltierten kleinen Landstraßen häufig anzutreffen sind. In diesem Fall waren es Autoreifen, die den Niederschlag besorgten, bis eine kleine Vertiefung zu einem Hügel wurde, und das Schaukeln des Wagens die nächste Vertiefung schafft, die sich schließlich zu einem Hügel entwickelt, der wiederum eine andere Vertiefung in Richtung des Fallwindes schafft. Der Vorgang wiederholt sich so oft, bis eine harte Stelle in der Straßenoberfläche anzutreffen ist.

Bewegung im Wasser

Am Strand gibt es eine andere Art Rippeln zu sehen, die auf den ersten Blick mit den gerade beschriebenen windgetriebenen Rippeln identisch zu sein scheinen. Diese Rippeln sind gewöhnlich bei Ebbe zu sehen und kommen eindeutig in Gebieten vor, in denen die Wellen an den Strand schlagen. Trotz allen Anscheins sind jedoch die Mechanismen, die zu Strandrippeln führen, sehr verschieden von denen, die Rippeln im trockenen Sand ergeben.

Der grundlegende Unterschied hängt mit den Unterschieden zwischen der Tragkraft eines Sandkorns in der Luft und im Wasser zusammen. Im ersten Fall gibt es, wie ich betont habe, wegen der umgebenden Luft eine kleine aufwärts gerichtete Kraft auf den Sand. Dies bedeutet: Wenn ein Korn fällt, hinterläßt es im Sandbett eine kräftige Spur, die zu der Bewegung der Körner und zur Bildung der Hügel führt. Auf ein Sandkorn im Wasser wirkt eine ziemlich große Tragkraft ein. Tatsächlich ist die Tragkraft nur etwas kleiner als die Anziehungskraft. Um sich davon selbst zu überzeugen, genügt es, etwas Sand in ein Glas abzufüllen, Wasser hinzuzugeben und es zu schütteln. Es dauert eine geraume Weile, bis sich der Sand am Boden abgesetzt hat, eine Tatsache, aus der wir schließen dürfen, daß die gewöhnliche Anziehungskraft in weitem Maße neutralisiert wird. Dieses langsame Absetzen bedeutet, daß ein Sandkorn eine «sanfte» Landung macht und seinen Nachbarn nur wenige Niederschlagsspuren zufügt. Die Bewegung der Körner im Wasser wird daher vor allem vom Strömen der

Flüssigkeit selbst abhängen und nicht so sehr von den Zusammenstößen der Sandkörner untereinander.

Nach dieser Anmerkung will ich darauf hinweisen, daß der Vorgang, bei dem Rippeln durch Wasser in Bewegung gebildet werden, nach wie vor unter Hydrologen stark umstritten ist. So ziemlich jeder Zeitungsartikel zu diesem Thema führte irgendeinen Kommentar der Art an wie «Ich denke, daß dies die Rippeln verursacht, doch von den Autoren X, Y und Z hat jeder seine eigene Theorie». Die Situation wird noch durch den Sachverhalt erschwert, daß der Mechanismus, der Rippeln in den Flußbetten verursacht, in denen das Wasser nur in eine Richtung strömt, sich so gänzlich von dem zu unterscheiden scheint, der für die Bildung von Rippeln am Strand verantwortlich ist, wo die Wellen den Sand vorwärts- und zurückbewegen. Und diese beiden Mechanismen sind natürlich verschieden von dem, der zur Bildung von Rippeln im windgetriebenen Sand beiträgt. Ich muß gestehen, daß diese Einsicht mich sehr überrascht hat, denn als ich die Rippeln auf den Dünen im Año Neuvo State Park in Kalifornien sah (siehe Foto auf Seite 212), folgerte ich auf der Stelle, daß mir ein schönes Beispiel für einen Mechanismus untergekommen war, der sowohl in der Luft wie auch im Wasser funktionierte. Es war einer jener Augenblicke der Einsicht, den die Franzosen *une fausse idée claire* (eine zwar klare, doch falsche Vorstellung) nennen. In diesem Fall scheint die Natur sich dafür entschieden zu haben, auf unterschiedliche Weise in unterschiedlichen Situationen ähnliche Endergebnisse zu liefern.

Die Bildung von Rippeln in fließendem Wasser scheint untrennbar mit dem Vorhandensein von Turbulenzen in der Fließbewegung verbunden zu sein. Fließt das Wasser langsam und ruhig, nennt man das Fließverhalten laminar. Bei größeren Geschwindigkeiten tauchen Unregelmäßigkeiten und Wirbel auf, und wir sagen, das Fließverhalten werde turbulent. Beobachtet man das Fließverhalten des Wassers aus dem Wasserhahn in der Küche, so kann man selbst den Übergang vom laminaren zum turbulenten Fließverhalten beobachten. Dreht man den Hahn nur so weit auf, daß das herausströmende Wasser eine glatte Oberfläche hat, dann kann man sich darin spiegeln. Öffnet man den Hahn aber weiter, so erscheinen Rippeln und Unregelmäßigkeiten, bis schließlich der Strahl milchig aussieht, weil die darin eingefangenen Luftblasen das Licht widerspiegeln. Dabei handelt es sich dann um eine voll entwickelte Turbulenz.

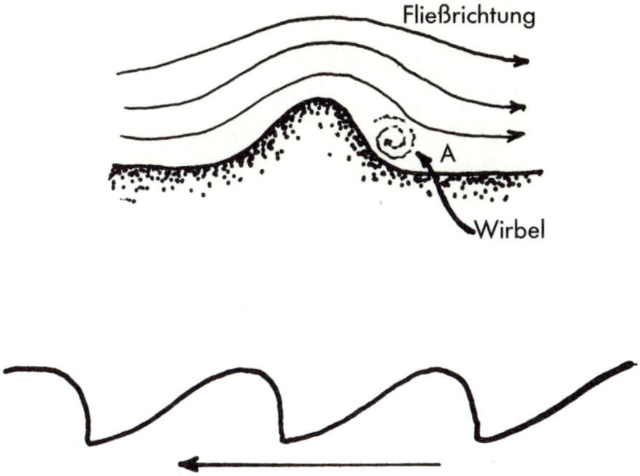

Abbildung 11-6

Vom Standpunkt der Entwicklung von Rippeln aus betrachtet, liegt der Hauptaspekt beim turbulenten Fließverhalten im Vorhandensein von Wirbeln. In einem Strom führt ein Hügel im Flußbett dazu, daß sich in der Fließrichtung ein Wirbel bildet, so wie er oben in Abbildung 11-6 dargestellt ist. Der Fluß trägt Sand vom Gipfel des Hügels und der stromabwärts gelegenen Seite des Hügels ab und legt ihn am Punkt A ab, wo ein neuer Hügel wächst. Dieser Vorgang setzt sich so lange fort, bis der Fluß soviel Sand über die Spitze des Hügels schiebt, wie vom Wirbel geschürft wird. Das Ergebnis ist eine Reihe charakteristisch geformter Rippeln, wie in der Abbildung unten dargestellt.

Die von den Wellen in der Nähe des Strandes verursachten Wirbel verhalten sich etwas anders und spiegeln die Tatsache wider, daß die Bewegung in der Brandung erheblich turbulenter verläuft als in einem Fluß. Gibt es einen Hügel am Boden, so bildet sich dort ein Wirbel, wie links in Abbildung 11-7 dargestellt. Der Wirbel nimmt Sand auf und hält ihn auf eine ähnliche Weise in der Schwebe, wie das mit dem Zucker geschieht, den man im Tee umrührt. Der Wirbel besitzt eine charakteristische Zeit, innerhalb deren er sich auflöst, genauso wie der Tee eine Weile braucht, um zur Ruhe zu kommen, nachdem man aufgehört hat, darin herumzurühren. Verschwindet ein Wirbel, so wird der darin schwebende Sand ausgefällt. Kommt die Welle zurück, bevor der Wirbel verschwunden ist, so kann der geschürfte Sand durchaus auf der Spitze seines eigenen Hügels abgelagert werden. Sonst wird er weiter entfernt dort abgeladen, wo ein neuer Hügel wächst. Das Ergebnis sind auf jeden Fall eine Reihe gleichmäßiger Rippeln im Sand, die bei Ebbe ziemlich leicht zu sehen sind.

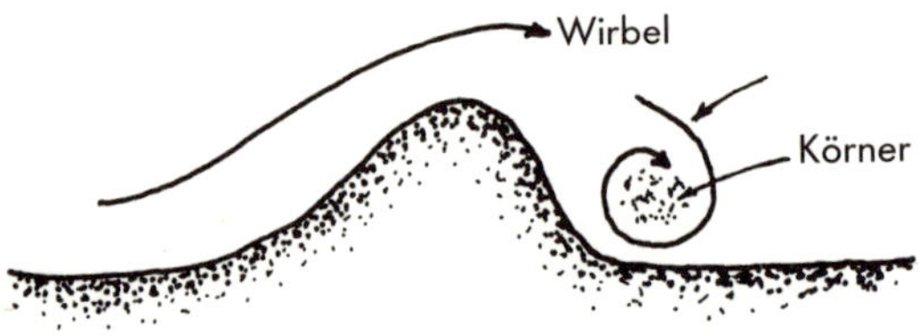

Abbildung 11-7

Wenn die Rippelbildung ein solch schwieriges Problem aufwirft, so deshalb, weil die Veränderungen im Wasserfluß die Form des Bodens beeinflussen und die veränderte Bodenform wiederum auf den Wasserfluß verändernd zurückwirkt. Wegen der zur Berechnung benötigten Mathematik ist diese Art des komplexen, nichtlinearen Rückkopplungsproblems nur schwer zu lösen, wodurch sich der derzeitige unbefriedigende Zustand der Theoriebildung erklärt. Zudem laufen die beiden bisher beschriebenen

Mechanismen an einem wirklichen Strand höchstwahrscheinlich gleichzeitig ab, denn so wie es Wellen am Strand gibt, so sind auch gewöhnlich Strömungen am Strand vorhanden, die sich so ähnlich wie diejenigen in den Flüssen verhalten. Folglich besteht die sich daraus ergebende Rippelbildung aus irgendeiner komplizierten Mischung zweier Typen «reiner» Rippeln aus den Abbildungen.

Der springende Punkt beim Verständnis der Rippelbildung im fließenden Wasser scheint also darin zu liegen, daß die auf die Sandkörner wirkende Tragkraft so stark ist, daß die Körner sanft auf den Boden sinken, wenn die Fließgeschwindigkeit gering ist. Es gibt noch ein weiteres System, das dieselben Charakteristika aufweist und deshalb dieselbe Art Rippeln wie das Wasser erzeugen sollte. Es handelt sich um die flaumigen Schneeflocken im leichten Wind. Sämtliche angeführten Argumente über die Sandrippeln in einem Fluß müßten auch auf diese Situation anzuwenden sein. Tatsächlich kann man ähnliche Rippeln wie die in Flüssen häufig bei schneebedeckten Oberflächen beobachten, nachdem der Wind eine Weile geweht hat. Dies ist zumindest ein Fall, bei dem wir dieselben Mechanismen in sehr verschiedenen Situationen am Werk sehen.

12 Burgen im Sand

Eines Tages, da ich gegen Mittag zu meinem Boot ging, gewahrte ich zu meiner großen Bestürzung am Strand den Abdruck eines nackten, menschlichen Fußes, der im Sand ganz deutlich zu sehen war.

Daniel Defoe,
Robinson Crusoe

Spaziere ich am Strand entlang, so fällt mir auf, daß nicht alle meine Fußabdrücke sich gleichen. Nahe der Dünen, dort wo der Sand staubtrocken ist, sind nur ein paar Vertiefungen zurückgeblieben. Es gibt einfach keinen genauen Abdruck meines Fußes, und der lose Sand rieselt in die Mulde und verwischt jedes eventuell vorhandene interessante Merkmal. Gehe ich den Strand zum Wasser hinunter, so wird der Sand zugleich nasser und fester. Das Spazierengehen fällt dadurch leichter, und deshalb spazieren die meisten Menschen am Rande der Wellen entlang. In diesem Sand bleiben deutliche Fußabdrücke zurück. Nähere ich mich weiter dem Wasser und trete in den breiigen Sand unter dem Wellenrand, so werden meine Fußabdrücke wieder undeutlich. Es ist also eindeutig zu erkennen, daß irgendeine Wechselwirkung zwischen dem Sand und dem Wasser besteht, die die Festigkeit der Strandoberfläche bestimmt.

Dies ist nicht mal eine so merkwürdige Folgerung. Viele Substanzen verändern radikal ihre Eigenschaften, wenn ihnen auch nur geringe Wassermengen beigemischt werden. Salz, das sich im Winter locker im Streuer bewegt, neigt im feuchten Sommer zur Klumpenbildung. Auch Zucker kann im Sommer klumpen und wegen der Luftfeuchtigkeit sogar eine Kruste bilden. Schnee, der bei trockener, kalter Luft kaum backt, so daß nicht einmal der Bau eines Schneemanns gelingt, ändert sein Verhalten, sowie die Temperatur auch nur um einige Grade ansteigt. Denn nahe am Gefrierpunkt reicht manchmal schon der Druck der Hände, um etwas Schnee zum Schmelzen zu bringen, wodurch sich flüssiges Wasser zwischen den Flocken ausbreitet. Wenn meine Kindheitserinnerungen mich nicht im Stich lassen, so herrschen die günstigsten Bedingungen für das Herstellen von Schneebällen (den gefürchteten «Chicago-Eisball» eingeschlossen) bei Temperaturen zwischen minus 4° bis minus 1° Celsius.

Fußabdrücke im Sand und Schneebälle sind zwar an sich interessant, stellen jedoch kein bedeutendes Ziel der Wissenschaften dar. Und doch sind sie einfache Beispiele für eine umfangreiche Kategorie von Erscheinungen, die innerhalb des als Bodenmechanik bekannten Gebiets erforscht werden. Sowohl Sand wie Schnee sind Beispiele für voluminöse Substanzen, die sich aus einer umfangreichen Anhäufung kleiner Bestandteile zusammensetzen – aus Sandkörnern im ersten und aus Schneeflocken im zweiten Fall. Allen Bodensorten, vom härtesten gebrannten Ton bis zum weichsten Schlamm, ist diese Struktureigenschaft gemeinsam. Die Lektion, die wir aus unseren Fußabdrücken lernen, kommt uns daher gut zustatten, wenn wir planen, ein Haus, eine Autobahn oder einen Deich zu bauen. Ob ein Erdboden greift und sich unter dem Gewicht einer Konstruktion verdichtet oder auf seine Mauern einen hohen Druck ausübt, ist für die Ingenieure und Architekten von mehr als nur beiläufigem Interesse.

Form und Größe der Körner im Erdboden sind die einzelnen Eigenschaften, die mehr als alles andere sein Verhalten bestimmen. Wir wissen, daß die Namen verschiedener Bodenarten (Kies, Sand, Lehm, Schlamm) je nach der durchschnittlichen Größe der Körner vergeben werden, aus denen sie sich zusam-

Fußabdrücke im Sand.

mensetzen. In der Praxis ermittelt man die Korngröße durch Sieben. Ein solcher Test berücksichtigt nicht die unterschiedlichen Formen der Körner. Sandkörner zum Beispiel sind mehr oder weniger rund, während Lehm aus Teilchen besteht, die größtenteils lang und flach sind und etwa so wie Skateboards aussehen. Es erscheint einleuchtend, daß die Art und Weise, in der die Körner ineinandergreifen, von den Einzelheiten der Formen abhängt, und auch einsichtig, daß die Eigenschaften des Bodens von der Verdichtung bestimmt werden, so daß sich die Frage, ob ein Gebäude ins Rutschen gerät oder nicht, auf die Frage nach dem Verhalten der Körner im Boden zurückführen läßt.

Nehmen wir beispielsweise Sand und Lehm als bekannte Bodenarten, deren jeweiliges Verhalten ziemlich unterschiedlich ist. Ein Unterschied zum Beispiel wird offensichtlich, wenn wir das Verhalten eines Schlammkuchens und einer Sandburg vergleichen. Trocknet der Schlammkuchen aus, so schrumpft er und bekommt Risse, was darauf hindeutet, daß die Körner im Lehm nicht sehr dicht aufeinandersitzen. Wären sie dichter beieinander, würde sich sein Volumen nicht sehr verändern, wenn ihm das Wasser entzogen würde. Eine Sandburg, die austrocknet, mag zerbröckeln und nicht sehr gut zusammenhalten, doch es zeigen sich keinerlei Risse oder andere Anzeichen eines Schrumpfvorgangs. Sandkörner sind also dicht aufeinandergepackt.

Lehm – sogar trockener Lehm – besitzt eine «plastische» Eigenschaft. Nimmt man ihn in die Hände und knetet ihn, so behält er die Form bei, die man ihm gegeben hat. Dieser «Knettest» ist tatsächlich einer der groben und sofort verfügbaren Geländetests von Ingenieuren, um Bodensorten einzuordnen. Im Gegensatz dazu behält trockener Sand seine Form nicht bei, sondern rieselt mir durch die Finger, wenn ich meine Faust öffne. Er ist nicht plastisch.

Beginnen wir mit den Überlegungen zu den Eigenschaften von Lehm und Sand, indem wir den einfachsten Fall annehmen – einen, bei dem Wasser keine Rolle spielt. Wenn wir uns mit den Grundlagen beschäftigen wollen, so lautet die erste Frage, die wir stellen müssen: Welche Kräfte wirken auf ein einzelnes Korn in einem trockenen Boden? Kennen wir erst einmal die Antwort darauf, sollten wir in der Lage sein zu entscheiden, wie sich ein einzelnes Korn verhält, und daraus sollten wir ableiten können, wie sich der Erdboden insgesamt verhält. Beginnen wir mit dem Sandkorn, das sich unter seinesgleichen eingenistet hat.

Es wirken natürlich, neben der abwärts gerichteten Anziehungskraft, die üblichen Kräfte der Kontaktfläche und der Reibung an den Berührungsstellen mit den Nachbarkörnern (siehe Abbildung 11-1, Seite 201). Zudem sind Kräfte vorhanden, die rein elektrischer Natur sind. Gewöhnlich sind die Körner im Erdboden natürlich elektrisch neutral; sie enthalten ebensoviel positive wie negative Ladung.

Diese Tatsache allein hindert sie jedoch nicht daran, sich untereinander elektrisch zu verhalten. Eine solche Wechselwirkung ist uns bereits im 8. Kapitel bei den einfachen Atomen begegnet, als die Rede von den induzierten Dipolen war. Wenn Atome in Moleküle eingegliedert oder in solch festen Strukturen wie Körnern eingeschlossen sind, so erhöhen sich die Möglichkeiten dieser Art von Wechselwirkung ganz erheblich.

Wenn Atome sich zu einem Festkörper zusammenschließen, so läßt sich das Ergebnis mit etwas Ähnlichem wie einer großen Konstruktion aus dem Metallbaukasten vergleichen. Die Atome entsprechen den Kugeln, an denen die Stäbe zusammengesteckt werden, wogegen die Stäbe die Kräfte darstellen, die die Atome zusammenhalten. Je nach der Art der Substanz und der Anzahl der verschiedenen Atomsorten, die daran beteiligt sind, kann diese Konstruktion sehr kompliziert werden. Die Kräfte zwischen den Atomen in der Konstruktion können auf mehrere Weisen erzeugt werden. Zum Beispiel können die Elektronen von einem Atom zum nächsten springen, wodurch sie dem ursprünglichen Atom zu einer positiven und dem neuen zu einer negativen Nettoladung verhelfen. In diesem Fall hält die einfache elektrische Anziehung die Substanzen zusammen. Ebensogut können Atome sich Elektronen teilen, ein Vorgang, bei dem eine Anziehungskraft entsteht. Die meisten organischen Substanzen werden durch einen solchen Vorgang zusammengehalten. Situationen dazwischen, bei denen Elektronen teilweise ausgetauscht und teilweise geteilt werden, kommen ebenfalls vor.

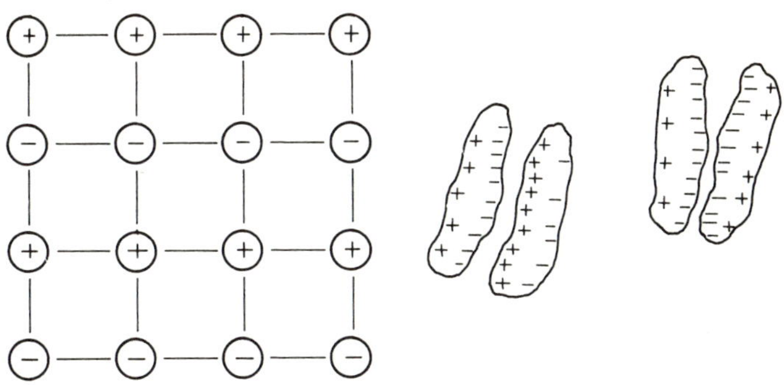

Abbildung 12-1

Daraus entnehmen wir, daß einzelne Atome oder Gruppen von Atomen im Festkörper eine Nettoladung führen können, auch wenn der Festkörper als Ganzes neutral ist. Um ein etwas unrealistisches Beispiel anzuführen, stellen wir uns ein Kristall vor, daß abwechselnd aus Schichten positiver und negativer Ionen besteht, so wie links in Abbildung 12-1 dargestellt. Die Gesamtladung des Kristalls ist gleich Null, doch die obere Seite ist negativ, die untere Seite dagegen positiv geladen. Auf zwei Körner eines solchen Kristalls würde eine Anziehungskraft wirken, wenn sie so ausgerichtet wären wie in der Bildmitte, dagegen eine abstoßende Kraft, wenn sie so ausgerichtet wären wie rechts im Bild. Im allgemeinen besitzt die Oberfläche der Körner abwechselnd Flecken mit positiver und negativer Ladung, und dadurch entstehen zwischen den Körnern elektrische Kräfte.

Es müssen auf den Körnern nicht notwendigerweise Flecken mit einer Ladung vorhanden sein, damit elektrische Kräfte zwischen ihnen wirken. Im 8. Kapitel haben wir gesehen, daß in elektrisch neutralen Systemen, wie etwa Atomen, wegen der Verzerrung der Formen im Falle enger Annäherung Kräfte aufeinander wirken können. Ferner haben wir gesehen, daß Atome, auch wenn sie elektrisch neutral bleiben, trotzdem eine überschüssige positive Ladung auf der einen und eine überschüssige negative Ladung auf der anderen Seite besitzen können. Durch diese Asymmetrie bei den Ladungen entsteht zwischen neutralen Atomen eine Kraft und daher auch solche Erscheinungen wie Kohäsion, Adhäsion und Oberflächenspannung. Kräfte dieser Art können auch zwischen Atomen in der Nähe der Kontaktflächen zwischen benachbarten Körnern auftreten.

Ein etwas häufiger anzutreffender Typ elektrischer Kräfte zwischen Körnern kommt in der Anordnung von Molekülen vor. Wie die einzelnen Atome, aus denen sie sich zusammensetzen, so sind die einzelnen Moleküle gewöhnlich ebenfalls elektrisch neutral. Hierfür ist Wasser ein gutes Beispiel. Es besteht aus zwei Atomen Wasserstoff und einem Atom Sauerstoff (das bekannte H_2O), die sämtlich elektrisch neutral und symmetrisch sind. Schließen sie sich jedoch zu einem Molekül zusammen, so führen die elektrischen Kräfte dazu, daß das entstandene Wassermolekül in hohem

Maße asymmetrisch ist, wie in Abbildung 12-2 dargestellt. Zudem bewirken die elektrischen Kräfte innerhalb des Moleküls, daß die Elektronen, die ursprünglich den Wasserstoffkern umkreisten, nun vom Sauerstoff angezogen werden. (Wasser gehört zu jenen Bauformen, bei denen die Elektronen teilweise geteilt und teilweise ausgetauscht werden.) Die Wirkung der Elektronenanordnung besteht darin, daß der Wasserstoffteil des Moleküls eine positive und sein Sauerstoffteil eine negative Nettoladung erhält. Die Ladungen im Wassermolekül sind daher ständig getrennt. Bei komplizierteren Molekülen, darunter vielen in gewöhnlichen Festkörpern, läuft die Trennung der Ladungen nach demselben Vorgang ab wie beim Wassermolekül. Im Gegensatz zu der Trennung der Ladungen in Atomen liegt sie in einem Molekül aber unabhängig davon vor, ob ein anderes Molekül sich in der Nähe befindet oder nicht. Asymmetrische Moleküle können daher eine elektrische Kraft bewirken, und diese Kraft kann die Wechselwirkung zwischen Körnern beeinflussen.

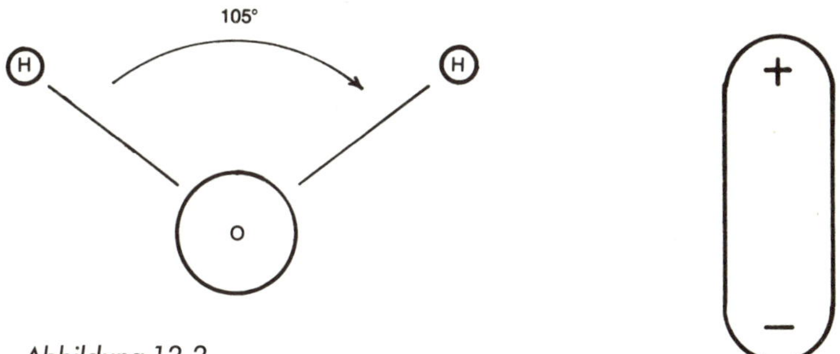

Abbildung 12-2

Als Ergebnis können wir festhalten, daß drei Arten von Kräften auf Körner in trockenem Boden einwirken: die Anziehungskraft, die der Kontaktflächen (die Reibung inbegriffen) und die elektrischen. Von diesen bestimmen die erste und die letzte die Bewegungen des Korns.

Um zu untersuchen, wie diese Kräfte wirken, sehen wir uns einmal ein Sandkorn aus der Nähe an, das zwischen seinesgleichen fällt (siehe Abbildung 12-3). Wenn das fallende Korn zum erstenmal eines der liegenden Körner berührt, so wirken alle drei erwähnten Kräfte darauf. Bei den elektrischen Kräften handelt es sich um Anziehungskräfte – gäbe es die Anziehungskraft nicht, so würden die elektrischen Kräfte das fallende Korn in jener Position

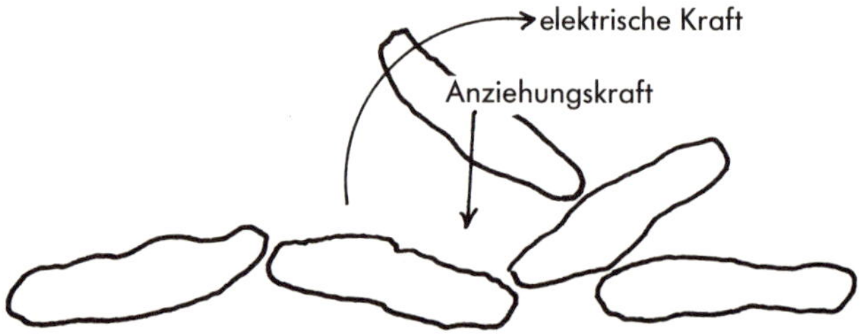

Abbildung 12-3

«einfrieren», die es einnahm, als es zum erstenmal ein anderes berührte. Doch die Anziehungskraft wirkt, und sie übt auf das Korn eine abwärts gerichtete Kraft aus, die das entfernte Ende um den Berührungspunkt herumzudrehen versucht. Die Frage, die vor uns liegt, ist ziemlich einfach: Welche Kraft obsiegt? Sind die elektrischen Kräfte stärker als die Anziehungskraft, so verharrt das Korn in der gezeigten Stellung. Trägt jedoch die Anziehungskraft den Sieg davon, so dreht sich das Korn und wird eng zwischen den anderen Körnern im Sandbett verkeilt. Es stellt sich heraus, daß wegen der vergleichsweise großen Sandkörper und des gleichzeitig hohen Gewichts die Anziehungskräfte auf das Sandkorn größer sind als die elektrischen, und das Korn fällt. Daher wird trockener Sand von der Anziehungskraft wirkungsvoll verdichtet.

Dies erklärt, warum trockener Sand nicht plastisch ist. Preßt man Körner wie das oben dargestellte fest zusammen, so schafft man es höchstens, die Sandkörper leicht zu verformen – sie sind nämlich bereits so weit wie möglich verdichtet. Da Sand gewöhnlich ziemlich hart ist (ebensogut kann man Quarz verformen wollen), vermag ein Druck von außen die innere Anordnung der Körner kaum stark zu verändern. Verringert man den Druck, nehmen die Körner wieder ihre ursprüngliche Form ein, und alles bleibt beim alten.

Mit dem Lehm verhält es sich da ziemlich anders. Selbstredend wirken dieselben Kräfte auch auf ihn ein, doch die Lehmkörner sind viel kleiner als ihre Gegenstücke im Sand. Lehmteilchen sind per Definition nicht größer als 0,004 mm – etliche hundertmal kleiner als ein typisches Sandkorn. Stellen wir uns aus Gründen der Vereinfachung einmal vor, daß ein Lehm- und ein Sandkorn in Würfelform existierten, so hieße dies, daß jede Kantenlänge eines Lehmwürfels mindestens hundertmal kleiner wäre als die eines Sandwürfels. Dies bedeutet, das Volumen eines Lehmkorns wäre $(100)^3 = 1\,000\,000$mal kleiner als das eines Sandkorns. Da das Gewicht eines bestimmten Volumens Lehm und Sand sich nicht so sehr unterscheiden, heißt dies, daß ein typisches Lehmkorn nur

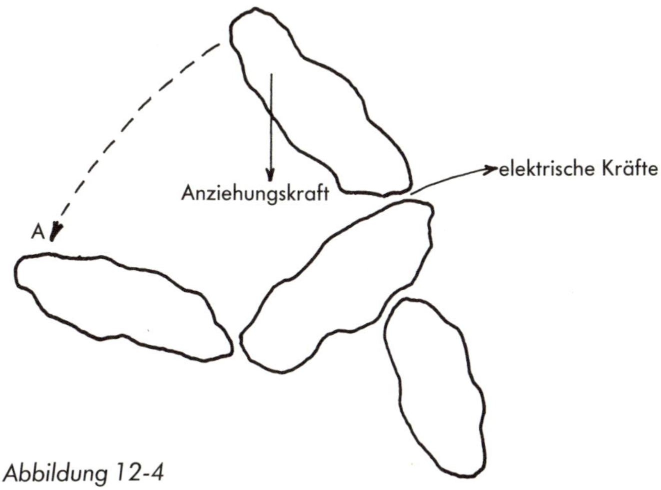

Abbildung 12-4

etwa ein Millionstel der Masse eines Sandkorns besitzt, und daß die darauf wirkende Anziehungskraft um denselben Faktor kleiner ist.

Fällt daher ein Lehmkorn in ein Lehmbett und wird es augenblicklich von den elektrischen Kräften, so wie in Abbildung 12-4 dargestellt, zum Halten gebracht, siegt die Anziehungskraft nicht. Das Korn bleibt einfach in der ursprünglichen Lage gleich nach der Berührung kleben, und das Ergebnis dieser Struktur ist die gezeigte «Kartenhaus»-Bauweise.

Dies erklärt, warum sogar trockener Lehm plastisch ist. Druck von außen kann die Körner enger aneinanderbringen, gewöhnlich indem er die relativ dünnen Schichten selbst verbiegt. Das ursprüngliche Korn links könnte zum Beispiel so lange gebogen werden, bis sein freies Ende ein anderes Korn an Punkt A berührt. Verschwindet der Druck, so sorgen die elektrischen Kräfte in A dafür, daß das Korn gebogen bleibt. Es springt nicht in seine Ausgangslage zurück, so daß der Lehm, nachdem er zusammengepreßt worden ist, seine Form beibehält.

Gern würde ich berichten können, unser Wissen über die Substanzen sei so weit fortgeschritten, daß wir die Eigenschaften von Körnern voraussagen könnten, sobald wir nur wissen, aus wie vielen von welchen einzelnen Atomen sie zusammengesetzt sind, und daß wir anhand dieser Eigenschaften der Körner auf die Eigenschaften eines Erdbodens schließen könnten, der sich aus Körnern einer solchen Art zusammensetzt. Leider jedoch reicht unser derzeitiger Wissensstand dazu nicht aus. Nicht etwa, daß wir die grundlegende Physik nicht verstünden – das Wissen über die Zusammensetzung der Atome ist ausgereift. Wie wir es bei unseren Betrachtungen im Fall der Kräfte gesehen haben, die auf die einzelnen Sandkörner wirken, liegt es nur daran, daß es nicht immer leicht ist, einfache Gesetze auf die komplizierte wirkliche Welt anzuwenden. Es stellt sich heraus, daß ein großer Teil unseres Wissens über das Verhalten von Festkörpern und der Böden nach wie vor empirischer Natur ist. Für den Fall unserer Überlegungen darüber, was geschieht, wenn wir dem Boden Wasser hinzugeben, gilt dies ganz besonders, aber auch dann, wenn wir wissen wollen, warum wir am Strand unsere Fußspuren zurücklassen können.

Sandkörner gehören zu jenen Substanzen, die Wasser nur schwer absorbieren. Daraus folgt, daß sämtliche Wirkungen des Wassers auf seine Wechselwirkung mit der wasserundurchlässigen Oberfläche des Korns zu tun haben müssen. Wir wissen aber, daß sowohl die Oberfläche des Korns wie die Wassermoleküle versetzte elektrische Ladungen enthalten. Es wäre deshalb nicht überraschend, würden wir erfahren, daß die wesentlichen Wirkungen des Wassers auf jene elektrischen Kräfte zurückzuführen sind, die zwischen dem Wasser und der Oberfläche der Körner wirken.

Nach dieser Anmerkung sollte ich noch hinzufügen, daß die genauen Details dieser Wechselwirkung zur Zeit noch nicht geklärt sind. Dies ist zu einem Teil der Kompliziertheit der Situation, doch zum größeren Anteil der Tatsache zuzuschreiben, daß sehr viel mehr Gebäude auf Lehm als auf Sand errichtet werden, so daß der Löwenanteil der bodenwissenschaftlichen Studien sich mit dem Lehm beschäftigt. Auf jeden Fall scheint die beste Erklärung die folgende zu sein: Die elektrische Wechselwirkung zwischen der Oberfläche der Körner und den Dipolen im Wasser führt dazu, daß das Wasser an der Oberfläche haftet. Das Wasser ist also bewegungsunfähig. Da die Sandkörner in jedem Fall als dicht gepackte Anhäufung vorkommen, bleibt für das in den trockenen Sand eindringende Wasser fast kein Platz mehr übrig, an dem es sich außerhalb der Reichweite des elektrischen Einflusses der Oberfläche des einen oder anderen Korns befände. Praktisch wirkt das bewegungsunfähige Wasser wie ein schwacher Leim, wobei die Wassermoleküle dazu dienen, die elektrischen Kräfte so anzuwenden, daß sie benachbarte Körner zusammenhalten.

Diese elektrischen Kräfte sind nicht stark genug, um einem großen Druck von außen standzuhalten, so daß die Körner übereinanderrutschen und der Sand eine neue Form annimmt, wenn man beispielsweise auf nassen Sand tritt oder mit ihm eine Sandburg baut. Läßt der äußere Druck jedoch nach, so halten die elektrischen Kräfte die Körner in ihrer neuen Lage. Dies erklärt, warum Robinson Crusoe die Fußabdrücke sah, lange nachdem sie entstanden waren, und warum an einem Strand die Sandburgen so lange stehenbleiben, bis die nächste Flut sie wegspült.

Gehe ich näher zum Meer hin, so wird der Sand unter meinen Füßen immer nasser. An einem gewissen Punkt ist er so breiig, daß mein Fußabdruck zerläuft. Hierbei ist so viel Wasser in den Sand gelangt, daß die Körner auseinandergedrückt werden. Um jedes Korn herum befindet sich zwar nach wie vor ein bewegungsunfähiger Wasserfilm, doch nun befindet sich so viel Wasser im System, daß seine Bereiche sich nicht mehr überlappen. Daher können sich die Körner mit ihrem Wasserfilm frei umherbewegen, und der Sand verliert die Eigenschaft, seine Form beizubehalten.

Dieses Bild von der Wechselwirkung der Sandkörner mit Wasser erklärt viele der Beobachtungen, die wir an einem Strand machen. Es erklärt zum Beispiel, warum es einfacher fällt, eine Burg eher mit der einen als mit einer anderen Sandsorte zu bauen, da entweder zuwenig oder zuviel Wasser das Bauen erschwert. Ebenso schrumpft die Sandburg nicht oder bekommt Risse, wenn sie austrocknet. Das Wasser verläßt lediglich den Raum zwischen den Körnern und verdunstet an der Oberfläche. Das Resultat: der äußere Teil der Sandburg trocknet aus, und der Sand rieselt entweder runter oder wird vom Wind weggeweht. Diesen Vorgang kann man durch regelmäßiges Benetzen der Oberfläche verhindern – ein Verfahren, das «professionelle» Bauherren von Sandburgen in Südkalifornien regelmäßig anwenden. Dieses Bild erklärt auch, weshalb anscheinend solide gebaute Bauwerke zusammenbrechen, sobald die ersten Wellen dagegen schlagen: jedes einzelne Korn, zusammen mit seinem bewegungsunfähigen Wasserfilm, wird weggeschwemmt.

Bevor ich dieses Thema abschließe, möchte ich eine weitere Anmerkung machen. Die Stabilität einer Sandburg wird manchmal (sogar von Autoren, die es eigentlich besser wissen müßten) der Wirkung der Oberflächenspannung zugeschrieben. Der folgende Grund muß dafür herhalten: Befinden sich zwei Sandkörner nahe beieinander, so wie in Abbildung 12-5 dargestellt, und ist auch ein wenig Wasser an der Kontaktfläche vorhanden, dann übt das Wasser auf die Körner eine Kraft aus, wenn es sich unter dem Einfluß der kohäsiven Wechselwirkung zusammenzieht, die die Oberflächenspannung erzeugt. (Diese Kraft wurde im 8. Kapitel behandelt.) Diese Aussage ist richtig, und solche Kräfte sind im feuchten Sand vorhanden. Nehmen wir jedoch an, der Sand sei naß, so befindet sich genug Wasser darin, um die Zwischenräume zwischen den Körnern vollständig auszufüllen. Wir wissen, daß eine Oberflächenspannung nur dann entsteht, wenn auf eine flüssige Oberfläche Kräfte wirken, die die Moleküle in die Flüssigkeit zurückziehen. Kräfte der Oberflächenspannung des beschriebenen Typs könnten also im besten Fall auf die Körner in den äußeren Sandschichten wirken. Nur in diesen Schichten gibt es eine Oberfläche mit Wasser auf der einen und Luft auf der anderen Seite. Die große Mehrheit der Körner jedoch befindet sich im Innern und ist vollkommen von Wasser umgeben. Die auf sie wirkenden primären Kräfte sind elektrischer Natur, und die Oberflächenspannung spielt keine wesentliche Rolle.

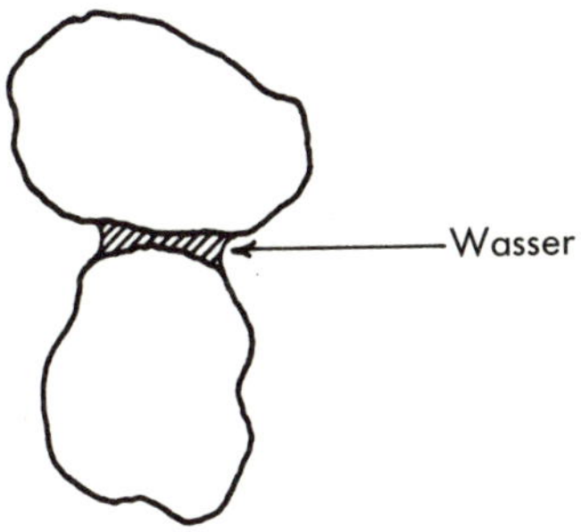

Abbildung 12-5

Die Sandburg illustriert eine der größten Schwierigkeiten, mit denen Ingenieure bei der Errichtung von Gebäuden rechnen müssen, die ganz oder teilweise vom Erdboden getragen werden. Die physikalischen Eigenschaften von Erdböden können sich drastisch wandeln, wenn ihr Wassergehalt sich verändert. Sand zum Beispiel verhält sich plastisch, wenn ihm eine geringe Wassermenge hinzugefügt wird. Das weitere Hinzufügen von Wasser verstärkt diese Eigenschaft jedoch nicht, sondern zerstört sie vollständig, wie wir gesehen haben. Das Verhalten von Lehm kann noch komplizierter sein, da hierbei chemische Reaktionen zwischen dem Wasser und den Mineralien eine Bedeutung gewinnen. Da fast jedes Gebäude Erdboden irgendeiner Art berührt oder von ihm getragen wird, und da die unterirdische Wasserbewegung nur schwer (wenn nicht sogar unmöglich) zu steuern ist, sorgt das Verhalten von Wasser-Erdboden-Mischungen für ständige Besorgnis bei allen, die sich mit dem Bauen beschäftigen.

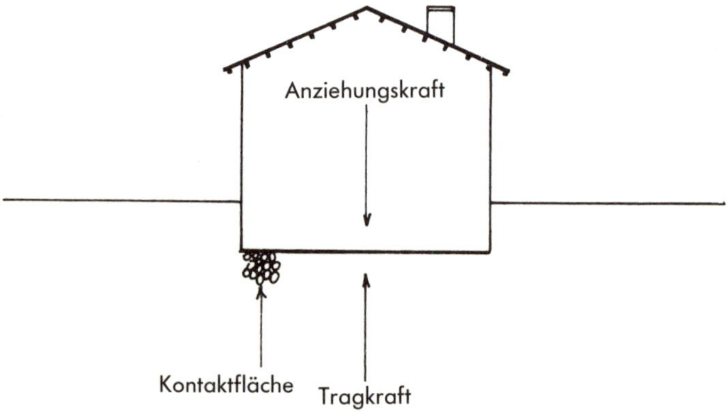

Abbildung 12-6

Unter Architekturhistorikern kursiert der Spruch, daß ein Gebäude fünfhundert Jahre überdaure, wenn es nur die ersten fünf Minuten überlebe. Dies stimmt, *vorausgesetzt* das Gebäude hat etwas, worauf es steht. Baumaterialien wie Stein oder Stahl – und selbst Holz – besitzen eine bemerkenswerte Standfestigkeit, falls sie angemessen vor Witterungseinflüssen abgeschirmt werden. Doch alle bauliche Festigkeit der Welt kann eine Katastrophe nicht verhindern, wenn der Boden, auf dem das Bauwerk steht, zu wanken beginnt. Man sehe sich nur den Schiefen Turm von Pisa an.

In Abbildung 12-6 wird das Verhalten eines Gebäudes dargestellt, das im Erdboden ruht. Die abwärts gerichtete Anziehungskraft auf das Gebäude wird von zwei getrennten, aufwärts gerichteten Kräften ausgeglichen. Eine von beiden, die Kontaktkraft, wird über die Kontaktpunkte auf die Körner im Boden übertragen. Die andere ist die vom Grundwasser bewirkte, aufwärts gerichtete Tragkraft. Obwohl es überraschen mag, daß ein Gebäude derselben Kraft unterliegt wie ein schwimmendes Stück Treibholz, so kann der Druck in einer Flüssigkeit sowohl auf Beton wie auch auf Holz einwirken. Die Tragkraft auf den Beton würde diesen auf einer flüssigen Oberfläche natürlich nicht tragen, macht ihn jedoch im eingetauchten Zustand leichter als etwa auf trockenem Land. Ein Gebäude bleibt so lange fest, wie die aufwärts gerichteten Trag- und Kontaktkräfte die abwärts gerichtete Anziehungskraft neutralisieren.

Das Gewicht eines Gebäudes verursacht nach seiner Fertigstellung bei beiden tragenden Kräften kleinere Veränderungen. Bereits früher war die Rede davon, daß ein äußerer Druck, wie etwa das Gewicht eines Gebäudes, eine umfangreiche Neuanordnung der Körner im Lehm zur Folge hat. Zusätzlich kann das Gewicht eines Gebäudes das unter ihm befindliche Wasser wegdrücken – ein Vorgang, der sich leicht beim Anfertigen von Fußabdrücken am Strand beobachten läßt. Dadurch wird die Tragkraft zwar leicht verändert, doch weit wichtiger sind die Veränderungen im Wassergehalt, die drastische Wirkungen auf die Bodeneigenschaften zur Folge haben. Das Nettoergebnis der Wechselwirkung zwischen einem Gebäude und dem Grund, auf dem es steht, wird als «Setzen» bezeichnet.

Jedes Gebäude setzt sich nach seiner Fertigstellung etwas; es ist eine unvermeidliche Folge der Einwirkung des Gebäudes auf eine so komplexe Struktur wie den Erdboden. Normalerweise sinkt ein ganzes Gebäude um bis zu fünf Zentimeter in den Boden hinein, und niemand ist klüger als zuvor. Gelegentlich jedoch bleibt es nicht bei einer solchen bescheidenen Anpassung. Den Weltrekord im Setzen hält vermutlich das Museum der Schönen Künste in

Folgen eines überbelasteten Erdreichs. Ursprünglich war das Geländer gerade, jetzt aber gibt es eine 8 cm hohe Stufe. Das Gebäude steht auf dem Gelände einer größeren Universität an der Ostküste.

Mexico City, dessen Neubau sich um immerhin 3,60 Meter absenkte. Ursprünglich sollten die Besucher über eine Treppe zur Eingangshalle hochsteigen; heutzutage müssen sie von der Straße zuerst eine Treppe hinuntersteigen. Zum Glück hat sich das Gebäude fast gleichmäßig gesetzt, so daß es immer noch steht.

Allgemein gilt: Je größer die Körner im Boden, um so schneller kann das Wasser hindurchfließen und die endgültige Stabilisierung erfolgen. Bei manchen Sandarten zum Beispiel kann der Boden seinen endgültigen Zustand der Verdichtung und im Wassergehalt innerhalb von wenigen Minuten nach der Belastung erreichen. Dies erklärt vermutlich die ungewöhnliche Stabilität so vieler altägyptischer Tempel und Gräberbauten, von denen die meisten einfach in die aus dem trockenen Sand ausgehobenen Gräben gebaut wurden. Der Boden hatte reichlich Zeit, um während des Übereinanderschichtens auf die Belastung durch jede neue Steinlage so zu reagieren, daß ein ungleichmäßiges Setzen bereits im Verlauf des Baus selbst ausgeglichen werden konnte. Einer der Steinmetze alter Schule aus Albermale County in Virginia, wo ich lebe, erzählte mir einmal, daß er beim Bau eines offenen Kamins immer gerne zuerst ein paar Steinreihen mauerte und diese dann einen Monat lang oder sogar länger stehenließ, damit diese sich setzten, bevor er höher aufmauerte. Bei seiner Methode dauerte es natürlich etwas länger, bis der Kamin fertig war, doch was immer sich durch ein frühes Setzen absenkte, konnte danach so korrigiert werden, daß der fertige Kamin schnurgerade stand. Wie die ägyptischen Tempel stehen seine Kamine noch immer und werden vermutlich noch eine ganze Weile so stehen.

In Lehmböden ist eine andere Situation anzutreffen. Dort bewegt sich das Wasser nur langsam, und es kann unter Umständen hundert Jahre dauern, bevor der Boden auf die neue Last reagiert hat. Das Setzen kann sich über diese ganze Zeitskala erstrecken, obwohl der größte Teil des Setzvorgangs gleich nach Fertigstellung eines Baus erfolgt (etwa aus demselben Grund, aus dem man das meiste Wasser beim ersten Wringen aus einem Schwamm herausdrückt). Ein berühmtes und ausgiebig studiertes Beispiel dafür ist die große Eingangsrotunde des Massachusetts Institute of Technology (MIT) in Cambridge (Massachusetts), ein Bau, der als «Building 10»* bekannt ist. Dieser im Jahre 1910 fertiggestellte Bau zeigte sogleich einen alarmierenden Hang zum Setzen, wobei einzelne Teile sich im ersten Jahrzehnt seines Bestehens um ein Dutzend Zentimeter setzten. Von der Verlegenheit einmal abgesehen, den Haupteingang einer berühmten Ingenieurschule in den Schlamm des Charles River abrutschen zu sehen, deutete die Tatsache, daß eine Seite des Eingangs sich ein paar Zentimeter mehr gesetzt hatte als die andere, einige alarmierende Aussichten an,

* Als junger Forscher verbrachte ich nach meiner Promotion ein sehr angenehmes und produktives Jahr am MIT, und ich stehe in Sachen Respekt und Bewunderung für dieses Institut keinem anderen nach. Ich habe mich allerdings gefragt, ob es dem Kraftprotz- und High-Tech-Bild des MIT irgendwie schlecht bekommen wäre, hätte man die Gebäude mit Namen statt mit Ziffern bezeichnet.

sollte sich diese Tendenz fortsetzen. Als man die Zukunft nur noch in den schwärzesten Farben sehen konnte, waren zum Glück die meisten Anpassungen im Bereich der Berührungen der Körner und des Wasserpegels zum Stillstand gekommen. Das Setzen hielt sich seit 1925 in ziemlich engen Grenzen, so daß künftige Studenten- und Besuchergenerationen ohne Furcht das Gebäude betreten können.

13 Von Segelschiffen und Skeletten

Uns're Segel waren gut und stark,
zu feinster Sackleinwand gewoben
Uns're Seile waren aus Manilahanf und
führten durch bemalte Kloben
Unser Schiff aus heller Eiche,
mit viel Geschmack versehen
Dem schweren Nordsturmwind und
der Winterzeit zu widerstehen.

«Die Königin des Ozeans»,
Walfanglied aus Neuengland

Während eines schönen Wochenendes in der Nähe jeder größeren Stadt am Wasser, wenn Segelboote die Jachthäfen und Liegeplätze verlassen, scheint ein weißer Wald in die Höhe zu schießen. Das Segeln bereitet ein großes Vergnügen und trägt auch einen Hauch von Sehnsucht in sich. Bis vor gar nicht so langer Zeit bewältigten die Segelschiffe alle Langstreckentransporte der Welt. Der Triumph der Dampfschiffahrt und das Verschwinden der Klipper (der vielleicht letzten Segelschiffe) ist weniger als ein Jahrhundert alt. Ich vermute, daß die Nostalgie «zurück zu den Schnellseglern» verfehlt ist, denn das Leben auf einem Segler kann allenfalls nur ziemlich primitiv gewesen sein. Dennoch gibt es etwas im menschlichen Geist, das sein Vergnügen aus der Betrachtung idealisierter Fassungen einer Lebensform bezieht, die inzwischen bestimmt und unwiederbringlich der Vergangenheit angehört, so daß Sportarten wie Segeln und Reiten sich zweifelsohne noch lange einer großen Beliebtheit erfreuen werden. In Segelbooten liegt auch ein pädagogischer Wert versteckt, denn sie sind lebende, sich bewegende Beispiele für Newtons Bewegungsgesetze und die Vektornatur der Kraft.

Die frühesten Segelboote waren primitive Konstruktionen, kaum mehr als Ruderboote mit einem Segel, das man aufziehen konnte, um eine günstige Brise einzufangen. Das Segelverhalten solcher Boote ist einfach zu verstehen: Der Wind fährt in das Segel und drückt das Boot mit dem Wind vorwärts. Jeder, dem bereits einmal eine Bö in den ungünstig gehaltenen Regenschirm gefahren ist, kennt diese Wirkung. In der Sprache der Segler sagt man von einem Boot, das in die Richtung des Windes gedrückt wird, es «segelt vor dem Wind».

Oft genug aber wäre es dem Segler lieber, sein Boot würde in eine andere als in die Windrichtung segeln. Bereits die frühesten bekannten Segelboote, deren Abbilder ägyptische Künstler etwa 3300 v. Chr. in den Fels gemeißelt haben, mußten gegen dieses Problem angehen. Die Lösung, die in einem großen Steuerruder bestand, wendete das moderne Konzept des Vektors an, auch wenn der ägyptische Steuermann bestimmt nicht in diesen Kategorien dachte.

Der Begriff «Vektor», so wie er in der Physik verwendet wird, verweist auf eine Größe, die sowohl einen zahlenmäßigen Wert, den Betrag, als auch eine Richtung besitzt. Der bekannteste Vektor ist wahrscheinlich die Geschwindigkeit. Möchten wir die Bewegung eines Wagens genau beschreiben, so wird man auf eine Äußerung kommen wie etwa «Er fährt mit Tempo 90 nach Norden». Beide Informationsanteile, die Größe (90 km/h) und die Richtung (Norden), sind notwendig, will man einen akkuraten Eindruck der Bewegung gewinnen. Jeder einzelne Informationsteil ist unvollständig, was sofort einleuchtet, nimmt man jede der Aussagen «Der Wagen fährt nach Norden» und «Der Wagen fährt mit 90 km/h» für sich allein. Keine der beiden Aussagen beschreibt vollständig die Bewegung. (Ich sollte noch erwähnen, daß der Begriff «Geschwindigkeit» in der Physik sich etwas von seiner umgangssprachlichen Bedeutung unterscheidet. Für die Größe des Geschwindigkeitsvektors – in unserem Beispiel 90 km/h – benutzen Physiker für gewöhnlich das Wort «Tempo», während sie mit dem Begriff «Geschwindigkeit» die Größe plus Richtung bezeichnen.)

Die Kraft ist eine weitere Vektorgröße, die sowohl einen Betrag wie eine Richtung besitzt. Wenn ich behaupte, ich belaste einen Stuhl mit einer Kraft von 23 kg, dann kann man daraus nicht entnehmen, in welcher Richtung sich der Stuhl bewegt, es sei denn, ich gebe an, daß diese Kraft auf-, seit- oder abwärts gerichtet ist. Im Fall eines Segelboots, das vor dem Wind segelt, wirkt die Kraft des Windes auf die Segel klar in dieselbe Richtung wie der Wind selbst, weshalb dieser Fall einfach zu analysieren ist.

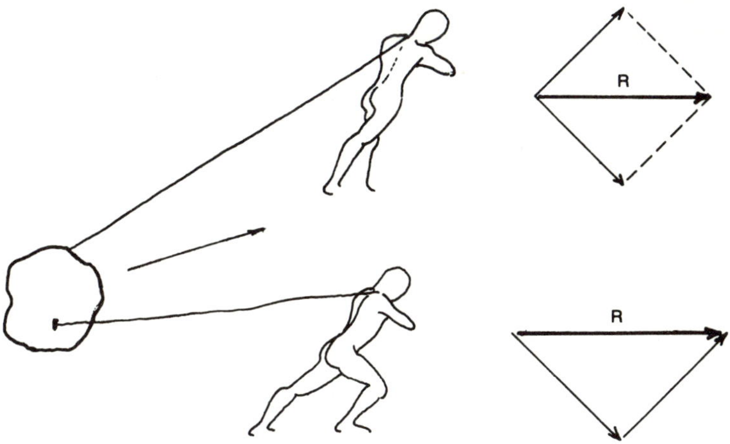

Abbildung 13-1

Vektoren haben die Eigenschaft, daß sie zusammengezählt und zerlegt werden können. Um zu illustrieren, was ich damit meine, stelle ich zwei Menschen links in Abbildung 13-1 dar, die eine schwere Last zu bewegen suchen, indem sie am Ende von zwei Seilen ziehen. Jeder bewirkt eindeutig eine Kraft auf das Seil, deren Richtung das Seil entlanggeht. Auf den Gegenstand wirken also zwei Kräfte, jede in die Richtung des Menschen, der am Seil zieht.

Aus der allgemeinen Erfahrung wissen wir, daß der Gegenstand sich zu keinem der beiden Menschen hinbewegt, sondern in die Richtung, die mit dem Pfeil in der Abbildung angezeigt wird. Aus dem 2. Newtonschen Gesetz wissen wir, daß die Größe der Geschwindigkeitsveränderung (Beschleunigung) eines jeden Gegenstands in Richtung der auf ihn wirkenden Kräfte liegt. Daher können wir schließen, daß die zwei Kräfte, die in verschiedene Richtungen auf einen Gegenstand wirken, eine Kraft erzeugen, die in eine dritte Richtung wirkt.

Rechts oben in der Abbildung wird gezeigt, wie man sich diesen Sachverhalt vorzustellen hat. Stellen wir die beiden Kräfte aus den Seilen durch zwei Pfeile dar, wobei die Länge der Pfeile jeweils die Größe einer Kraft anzeigt, dann bezeichnet der mit R gekennzeichnete Pfeil die tatsächlich wirkende Kraft auf den Gegenstand. Stellt man sich die beiden Pfeile, die die einwirkenden Kräfte bezeichnen, als Seiten eines Parallelogramms vor, und ergänzt man das Parallelogramm mit den gestrichelten Linien, dann entspricht der Vektor R der Diagonale der resultierenden geometrischen Figur. (Diese Konstruktion heißt Kräfteparallelogramm.) Geometrisch anschaulich läßt sich dieses Parallelogramm auch noch darstellen, wenn man den oberen Vektor parallel so verschiebt, daß sein Anfangspunkt mit dem Endpunkt des unteren Vektors zusammenfällt, wie rechts unten in der Abbildung aufgezeichnet. In diesem Fall ist R die dritte Seite des resultierenden Dreiecks, dessen beide anderen Seiten die angewendeten Kräfte sind.

Diese geometrischen Regeln können zur Vektoraddition (oder, in technischen Begriffen, zur Vektorzusammensetzung) verwendet werden. Die Tatsache, daß die resultierende Bewegung aus der Anwendung zweier Kräfte nicht notwendigerweise in die Richtung einer der beiden Kräfte zielt, erklärt viele bekannte Erscheinungen. Wenn man zum Beispiel den Hang eines steilen Berges hinaufsteigt, so ist es häufig erforderlich, daß man seine Schritte in eine leicht hangaufwärts gerichtete Richtung dreht, damit man auf derselben Höhe bleibt, und zwar weil die Anziehungskraft der vom Fuß bewirkten horizontalen Kraft auf den Boden einen leichten hangabwärts gerichteten Vektor hinzufügt. Gäbe es diesen zusätzlichen Vektor nicht, würde man sich auch leicht hangabwärts bewegen.

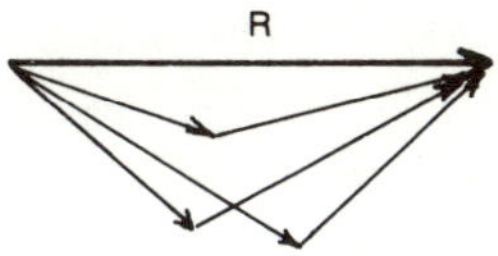

Abbildung 13-2

Der Tatsache, daß man Vektoren addieren kann, entspricht eine logische Folgerung, die auf den ersten Blick etwas merkwürdig erscheint. Wenn die Addition zweier Vektoren einen einzigen, resultierenden Vektor ergibt, so kann jeder einzelne Vektor als das Ergebnis der Addition zweier Vektoren betrachtet werden. Der in Abbildung 13-2 gezeigte Vektor R kann als die Summe jedes der anderen Vektorpaare angesehen werden. Stellt man sich jedes Vektorenpaar als zwei Seile vor, an denen mit unterschiedlicher Kraft gezogen wird, so hört sich diese Vorstellung plausibel an. Genauso wie die beiden Kräfte in Abbildung 13-1 durch eine mit R bezeichnete einzelne Kraft ersetzt werden können, soweit es die Bewegung einer Last betrifft, so kann jede wirkende Kraft als Resultat zweier anderer Kräfte betrachtet werden. Bei dieser Vorstellung wird der ursprüngliche Vektor zerlegt, und die beiden Kräfte heißen Komponenten des ursprünglichen Vektors.

Mit diesen Informationen kehren wir zu unserem ägyptischen Steuermann auf seinem Segelboot zurück. Das Segeln vor dem Wind ist eine mit Hilfe der Vektoren einfach zu erläuternde Situation. Fährt der Wind in das Segel, so überträgt er eine Vorwärtskraft auf das Boot. Wenn das Boot durch das Wasser pflügt, taucht eine Reibungskraft auf, die der Vorwärtsbewegung entgegengerichtet ist. Beide Kräfte wirken auf einer Linie in der Bewegungsrichtung des Bootes, so daß die Addition der Vektoren ziemlich einfach ist. Ist der Wind soeben aufgekommen und das Boot startet gerade, so ist die Vorwärtskraft größer als die der Reibung. Das Resultat ist links in Abbildung 13-3 dargestellt. Es ergibt sich eine vorwärts gerichtete Nettokraft, und das Boot gewinnt Fahrt in Windrichtung. Nach einer Weile ergibt sich die in der Mitte dargestellte Situation. Die vom Wind erzeugte Vorwärtskraft wird von der Reibung genau neutralisiert, so daß die Nettokraft auf das Boot gleich Null ist. In diesem Fall segelt es mit gleichbleibender Geschwindigkeit weiter, da keine Kraft vorhanden ist, die das Boot beschleunigen oder bremsen könnte. Wenn der Wind plötzlich abflaut, ergibt sich die rechts dargestellte Situation, bei der die Reibungskraft am größten ist. In diesem Fall verliert das Boot an Fahrt und kommt schließlich zum Halten.

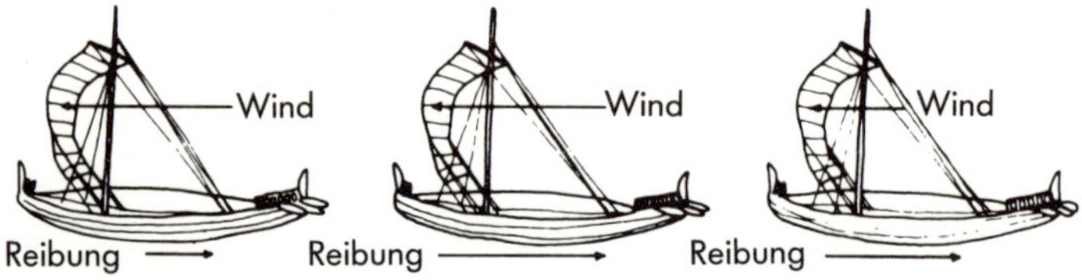

Abbildung 13-3

Wollte der ägyptische Steuermann die Richtung ändern können, so rüstete er sein Boot mit einem großen Steuerruder am Heck aus. Indem er dieses Ruder in einem Winkel ins Wasser eintauchte, konnte er eine seitliche Kraft auf das Boot erzeugen. Diese Kraft rührt letztendlich aus dem Zusammenstoß der Wassermoleküle mit dem Steuerruder her und steht immer senkrecht dazu. Diese Kraft kann man jedoch in zwei Komponenten zerlegen, wie links in Abbildung 13-4 dargestellt: eine in Windrichtung und die andere rechtwinklig dazu. Im Augenblick, da das Steuerruder ins Wasser eintaucht, wirken vier Kräfte, wie rechts in der Abbildung aufgezeichnet. Eine Komponente der Kraft auf das Ruder wirkt in dieselbe Richtung wie die Reibung und bremst das Boot ab. Die andere Komponente wirkt rechtwinklig zur Bewegungsrichtung und bewirkt, daß das Boot seitwärts beschleunigt. Diese Beschleunigung wirkt so lange fort, bis die mit der Seitwärtsbewegung verbundene Reibung die vom Steuerruder bewirkte Kraft neutralisiert.

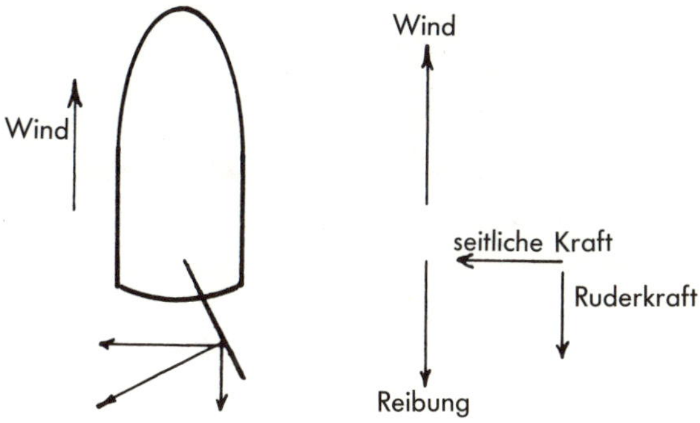

Abbildung 13-4

Obwohl bisher nur von einem Wind aus achtern die Rede war, so kann ein einfaches, starres Segelboot wie unser angenommenes dennoch Fahrt voraus machen, auch wenn der Wind in einem Winkel auf das Segel bläst. Wie in Abbildung 13-5 gezeigt, kann der Wind eine vorwärts gerichtete Nettokraft erzeugen, indem er vom Segel abprallt; der von der Seite kommende Wind wird allerdings eine Kraft erzeugen, die das Boot zur Seite hin bewegt. Je größer der Winkel zwischen Wind und Segel, um so ärger wird die Lage für den Skipper und um so schwerer fällt es ihm, mit dem Ruder gegenzusteuern. Obwohl es im Prinzip möglich ist, noch Bewegungsenergie aus einem Wind herauszuholen, bei dem der in der Abbildung mit A bezeichnete Winkel bis zu 90° erreicht («Wind querab»), so hört der Wind in Wirklichkeit schon bei einem viel kleineren Winkel auf, von irgendeinem Nutzen zu sein. Um für einen solchen Notfall gerüstet zu sein, waren die Boote von der ägyptischen Zeit bis weit ins Mittelalter hinein mit Rudern ausgestattet. Wenn alles nichts fruchtete, mußten sie mit Hilfe des altmodischen «Armschmalzes» durchgezogen werden.

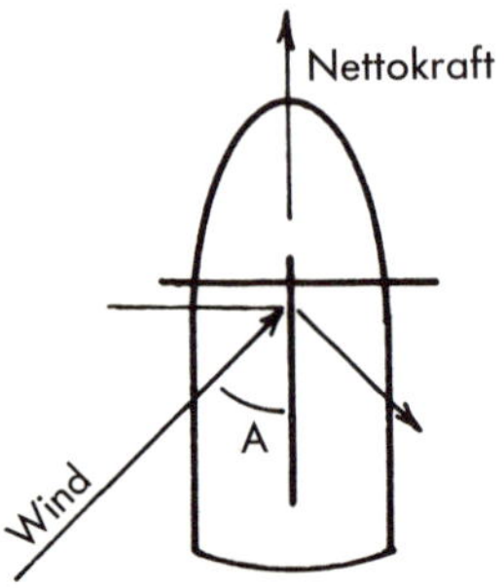

Abbildung 13-5

Aus diesen Ausführungen geht eindeutig hervor, daß ein ägyptisches Boot nie «gegen den Wind segeln» konnte. Diese Fähigkeit – eine unerläßliche Voraussetzung für den Seehandel überhaupt – entwickelten die Wikinger in Europa. Um gegen den Wind segeln zu können, muß ein Schiff über zwei Dinge verfügen: über ein bewegliches Segel und einen Kiel. Warum das so ist, davon später. Das bewegliche Segel kann die Form jenes Segels haben, das wir von den modernen Segeljachten her kennen: ein dreieckiges Segel ist an einem Baum befestigt, der ausschwingen kann; dies kann auch durch Anpassung der Leinen erreicht werden, die mit den Ecken viereckiger Segel verbunden sind, die an einem rechtwinklig zum Mast angebrachten Querbalken hängen. Im letzten Fall (sowohl bei den Wikingern wie auch bei den Klippern) sind die Segel offensichtlich weniger beweglich, doch wird dieser Nachteil dadurch wettgemacht, daß sie sehr viel größer sein können und daher einen größeren Vorwärtsimpuls erzeugen.

Um jedes Mißverständnis auszuschließen, möchte ich betonen, daß kein Segelboot – und sei es auch noch so gut konstruiert –

wirklich gegen einen schneidenden Wind zu segeln in der Lage ist. Es ist jedoch möglich, das Boot in einem Winkel von weniger als 45° gegen den Wind zu führen. Wie links in Abbildung 13-6 dargestellt, gibt es einen «toten Winkelbereich», der sich etwa so weit zu beiden Seiten der Windrichtung ausdehnt. In diesen Bereich kann das Boot nicht hineinsegeln (obwohl einige außergewöhnlich gut gebaute und geschickt geführte Boote es bis auf 35° schaffen). Das Segeln gegen den Wind erfordert eine Reihe rechtwinkliger Wenden wie die in der Abbildung rechts angezeigten, ein Manöver, das als Halsen bezeichnet wird.

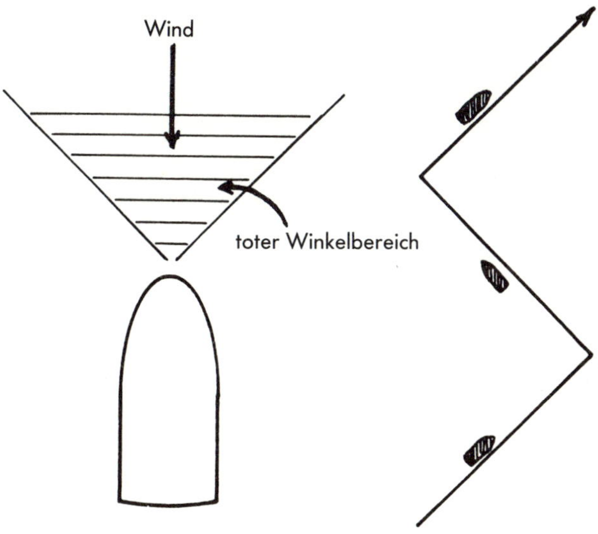

Abbildung 13-6

Doch wir können nicht über das Manövrieren sprechen, ohne zuvor folgende Frage zu beantworten: Wieso kann ein Wind, der auf ein Segel bläst, eine Kraft erzeugen, die das Boot in jedem Winkel gegen ebendiesen Wind fortbewegt? Oder mit anderen Worten: Können Segel und Kiel die Beschränkungen des ägyptischen Steuermannes aufheben?

Sehen wir uns zuerst einmal die Segel an. Segel sind nie so straff gespannt, daß sie sich nicht blähen könnten. Dies ist nicht etwa ein Versehen, sondern eine bewußt gewählte Form, um mehr nützliche Windenergie darin einfangen zu können. Wenn der Wind um das Segel herumströmt (siehe Abbildung 13-7), dann werden zwei Kräfte erzeugt. Die erste ist die gewöhnliche Form des Drucks,

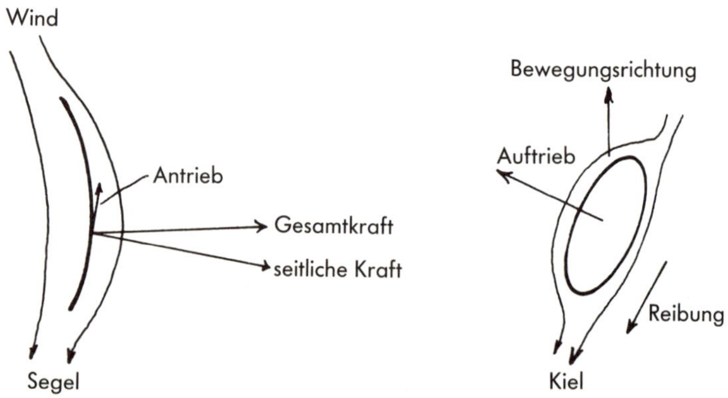

Abbildung 13-7

von der bisher die Rede war. Sie wirkt rechtwinklig auf jeden Punkt des Segeltuchs. Die zweite Kraft ist uns aus den Ausführungen über die auf ein Sandkorn wirkenden Kräfte aus dem 11. Kapitel bekannt. Da die Luft, die außen um das Segel herumströmt, eine weitere Strecke zurückzulegen hat als jene, die an der Innenseite vorbeiströmt, ist ebenfalls eine Auftriebskraft vorhanden, und zwar genau dieselbe Auftriebskraft, die ein Flugzeug in der Luft trägt. Das Nettoergebnis dieser beiden Wirkungen führt zu einer Kraft auf das Segel in der gezeigten Richtung. Der Einfachheit halber zerlegen wir diese Kraft in zwei Komponenten: in eine «Antrieb» genannte Kraft in Richtung der Längsachse des Bootes und in eine seitliche Kraft, die rechtwinklig zum Antrieb wirkt.

Wären dies die einzigen vorhandenen Kräfte, so würde das Boot in einem kleinen Winkel zum Wind seitwärts durch das Wasser gleiten. Das Segel jedoch ist bei einem Segelboot nur die halbe Miete. Der Unterwasserkiel erzeugt auch wichtige Kräfte. Stellen wir uns einmal vor, der Bootsboden wäre so durchsichtig, daß wir den Wasserfluß um den Kiel herum beobachten könnten. Der sich ergebende Wasserfluß ist rechts in Abbildung 13-7 aufgezeichnet. Ein Segelboot in Fahrt weicht immer leicht vom Kurs ab; der Bug zeigt nie genau in die Richtung der Fortbewegung. Dieser Gierwinkel ist in der Abbildung stark übertrieben dargestellt. In Wirklichkeit beläuft er sich höchstens auf einen kaum merklichen Winkel von einem oder zwei Grad. Die Wirkung dieser Gierung besteht darin, daß das Wasser an der einen Kielseite schneller fließen muß als auf der anderen, und dies wiederum führt zur bekannten Kraft des aerodynamischen Auftriebs. Der Kiel übernimmt also, mit anderen Worten, dieselbe Funktion im Wasser wie der Flugzeugflügel und das Segel in der Luft. Fügen wir zu dieser vom Kiel erzeugten aerodynamischen Kraft noch den von der Reibung zwischen dem Wasser und dem Rumpf verursachten normalen Strömungswiderstand hinzu, so ergibt sich daraus die auf das Boot wirkende Gesamtkraft.

Die Kräfte eines Bootes, das gegen den Wind segelt, sind in Abbildung 13-8 dargestellt. Es ist wichtig festzuhalten, daß im Zusammenhang mit dem Kiel und den beweglichen Segelkomponenten Kräfte wirken, die das Boot in einem Winkel zum Wind beschleunigen können, was bei den frühen Booten unmöglich war.

Wir haben es nun mit vier statt mit zwei Kräften zu tun, doch die Analyse bleibt für das moderne Boot die gleiche wie für seinen antiken Vorläufer. Bei einem Boot, das mit gleichbleibender Geschwindigkeit in einem Winkel zum Wind segelt, ist die Antriebskraft auf das Segel genauso groß wie der Strömungswiderstand gegen den Rumpf, so daß das Boot in seiner Bewegungsrichtung weder schneller noch langsamer wird. Zudem ist die auf das Segel wirkende seitliche Kraft genauso groß wie der Auftrieb auf den Kiel, so daß das Boot auch nicht in die Windrichtung abdriftet. Diese beiden letzten Kräfte haben die Tendenz, das Boot um seine Längsachse zu drehen, indem das Segel sich zur Wasseroberfläche hin neigt und der Kiel nach oben steigt. Oft genug sieht man Bilder von Regattaseglern, deren Mannschaft sich auf einer Seite über den Bootsrand hinaushängt. Sie versuchen einfach, ein Gegengewicht zu dieser Drehung zu bilden und das Boot aufrecht zu halten. In großen Rennjachten dient ein Bleiballast am Bootsboden demselben Zweck.

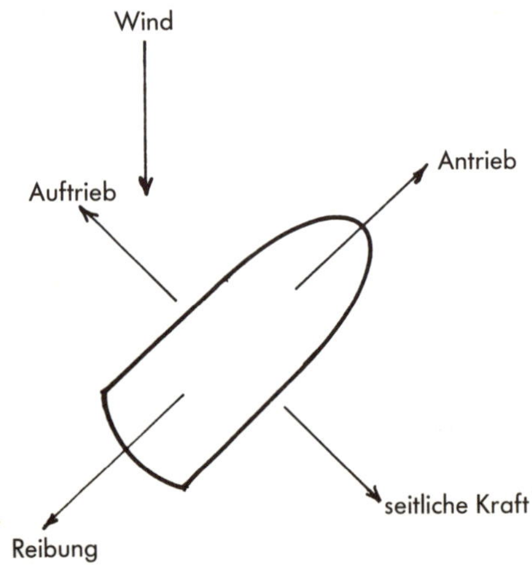

Abbildung 13-8

Wenn durch veränderte Bedingungen (zum Beispiel wenn der Wind sich legt) eine oder mehrere der vier Kräfte größer als die drei übrigen wird, dann bleibt das Boot nicht mehr auf Kurs, und der Steuermann muß etwas unternehmen. Wird das Boot zum Beispiel langsamer, dann muß er den Bug aus dem Wind herausdrehen, damit die Antriebskraft größer wird. Hat das Boot dadurch an Fahrt gewonnen, kann er es wieder in den Wind drehen.

Wie man sich leicht vorstellen kann, ist das Segeln gegen den Wind bei einer Regatta am schwierigsten. Beim Halsen ist es eindeutig am vorteilhaftesten, wenn man die kürzestmögliche

Strecke segelt, was nichts anderes heißt, als den Winkel zwischen der Bootsrichtung und dem Wind so klein wie möglich zu halten. Andererseits bedeutet dies, daß die seitliche Kraft auf das Segel groß sein wird, so daß der Kiel größer sein muß, um einen größeren Auftrieb zu erzeugen. Leider bedeutet dies zugleich, daß der Kiel einen größeren Strömungswiderstand erzeugt und daher das Boot langsamer macht. Bei einer solchen Regatta wie der um den America's Cup, bei der ein Vorteil von einem zehntel Prozent bereits zwischen Sieg und Niederlage entscheidet, spielen Probleme dieser Art für den Bootsbauer eine unerhört wichtige Rolle.

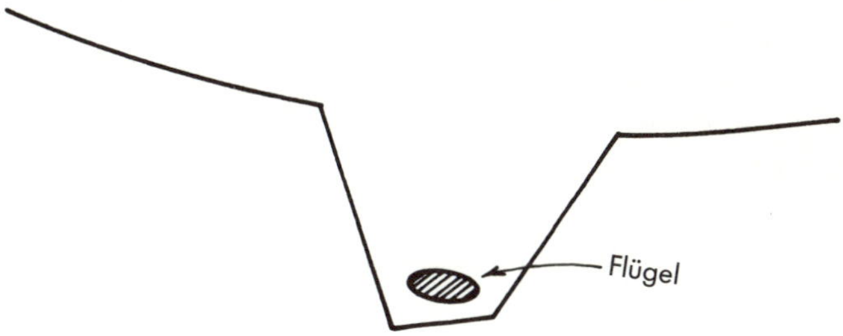

Abbildung 13-9

Und tatsächlich verschaffte eine Veränderung des Kiels der Jacht *Australia II* im Rennen jenen Vorsprung vor dem amerikanischen Konkurrenten, der die 132 Jahre andauernde Siegessträhne der Vereinigten Staaten in dieser besonderen Regatta beendete. Der Kiel der *Australia II* unterschied sich von einem gewöhnlichen Kiel durch zwei kleine, hervorstehende Flügel ganz unten am Kiel (siehe Abbildung 13-9). War das Boot in aufrechter Stellung, so war die Wirkung dieser Flügel sehr gering. Ihr Nutzen erwies sich beim Halsen. Krängte das Boot wegen der Wirkung der beschriebenen seitlichen Kraft und des Auftriebs, so erschwerten die Flügel ein seitliches Abgleiten des Bootes. Praktisch erhöhten sie den Widerstand des Bootes einer rechtwinklig zu seiner Längsachse wirkenden Kraft gegenüber. Daher konnte die *Australia II* mit einem kleineren Kiel näher am Wind segeln als jedes andere Boot mit konventionellem Kiel. Dies war nur der Hauch eines Vorteils; er reichte jedoch aus, um den America's Cup nach Perth zu holen.

Alle bisher beschriebenen Kräfte behandeln die von außen auf das Segelboot einwirkenden Ursachen. Doch gibt es noch andere Kräfte, die ebenso interessant sind – und zwar jene, die innerhalb des Bootes selbst wirken. Das Zentralproblem beim Segelbootsbau ist die Entscheidung, wie man den Mast und das Gewicht der Segel abstützt. Zwei mögliche Lösungen sind in Abbildung 13-10 dargestellt. Die erste, bei kleineren Booten anzutreffen, besteht darin, den Mast fest genug mit dem Rumpf zu verbinden und ihn so kräftig zu dimensionieren, daß er die Segel ohne weitere Stütze tragen kann. Die zweite Lösung, allgemein bei größeren Booten anzutreffen, verwendet Seile und Kabel, um den Mast zu stützen. Zufälligerweise erklären allgemeine Naturgesetze, weshalb jede der beiden Lösungen im bestimmten Fall die richtige ist.

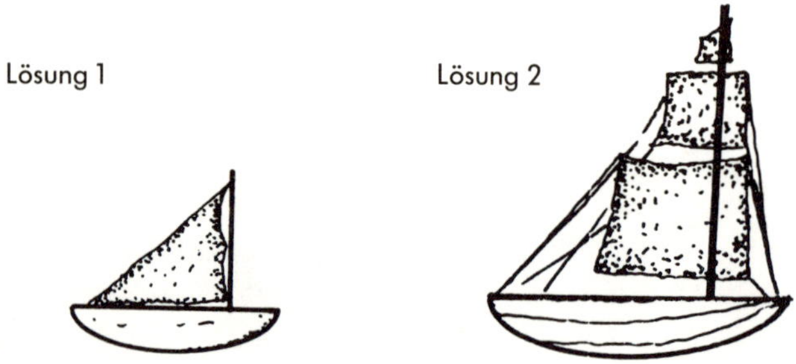

Abbildung 13-10

Bauteile wie etwa ein Mast oder eine Säule, die eine Last so tragen, daß eine Kraft auf die Atome wirkt und diese dadurch zusammendrückt, werden auf Druck beansprucht und gewöhnlich als «Druckteile» bezeichnet. Seile und Kabel, bei denen die Kräfte die Atome auseinanderziehen, werden auf Zug beanspruncht und als «Zugteile» bezeichnet. Auf eine Druckbeanspruchung muß eine Substanz oder ein Bauteil nicht notwendigerweise mit derselben Festigkeit reagieren wie auf eine Zugbeanspruchung. Ein Seil beispielsweise besitzt bei Druckbeanspruchung überhaupt keine Festigkeit, kann jedoch unter Zug ein großes Gewicht tragen. Ebenso kann eine mit Zement verfugte Steinmauer unter Druck eine erhebliche Last tragen, doch unter Zug gibt der Zement schnell nach. Beim Entwurf eines Schiffs (oder jedes anderen Baus) kommt es also darauf an, die richtigen Materialien und die richtige Mischung von Druck- und Zugteilen zu bestimmen, um möglichst «günstige» Ergebnisse zu erzielen. In der Praxis bedeutet «günstig», daß man Materialmenge wie Ausgaben so gering wie möglich hält. Beim Bau von Rennbooten ist die Einsparung von Material (und also von Gewicht) vermutlich das wichtigste Einzelkriterium.

Das Gewicht eines Bauteils, das benötigt wird, um ein bestimmtes Gewicht zu tragen, ist bei Druck und bei Zug verschieden. Hängen wir ein Zehn-Pfund-Gewicht an ein Seil, so beansprucht eine Zehn-Pfund-Kraft das ganze Seil auf Zug. Dabei ist es unerheblich, ob das Seil 30 Zentimeter oder 15 Meter lang ist; die Zugkraft bleibt dieselbe. Dies bedeutet: Beim Übergang von einem kleinen zu einem großen Boot brauchen die Seile lediglich länger zu werden: sie brauchen nicht etwa dicker auszufallen. Dadurch wird natürlich das Gewicht des Bootes erhöht, jedoch nur relativ zum höheren Gesamtgewicht eines größeren Bootes. Durch eine Verdopplung der Seillänge für ein größeres Schiff wird also nur das Gewicht der Seile verdoppelt.

Die Druckteile dagegen verhalten sich ganz anders. Möchte man einen Mast oder eine Säule erhöhen, so muß man befürchten, daß bei einer bestimmten Höhe eine Säule einknickt, ohne daß ein neues Gewicht hinzugefügt wird. Davon kann man sich selbst am besten durch ein kleines Experiment überzeugen. Man nehme ein paar Strohhalme. Ein einzelner Strohhalm kann leicht das Gewicht etwa einer Apfelsine tragen, doch eine Säule aus mehreren Strohhalmen fällt sofort auseinander. Die einzige Möglichkeit zu vermeiden, daß ein höherer Mast einknickt, besteht darin, ihn um so dicker zu machen, je höher er wird. Wollen wir zum Beispiel einen zylindrischen Mast unter Beibehaltung seiner baulichen Eigenschaften doppelt so hoch bauen, so müssen wir auch den Halbdurchmesser des Zylinders verdoppeln. Wenn wir daher einen doppelt so hohen Mast bauen wollen, so wird er achtmal so schwer. Bei einer Vergrößerung der Druckteile gibt es – im Unterschied zu den Zugteilen – erhebliche Gewichtsnachteile. Daraus erklärt sich, warum die Erbauer großer Segelboote für die Abstützung des Mastes unweigerlich zur zweiten Lösung Zuflucht nehmen. Zusätzliche Seile und Kabel anzubringen, ist billig; die Festigkeit eines Mastes dagegen zu erhöhen, ist teuer.

Der Bootsbauer ist aber nicht der einzige, der die einfachen Gesetze der Physik zur Kenntnis genommen und sich dafür entschieden hat, Bauten mit wenigen Druckteilen zu errichten, die von mehreren Zugteilen zusammengehalten werden. Beim Entwurf des menschlichen Körpers hat Mutter Natur sich ebenso entschieden. Die Druckteile unseres Körpers, die das Gewicht tragen müssen, sind die Knochen unseres Skeletts. Wie im Fall der großen Schiffe gibt es nur wenige Druckteile, die von zahlreichen «Seilen und Kabeln» in Form von Muskeln, Sehnen und Bändern zusammengehalten werden. Es steckt mehr hinter der Bauweise eines Segelbootes, als der bloße Augenschein zu erkennen vermag!

Ein weiteres Beispiel für ein Bauwerk, an dem wir die physikalischen Gesetze eines Segelbootes studieren können, ist die mittelalterliche Kathedrale. Bei diesem Bauwerk wurde erstmals eine skelettartige Bauweise angewendet, bei der das Hauptgewicht des Daches von großen Säulen getragen wird, wobei der Architekt den Zwischenraum zwischen den Stützpfeilern mit einem Baumaterial füllen konnte, das ihm gefiel. Da diese Materialien kein Gewicht zu tragen hatten, konnte auch Glas verwendet werden – daher die herrlichen Buntglasfenster, die uns so sehr das Gefühl von Ehrfurcht einflößen, die wir in diesen Bauwerken empfinden. Um das Gewicht auf den Säulen abzustützen, wurde häufig auf «Strebebogen» (siehe Abbildung 13-11) zurückgegriffen. In einer solchen Bauweise wird der abwärts gerichtete Schub des Gewölbes von der aufwärts gerichteten Kraft der Stützpfeiler und der Strebebogen ausgeglichen. Dank des 2. Newtonschen Gesetzes wissen wir, daß das Dach eine gleiche und entgegengesetzt gerichtete Kraft auf die Stützpfeiler und Strebebogen ausübt, wenn diese eine Kraft auf das Dach ausüben. Diese Reaktionskraft wird von den Pfeilen dargestellt. Der Strebebogen überträgt diese Kraft nach links, bis er auf seinen eigenen Strebepfeiler trifft. Dieser leitet die Kraft sicher zum Fundament ab. Doch es stellt sich eine Frage: Warum gibt es bei so vielen Strebebogen große dekorative Statuen auf dem Strebepfeiler? Ästhetische Gründe mögen vorherrschen, aber gibt es auch praktische dafür? Ja, es gibt wirklich welche. Unter Druckbeanspruchung besitzen

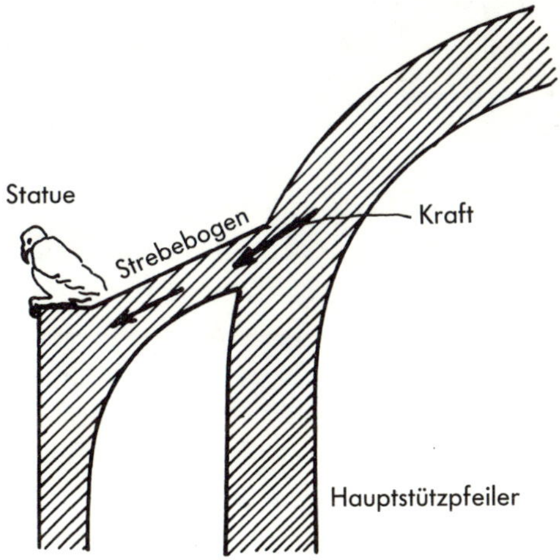

Abbildung 13-11

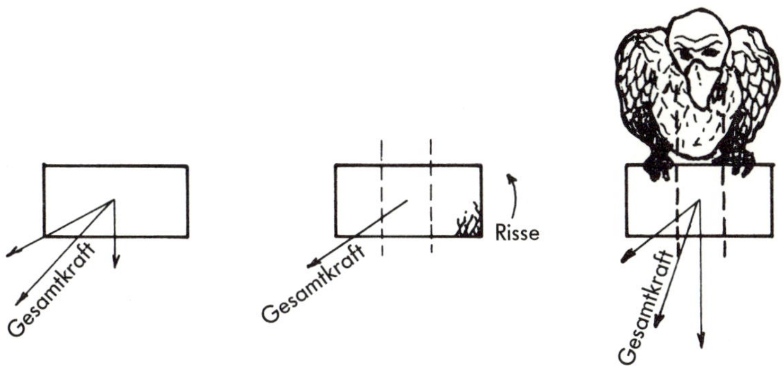

Abbildung 13-12

nämlich Steine im allgemeinen ihre größte Festigkeit. Nicht so leicht aber tragen sie eine in einem Winkel wirkende Last. Warum dies so ist, kann man erkennen, wenn man sich den obersten Steinblock im Strebepfeiler des Strebebogens in Abbildung 13-12 näher ansieht. Die auf diesen Steinblock wirkenden Kräfte sind links abgebildet; es sind dies der schräg nach außen gerichtete Seitenschub des Gewölbes und die abwärts gerichtete Kraft des Steinblocks selbst. Die Nettokraft auf den Steinblock ergibt sich durch die übliche Vektoraddition, wie dargestellt.

Bei Mauerwerken gilt die wichtige Grundregel: Ergibt sich ein Vektor für die Gesamtkraft außerhalb des mittleren Drittels des Steinblocks, wie in der Mitte der Abbildung aufgezeichnet, so hat der ganze Block die Neigung zu kippen, da er den Zement an seinem inneren Rand unter Zug beansprucht. Dadurch beginnt der Zement an diesen Verbindungen zu reißen. Wirkt der Vektor außerhalb des mittleren Drittels des Blocks, dann knickt die Säule ein. Eine solche Wirkung kann man häufig an den Kaminen alter Häuser beobachten.

Um ein Reißen an den Verbindungsstellen zu verhindern, kann man eine schwere Statue auf den obersten Steinblock setzen. Das Gewicht dieser Statue wirkt dann zusätzlich zu den abwärts gerichteten Kräften der Säule, wie rechts in der Abbildung dargestellt. Ist das Gewicht groß genug, so reicht diese zusätzliche, abwärts gerichtete Kraft aus, um den Vektor der Gesamtkraft wieder ins mittlere Drittel des Steinblocks zurückzuführen. Paradoxerweise wird die Säule dadurch stabiler, daß man die Last, die sie bereits tragen muß, noch vergrößert.

Die Baumeister im Mittelalter beherrschten offenkundig die Gesetzmäßigkeiten der Vektoraddition noch nicht, dafür aber verfügten sie über eine langjährige Erfahrung im Errichten von stabilen Bauwerken. Hätten sie kein Verständnis für jenen Sachverhalt besessen, den wir heute Vektoraddition nennen, wären sie nicht in der Lage gewesen, die Dächer ihrer Kathedralen mit so dünnen Wänden abzustützen, daß diese noch von sehr hohen Fenstern durchbrochen werden konnten, und wir wären um die Schönheit der herrlichen Bleiglasfenster in den Kathedralen von Chartres und Notre-Dame gebracht worden.

14 Von hüpfenden Steinen

In meiner Erinnerung schien ich nur ein kleiner Junge am Strand gewesen zu sein, der sich damit vergnügte, ab und an einen glatteren Kiesel oder eine glattere Muschel als gewöhnlich zu finden, während der große Ozean der Wahrheit unentdeckt vor mir lag.

Sir Isaac Newton

Newton hatte keine Kinder. Hätte er welche gehabt, wäre er nicht so unbekümmert über das Sammeln von Steinen und Kieseln am Strand hinweggegangen. Im Leben gibt es kaum ein größeres Vergnügen als jenes, seinen Kindern das Wissen zu vermitteln, wie man Steine findet, die genau die richtige Form haben, damit sie nach dem Werfen auf dem Wasser hüpfen. In jenem Kindesalter, in dem die Erfahrung der Eltern für die Bedürfnisse von Kindern häufig belanglos ist, ist es ermutigend, daß eine einfache Kunstfertigkeit von einer zur nächsten Generation weitergegeben werden kann. Die Kunst des Steinehüpfens ist vermutlich eine der wenigen, die ausschließlich mündlich weitervermittelt wird. Und zwar notwendigerweise, denn durch einen dieser herrlichen Zufälle, die in unserem wissenschaftlichen Zeitalter so selten vorkommen, vermögen wir eigentlich nicht viel darüber auszusagen, wieso ein Stein über das Wasser hüpfen kann.

Auf diesen eher verblüffenden Sachverhalt wies Ernest Hunter Wright, emeritierter Professor für Englisch an der Columbia University, die wissenschaftliche Welt im Jahre 1957 hin. In seinem in der Rubrik «Amateurwissenschaftler» des *Scientific American* veröffentlichten Artikel beschrieb er, wie er am Strand spazierengegangen sei und Kiesel, statt sie auf die rauhen Wellen zu schleudern, auf den nassen Sand am Saum des Wassers geworfen habe. Dabei sei ihm aufgefallen, daß seine Kiesel eine Anzahl charakteristischer Spuren im Sand hinterließen. Ein Kiesel schien zuerst den Sand nur zu berühren, dann einen kleinen Satz von etwa 10 cm zu machen und erst abschließend jenen typischen langen Hüpfer, den wir mit dem Steinehüpfen verbinden. Wright bat seine Freunde, die Physiker, ihm diese Erscheinung zu erklären. Dazu waren sie aber nicht in der Lage. Wright schrieb: «Mit dem Glück eines Amateurs machte ich die ungewöhnliche Erfahrung, daß mehrere Männer, die die letzten Geheimnisse der Atome enträtseln, sich verlegen am Kopf kratzen und vergebens nach der Lösung eines Problems suchten, das ich jetzt einer größeren Leserschaft unterbreite.»

Die wissenschaftliche Fachwelt wurde auf dieses Rätsel aufmerksam, und mehr als zehntausend Personen teilten der Zeitschrift ihre Kommentare und Theorien mit. Auf einen wichtigen Aspekt des Problems wies Kirston Koths hin, damals Student am Amherst College. Er filmte mit einer Hochgeschwindigkeitskamera das Hüpfen der Steine auf Sand und auf Wasser. Seine Resultate waren interessant, wenn auch überraschend. Wird ein Stein auf den Sand geschleudert, so verhält er sich genauso, wie von Wright beschrieben: kurze und lange Hüpfer wechseln ab. Hüpft dagegen ein Stein auf einer Wasseroberfläche, so gibt es im Unterschied dazu ausschließlich lange Hüpfer. Aus den Filmbildern (die im August 1968 im *Scientific American* erschienen) geht deutlich hervor, daß die eng beieinanderliegenden Spuren im Sand jeweils von der hinteren und von der vorderen Kante des Steins stammen und die kurzen Hüpfer vom Umkippen des Steins auf der harten Sandoberfläche herrühren. Auf dem Wasser scheint die hintere Kante des Steins auf der Oberfläche aufzutreffen und über sie hinwegzugleiten, wobei der Stein einen Wasserwall vor sich her schiebt, bevor er zu einem neuen Hüpfer ansetzt. Dies entspricht dem, was wir selbst beobachten, wenn wir einen Stein auf dem Wasser hüpfen lassen – er bewegt sich in einer Reihe immer kürzer werdender Hüpfer fort, ohne daß wir die von Wright beschriebene doppelte Berührung bemerken. Dank der Arbeit von Koth besitzen wir nun zwar ein verläßliches Bild darüber, was genau geschieht, wenn ein Stein über Sand oder Wasser hüpft. Warum dies jedoch so und nicht anders geschieht, ist ein anderes Problem.

In meiner Studienzeit empfand ich die Physik der Drehbewegungen als eines der Themen, die am schwersten zu lernen waren. Nichts in meiner Unterrichtserfahrung veranlaßt mich zu der Annahme, ich sei auf diesem Gebiet der einzige. Aus irgendwelchen Gründen tut sich der menschliche Geist sehr schwer, Themen wie Rotation und Drehbewegungen zu erfassen. Da beim hüpfenden Stein der springende Punkt darin liegt, daß er mit einer Kreiselbewegung weggeschleudert wird, müssen wir den Sprung wagen und uns ins Studium der Dynamik rotierender Körper stürzen.

Abbildung 14-1

Zu diesem Zweck benötigen wir hier zwei wichtige Begriffe: den Winkelimpuls und das Drehmoment. Versetzen wir einem Stab genau in der Mitte einen Stoß, so wie links in Abbildung 14-1 dargestellt, dann ist es offensichtlich, daß der Stab sich entsprechend der Größe der Stoßkraft vorwärtsbewegt. Versetzen wir ihm jedoch außerhalb seiner Mitte einen Stoß, wie rechts dargestellt, dann dreht sich der Stab bei seiner Vorwärtsbewegung. Eine Kraft, die auf einen Körper so wirkt, daß sie eine Drehbewegung verursacht, übt ein Drehmoment aus. Die Größe des Drehmoments in der Abbildung besteht einfach aus dem Produkt aus Kraftmoment und Entfernung zwischen Stabmitte und dem einzelnen Massenpunkt, an dem die Kraft angreift (in der Abbildung die als R bezeichnete Entfernung). Würde die Kraft in einem Winkel an einem Massenpunkt angreifen, dann müßten wir in dieser Definition den Bestandteil der rechtwinklig zum Stab angreifenden Kraft berücksichtigen.

So weit, so gut. Die Schwierigkeit besteht nicht so sehr darin, die Größe des Drehmoments als vielmehr ihre Richtung zu bestimmen. Im folgenden möchte ich nicht weiter darauf eingehen, warum die Sachverhalte so liegen, sondern nur betonen, daß das folgende Verfahren auf dem in der Mathematik als Vektoralgebra bekannten beruht. Die Regel lautet: Legt man den Zeigefinger der rechten Hand entlang einer Linie vom Mittelpunkt des Stabs zum Angriffspunkt der Kraft und den Mittelfinger der rechten Hand in die Richtung der Kraft selbst, dann zeigt der rechte Daumen in die Richtung des Drehmomentvektors. (Damit diese «Daumenregel» funktioniert, muß der Daumen rechtwinklig zu Zeige- und Mittelfinger stehen.) Das Drehmoment in der Abbildung rechts weist daher also in die Seite hinein.

Bei der in Abbildung 14-1 links gezeigten Kraft, die im Stabmittelpunkt angreift, beträgt die Entfernung daher $R = 0$. Diese Kraft besitzt also kein Drehmoment und erzeugt auch keine Drehbewegung, was uns dazu führt anzunehmen, daß eine Beziehung besteht zwischen der Größe und Richtung eines an einem Körper angreifenden Drehmomentes und seiner nachfolgenden Drehbewegung. Der Winkelimpuls ist lediglich eine geeignete Größe zur Beschreibung einer Drehbewegung. Wie das Drehmoment so ist auch der Winkelimpuls ein Vektor. Stellen wir uns einen idealen Stein als eine sich drehende Scheibe vor (siehe Abbildung 14-2), so zeigt eine weitere «Daumenregel» die Richtung des Winkelimpulses an: Zeigen die gekrümmten Finger der rechten Hand in die Drehrichtung, so gibt der senkrecht dazu stehende Daumen die Richtung des Winkelimpulses an. In der Abbildung steht der Winkelimpuls senkrecht zur Scheibe und zeigt nach oben. Die Größe des Vektors hängt vom Radius und von der Masse der Scheibe wie auch ihrer Drehgeschwindigkeit ab.* Der Winkelimpuls eines Körpers wird gewöhnlich mit dem Buchstaben J wiedergegeben.

Nach diesen Definitionen können wir uns erneut mit der Wirkung von Drehbewegungen beschäftigen. Wir wissen, daß bei der Linearbewegung das 2. Newtonsche Gesetz einen Zusammenhang zwischen der angreifenden Kraft und der Beschleunigung herstellt. Das 2. Newtonsche Gesetz für Drehbewegungen besagt dasselbe, und zwar: Die Größe der Veränderung des Winkelimpulses ist gleich dem angreifenden Drehmoment.

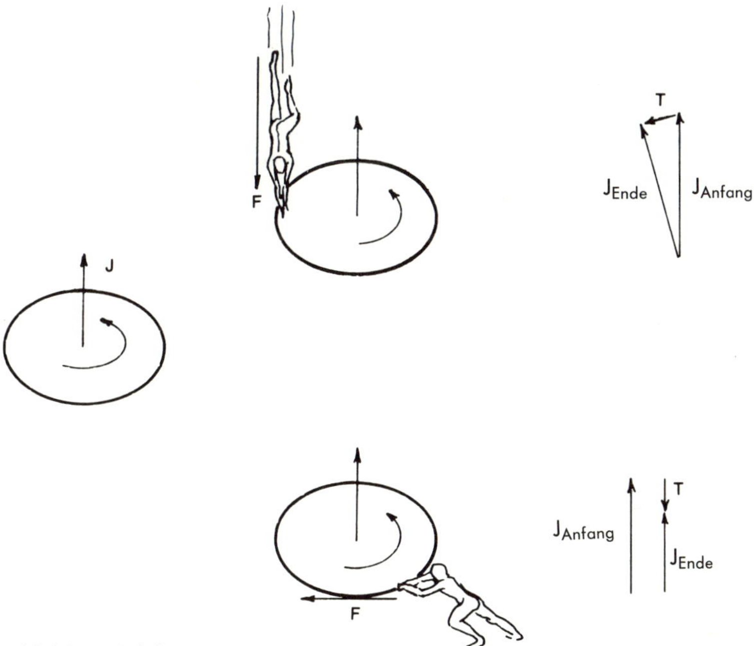

Abbildung 14-2

* Bei einer Scheibe mit der Masse M und dem Radius R, die alle T Sekunden eine Umdrehung macht, beträgt die Geschwindigkeit $\pi MR^2/T$.

Einige Vorstellungen darüber, wie dieses Verhältnis zwischen Drehmoment und Winkelimpuls funktioniert, ergeben sich bei näherer Betrachtung des mittleren Diagramms in Abbildung 14-2. Hier wirkt eine Kraft tangential zur drehenden Scheibe, so daß das resultierende Drehmoment rechtwinklig zur Scheibe und abwärts gerichtet ist. Dies bedeutet, daß nach der Anwendung dieser Kraft über eine bestimmte Zeitperiode hin die Veränderung des Winkelimpulses durch den mit T bezeichneten Vektor dargestellt wird. Die Addition der Veränderung des Winkelimpulses gegenüber dem ursprünglichen Vektor ist in der Abbildung rechts von der Scheibe dargestellt. Das Resultat – der resultierende Winkelimpulsvektor zeigt in dieselbe Richtung wie der ursprüngliche, ist jedoch kleiner – ist leicht zu verstehen. Es besagt, daß wir eine Drehbewegung abbremsen, wenn wir eine Kraft wie die dargestellte anwenden. Dies ist das Prinzip, nach dem Autobremsen funktionieren.

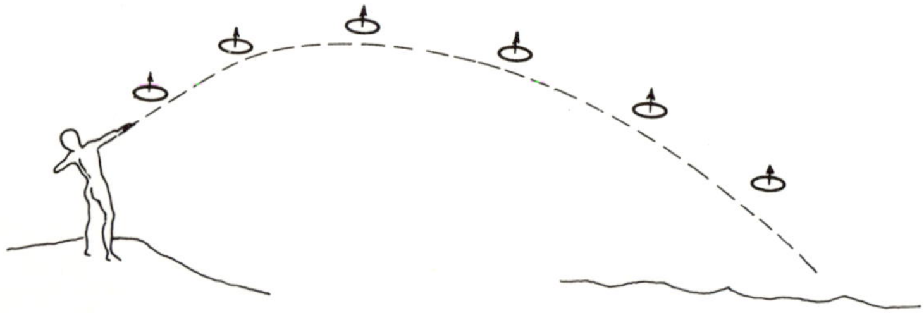

Abbildung 14-3

Ein besonders interessanter Fall ist der, bei dem diese Kraft rechtwinklig zur Scheibe wirkt, wie unten in der Abbildung dargestellt. Das sich aus dieser Kraft ergebende Drehmoment wirkt rechtwinklig zum ursprünglichen Winkelimpuls. In diesem Fall ergibt sich der resultierende Winkelimpuls entsprechend der im 13. Kapitel beschriebenen Vektoraddition. Der resultierende Winkelimpuls zeigt in eine andere Richtung als der ursprüngliche, was bedeutet, daß die rotierende Scheibe unter dem Einfluß dieser Kraft in eine Schräglage gerät. Greift diese Kraft nur eine kurze Zeit lang, so daß die Schräglage die Ausrichtung der Scheibe nicht stark beeinträchtigt, dann ist der die Veränderung des Winkelimpulses darstellende Vektor klein, und es ergibt sich nur eine kleine Veränderung in der Größe des gesamten Winkelimpulses. In diesem Fall neigt sich die Scheibe ein wenig, behält aber dieselbe Drehgeschwindigkeit bei.

Der wichtigste Gesichtspunkt bei einer rotierenden Scheibe ist jedoch, daß bei fehlendem Drehmoment der Winkelimpuls sich nicht ändern kann. Dies hat zur Folge, daß bei einem durch die Luft geschleuderten Stein die Richtung des Winkelimpulsvektors im Raum konstant so ausgerichtet bleiben muß, wie in Abbildung 14-3 dargestellt. Will man sicherstellen, daß diese Ausrichtung des Steins auf seiner Flugbahn zwischen dem Verlassen der Hand und dem ersten Aufsetzen auf der Wasser- oder Sandoberfläche sich nicht verändert, so versetzt man ihm am besten einen Drall oder Spin. Diese besondere Eigenschaft des Winkelimpulses erklärt auch, weshalb derjenige Stein später am besten hüpft, der mit einer Wurftechnik aus dem Seitenarm heraus geschleudert wird und die Hand mit der Aufsetzfläche parallel zum Boden verläßt. Startet der Stein in dieser Ausgangslage, so bewirkt der mit dem Drall verbundene Winkelimpuls, daß er etwa in derselben Stellung auf das Wasser (oder den Sand) auftrifft und während des Fluges weder ins Flattern noch ins Trudeln gerät.

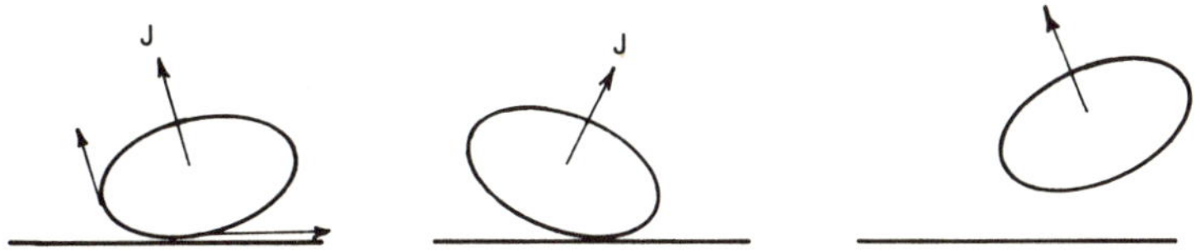

Abbildung 14-4

Das Drehmoment kommt während des Flugs erst dann ins Spiel, wenn der Stein auf dem Wasser oder dem Sand auftrifft. Betrachten wir zuerst den Sand. Trifft der Stein so auf, wie in Abbildung 14-4 dargestellt, so übt der nasse Sand zwei Kräfte auf ihn aus. Die erste ist eine Reibungskraft, die von der Kante des rotierenden Steins verursacht wird, wenn sie den Sand berührt. Diese Kraft ist nicht besonders groß, da der Sand naß ist, doch in jedem Fall bewirkt sie, daß die Drehbewegung abgebremst und die Größe des Winkelimpulses reduziert wird.

Bei der zweiten Kraft handelt es sich um die gewöhnliche Kraft beim Aufprall, die rechtwinklig zum Stein ausgerichtet ist (siehe Abbildung). Diese Kraft verändert, wie wir inzwischen wissen, die Richtung des Winkelimpulsvektors. Wir erwarten daher, daß die Nettowirkung dieser beiden Kräfte darin besteht, daß der Stein, wie gezeigt, zur anderen Seite kippt. Diese Kippbewegung ist für die zwei eng beieinanderliegenden Spuren verantwortlich, die Wright bemerkte.

Beim zweiten Aufprall sind dieselben Kräfte am Werk, so daß sich beim zweiten Abheben des Steins der Winkelimpulsvektor zum zweitenmal gedreht hat.

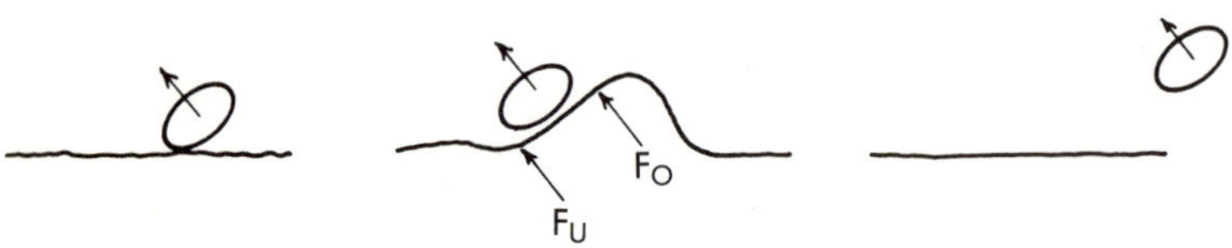

Abbildung 14-5

Trifft ein Stein auf einer Wasseroberfläche auf, so ist sein Verhalten ein anderes. Auch hier wirkt natürlich eine Reibungskraft auf ihn ein, obwohl sie kleiner ist als beim nassen Sand. Doch da das Wasser kein Festkörper ist, verursacht der Aufprall des Steins die Bildung einer Welle unter sich, und der Stein gleitet über die Wasseroberfläche, wie in Abbildung 14-5 dargestellt. Da jede vom

Wasser bewirkte und aufwärts gerichtete Kraft über die Gesamtfläche des Steins verteilt wird, verändert sich der Winkelimpulsvektor nur wenig. Tatsächlich geht aus Koths Filmaufnahmen hervor, daß die aufwärts gerichtete Kraft auf die obere Steinkante (in der Abbildung als F_O bezeichnet) etwas größer ist als diejenige auf die untere Steinkante (in der Abbildung als F_U bezeichnet), so daß der Winkelimpulsvektor beim Aufprall nur etwas nach hinten bewegt wird. Warum das Wasser auf diese Weise einwirkt, ist nicht bekannt (wenigstens habe ich bisher keinerlei Erklärung dafür gelesen).

Bei den folgenden Hüpfern wiederholt sich das oben beschriebene Muster mit dem Unterschied, daß der Stein bei jedem erneuten Hüpfer etwas weniger schnell rotiert und wieder etwas von seiner Energie auf den Sand oder das Wasser übergegangen ist. Die Hüpfer werden kürzer und niedriger, so daß der Stein schließlich so aufprallt, daß er sich in die Oberfläche eingräbt und zum Halt kommt. Mein persönlicher Rekord liegt bei elf Hüpfern auf der Wasseroberfläche des Michigansees, als er eines Tages besonders ruhig da lag. Ich habe ihn bisher nicht einstellen, geschweige denn brechen können, doch dank meiner zwei Töchter, die gerade in das Alter fürs Steinehüpfen kommen, habe ich gute Aussichten, es noch einmal zu versuchen.

Dieselben Gesetze, die den Winkelimpuls beim Steinhüpfen bestimmen, gelten auch für das Verhalten vieler anderer interessanter (und manchmal nützlicher) Geräte. Ein Gyroskop ist beispielsweise im wesentlichen nichts anderes als eine rotierende Scheibe des beschriebenen Typs. Ist sie erst einmal in Bewegung versetzt, so wissen wir, daß die Richtung ihres Winkelimpulses sich nur durch die Einwirkung eines äußeren Drehmomentes verändern läßt. Ist das Gyroskop in einer Reihe von Kugellagern mit geringer Reibung aufgehängt und in einem Gehäuse eingeschlossen, so können sämtliche Drehmomente sehr klein gehalten werden. Daher ist ein rotierendes Gyroskop ein geeignetes Gerät zur Bestimmung einer unveränderlichen Richtung im Raum, unabhängig von der Bewegung des Untergrundes, auf dem es befestigt ist.

Ein solches Gerät kann sich in vielen Situationen als nützlich erweisen. In einem Flugzeug oder einer Raumfähre zum Beispiel läßt sich die Ausrichtung des Flugkörpers nach der Himmelsrichtung häufig nicht dadurch bestimmen, daß man hinaussieht. Ein Gyroskop an Bord kann jedoch diese Information liefern, wie in Abbildung 14-6 dargestellt. Der Pilot kann den Winkel zwischen dem Flugkörper und der vom Gyroskop definierten Richtung ablesen und von daher die wirkliche Ausrichtung berechnen. Beträgt zum Beispiel der als A bezeichnete Winkel genau 10°, so weiß er, daß die Achse seines Flugkörpers sich um 10° unterhalb der vom Gyroskop definierten Achse befindet. Aufgrund dieser Information kann er, falls erforderlich, eine Kurskorrektur vornehmen. Ausgeklügelte Weiterentwicklungen dieses Geräts, bei denen die Anzeige elektronisch abgelesen und in einen Computer eingegeben wird, bilden das Herzstück der bei der Raumfahrt eingesetzten Trägheitsleitsysteme.

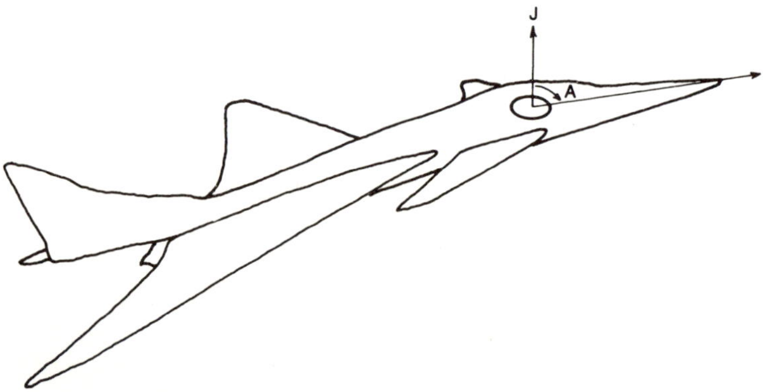

Abbildung 14-6

Ein etwas einfacheres Gerät zum Studium des Winkelimpulses ist der Kinderkreisel. Ein Kreisel besitzt mehrere stabile Betriebsarten. Er kann sich drehen und dabei aufrecht stehen, wie links in Abbildung 14-7 dargestellt. Die einzigen Kräfte, die auf den Kreisel wirken (bei Vernachlässigung der Reibung), sind jene im Zusammenhang mit dem Kontaktpunkt und der Anziehungskraft. In aufrechter Stellung vermag keine dieser Kräfte ein Drehmoment auf den Kontaktpunkt zu erzeugen. Dies heißt, daß der Winkelimpuls auf den Kreisel, entsprechend der Daumenregel und wie in der Abbildung gezeigt, unverändert bleibt. Der Kreisel dreht sich also weiter, bis eine äußere Kraft auf ihn einwirkt.

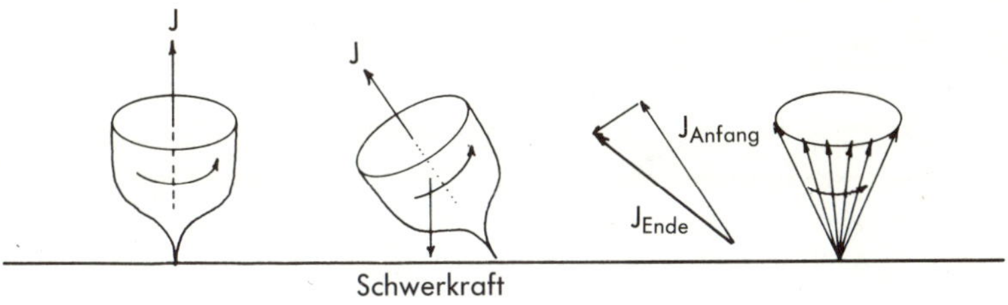

Abbildung 14-7

Beginnt der Kreisel jedoch, sich in einem kleinen Winkel zu drehen, wie in Abbildung 14-7 gezeigt, so ist die Situation eine andere. Nun wirkt die Anziehungskraft nicht mehr in Richtung seiner Längsachse, sondern in einem Winkel zu ihr. Dies bedeutet, daß in diesem Fall ein Drehmoment auf den Kreisel wirkt, und ein paar kurze Augenblicke des Austauschs mit der rechten Hand überzeugt einen davon, daß die Richtung dieses Drehmomentes aus der Seite herausweist, also auf den Leser zeigt. Dies ist eine der Situationen, in denen das Drehmoment rechtwinklig zum Winkelimpuls steht, weshalb wir annehmen können, daß dessen Wirkung in einer Änderung der Richtung, nicht aber der Größe des Winkelimpulses besteht. Auf den Kreisel übertragen lautet der entsprechende Tatbestand, daß die Figurenachse des Kreisels rotiert, ohne daß seine Drehgeschwindigkeit sich verändert.

Sobald die Figurenachse des Kreisels sich etwas gedreht hat, ändert sich jedoch auch die Richtung des Drehmomentes, da die Masse des Kreisels sich bewegt hat. Das neue Drehmoment steht rechtwinklig zum neuen Winkelimpuls, und der oben beschriebene Vorgang wiederholt sich erneut. Die Figurenachse des Kreisels geht voran, die Richtung des Drehmomentes ändert sich, was die Figurenachse wiederum zum Vorangehen veranlaßt, und so weiter. Das neue Ergebnis ist, daß die Richtung des Winkelimpulses sich rundherum bewegt, wie rechts in Abbildung 14-7 dargestellt, und die Figurenachse des Kreisels einen Kegelmantel im Raum beschreibt. Diese Bewegungsart ist als *Präzession* der Figurenachse eines schweren symmetrischen Kreisels bekannt. Sie tritt bei jedem rotierenden Körper auf und unterliegt einem Drehmoment, das rechtwinklig zum Winkelimpuls verharrt.

Wer sich im Umgang mit Kreiseln auskennt, weiß, daß die Drehung um die Figurenachse und die Präzession dieser Achse nicht die einzigen Bewegungsarten sind, in denen ein Kreisel sich drehen kann. Sobald wir die Präzession hinter uns lassen, wird die Beschreibung jedoch sehr technisch. Das leitende Prinzip, das den Winkelimpuls mit dem Drehmoment verbindet, bleibt dasselbe, doch die Anwendung wird schwieriger. Deshalb beschränke ich mich hier darauf, die anderen Bewegungsarten nur kurz zu beschreiben, ohne zu erklären, wie sie zustande kommen.

Es gibt eine andere Reaktion des Kreisels auf das vom Gewicht ausgeübte Drehmoment, die darin besteht, daß die Figurenachse des Kreisels zugleich präzessiert und schwankt. In diesem Fall, wie in Abbildung 14-8 dargestellt, beschreibt die Spitze der Figurenachse zusätzlich periodische Kegel um die normale Präzessionsbewegung herum. Diese schwankende Bewegung heißt *Nutation*. Ein Kreisel kann mit oder ohne Nutation eine Präzessionsbewegung ausführen; dies hängt von den Eigenschaften und der Drehgeschwindigkeit des Kreisels ab.

Eine weitere Bewegungsart, die man manchmal beobachten kann, ist das «Schlafen» oder «Aufrichten», bei der die Figurenachse des präzessierenden Kreisels sich tatsächlich zu einer senkrechten Position aufrichtet. Diese Wirkung tritt auf, weil der Kontaktpunkt zwischen Kreisel und Boden, den wir bisher als extrem scharf angenommen haben, im Wirklichkeit abgerundet ist. Wenn der Kreisel in die Präzessionsbewegung übergeht, so wirken die Reibungs- und Kontaktkräfte ein wenig außerhalb der Symmetrieachse des Kreisels. Diese zusätzlichen Drehmomente wegen dieser geringen Asymmetrie veranlassen den Kreisel, sich aufzurichten.

Der Kreisel ist nicht allein ein Kinderspielzeug und ein schwieriges Kapitel in der Physik, sondern er dient auch als Modell für Drehsysteme in der Natur. Die Elementarteilchen zum Beispiel, aus denen sich die subatomare Struktur der Materie zusammensetzt, kann man sich als winzigste Kreisel vorstellen, die sich um eine Achse drehen. Insbesondere kann man sich den Kern eines jeden Atoms auf eine solche Weise vorstellen. Da ein Kern aus elektrisch geladenen Teilchen besteht, verhält er sich zudem wegen seiner Kreiselbewegung noch wie ein winziger Magnet. Wie in Abbildung 14-9 dargestellt, ist der atomare Magnet so ausgerichtet, daß er in dieselbe Richtung weist wie der mit der atomaren Drehbewegung verbundene Winkelimpuls.

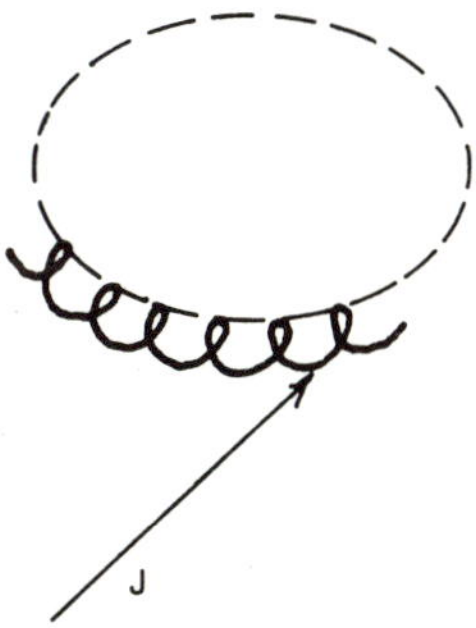

Abbildung 14-8

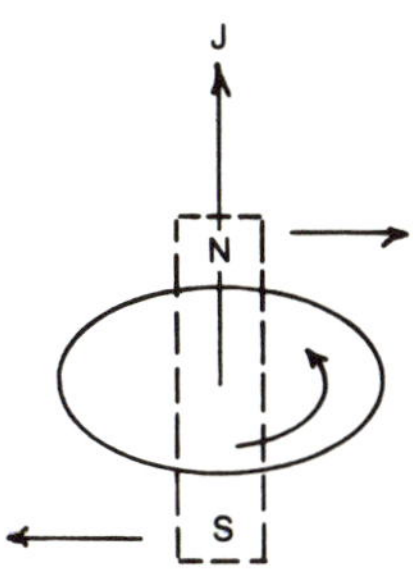

Abbildung 14-9

Befindet sich der Kern in einem Magnetfeld (indem man ihn zum Beispiel zwischen Nord- und Südpol eines starken Magnetfeldes bringt), so wirken Kräfte auf den atomaren Magneten. Der Nordpol des atomaren Magneten wird in eine Richtung gezogen, der Südpol in eine andere. Inzwischen sollten wir mit den bisher beschriebenen Vorstellungen soweit vertraut sein, um zu erkennen, daß in dieser Situation ein Drehmoment wirkt, das senkrecht jeweils zur Richtung der Eigenrotation des Teilchens, seines Winkelimpulses und seines Magnetfeldes steht. Obwohl dieses Drehmoment einen anderen Ursprung besitzt als das des Kreisels, so ist das Endergebnis dennoch dasselbe. Die Drehbewegung des Kerns präzessiert um das Magnetfeld herum. Die Geschwindigkeit dieser Präzession hängt vom Drehmoment ab, wie auch von der Stärke des Teilchenmagneten und der des einwirkenden äußeren Magnetfeldes.

Haben wir eine große Anzahl Kerne in der Stichprobe und setzen wir diese einem äußeren Magnetfeld aus, so reicht schon eine ziemlich einfache Elektronik, um die Präzessionsgeschwindigkeit des Teilchenmagneten zu messen. Diese Technik ist als paramagnetische Kernresonanz (PKR) bekanntgeworden, und für ihre Entdeckung erhielten die beiden Physiker Felix Bloch von der Stanford und Edward Mills Purcell von der Harvard University im Jahre 1952 den Nobelpreis für Physik. Diese Technik wird auf zahlreichen Gebieten eingesetzt; eines der aufregendsten und vielversprechendsten ist das der medizinischen Diagnostik.

Wir wissen, daß wir die Präzessionsgeschwindigkeit von Atomkernen in einem Magnetfeld messen können und daß verschiedene Kerne verschiedene Präzessionsgeschwindigkeiten besitzen. Kohlenstoff zum Beispiel liefert in einem PKR-Apparat einen anderen Wert als etwa Phosphor.

Ist zudem das äußere Magnetfeld in der Stichprobe nicht einheitlich, sondern variiert es von einer Stelle zur nächsten, so gibt uns der Wert nicht nur an, welche Art von Atom vorhanden ist, sondern auch die Größe des äußeren Magnetfeldes am Standort des Atoms. Dies wiederum erlaubt es uns, den Standort der Atome von den (vermutlich) bekannten Werten des äußeren Magnetfeldes abzuziehen.

PKR als Diagnoseinstrument funktioniert auf folgende Weise: ein Patient liegt in einem großen zylindrischen Hohlraum, in dem ein gutumrissenes Magnetfeld aufrechterhalten wird. Die Präzessionsgeschwindigkeiten der Atome im Körper des Patienten werden gemessen und in den Computer eingegeben, der aus dieser Information dreidimensionale Bilder der inneren Organe des Patienten aufbaut. Die erhaltenen Bilder ähneln denen, die man mit Hilfe eines computerunterstützten Axialtomographen erhält, der die Körperregionen eines Patienten mit einem Röntgenstrahl abtastet. Im Unterschied zum Tomographen entfällt bei der PKR-Untersuchung jede Strahlenbelastung. Neueste Informationen der Herstellerfirmen besagen, daß zur Zeit etwa 1000 Geräte pro Jahr in den Kliniken der Vereinigten Staaten aufgestellt werden. Es ist gut möglich, daß ein normaler Sterblicher durch ein PKR-Gerät zum erstenmal Bekanntschaft mit der Wirkung der Kernresonanz macht.

Ganz anders als bei der PKR, die einen eindeutigen praktischen und wirtschaftlichen Wert besitzt, tritt die Präzession in der Wissenschaft in einem der abstrakteren Gebiete der Grundlagenforschung auf, und zwar in der allgemeinen Relativitätstheorie. Die ursprüngliche Theorie der allgemeinen Relativität hat Albert Einstein im Jahr 1915 entwickelt. Vier Jahre später verifizierte Arthur (später Sir Arthur) Eddington eine der Voraussagen dieser Theorie, und zwar daß der Lichtweg entfernter Sterne gebeugt wird, sobald er sich der Sonne nähert. In der Geschichte der Wissenschaften ist es nur äußerst selten vorgekommen, daß eine Theorie nach einer Überprüfung im Einzelfall fast sofort akzeptiert worden ist, ohne daß sie den bei neuen Theorien üblicherweise geforderten rigorosen Überprüfungen durch das Experiment unterzogen wurde. Der Grund dafür, so nehme ich an, liegt in der Schönheit und Eleganz dieser Theorie, so daß ein Wissenschaftler in seiner ersten Reaktion darauf unweigerlich annimmt, eine solche Theorie *müsse* einfach richtig sein.

Da Wissenschaftler angesichts einer schwachen experimentellen Untermauerung der allgemeinen Relativitätstheorie dennoch ein schlechtes Gefühl haben, kann ein jeder, der auf eine neue Möglichkeit zur Überprüfung dieser Theorie gestoßen ist, in der

Fachwelt mit einem großen Interesse rechnen. Der verstorbene Leonard Schiff von der Stanford University stellte in den frühen sechziger Jahren fest, daß die allgemeine Relativitätstheorie eine ziemlich bemerkenswerte Voraussage über das Verhalten rotierender Körper machte, die sich auf einer Erdumlaufbahn befinden. Dieser Theorie zufolge müßte auf einen solchen Körper ein kleines Drehmoment einwirken – ein Drehmoment, das von keiner anderen Theorie vorausgesagt wird. Dieses Drehmoment besitzt die Eigenschaft, daß es rechtwinklig zum Winkelimpuls des rotierenden Körpers steht, was – soviel wir wissen – eine Präzession der Drehachse nach sich zieht.

Diese Präzession ist nicht sehr beachtlich – ein rotierender Körper von der Größe eines Tischtennisballs würde 180000 Jahre brauchen, damit seine Achse eine volle Umdrehung vollzieht. Allein das Aufspüren einer solch kleinen Bewegung per Fernsteuerung ist bereits – gelinde gesagt – eine bedeutende technische Meisterleistung. Dennoch begann Francis Everitt in den späten sechziger Jahren in Stanford mit den Vorbereitungsarbeiten für die Durchführung eines Experiments, und wenn alles nach Plan verläuft, wird die NASA den von ihm entworfenen Apparat in den frühen neunziger Jahren auf eine Umlaufbahn bringen. Die Entwicklungszeit von mehr als zwanzig Jahren vermittelt eine Vorstellung von den mit dem Werk verbundenen technischen Schwierigkeiten.

Das Experiment besteht darin, vier Kugeln aus Quarz, die bis auf wenige Grad auf den absoluten Nullpunkt der Temperatur (−273,15° C) abgekühlt worden sind, auf eine Umlaufbahn zu bringen. Dort werden die Kugeln mit Hilfe kleiner Ströme Heliums auf deren Oberfläche in Drehung versetzt, und während sie sich im Verlauf eines Jahres frei in einem nahezu perfekten Vakuum drehen, werden extrem präzise Messungen der Präzession (oder ihres Nichtvorhandenseins) vorgenommen. Dieses Experiment ist so hochempfindlich, daß selbst kleinste Unebenheiten der Quarzkugeln ohne weiteres die Wirkung kaschieren könnten, nach der die Experimentatoren suchen. Daher mußte die Stanford-Gruppe danach trachten, das herzustellen, was Everitt den «rundesten» Körper der Welt zu nennen pflegt – eine Kugel von der Größe eines Tischtennisballs, die so gleichförmig ist, daß ihr höchster Berg nur etwa einen Meter hoch wäre, wenn man sie auf die Größe der Erdkugel aufblasen würde. Falls es ihnen gelingt, die vorausgesagte Präzession nachzuweisen, so wäre die Theorie durch ein wichtiges Experiment erneut untermauert worden. Falls nicht, dann ist die Jagd nach einer neuen Theorie eröffnet, die die allgemeine Relativitätstheorie ersetzen könnte.

Unsere Überlegungen zu den hüpfenden Steinen haben uns weit davon weggeführt. Es steht fest, daß Physiker eine ganze Menge von Winkelimpulsen und Präzessionsbewegungen verstehen, so daß die Erklärung dafür, daß wir immer noch nicht vollständig das Verhalten der hüpfenden Steine verstehen, der Tatsache zuzuschreiben ist, daß dieses Problem nicht als furchtbar wichtig angesehen wird. Eines Tages, so nehme ich an, kommt jemand, der über viel Zeit verfügt, nimmt sich dieser Frage an und löst sie. Ich kann nur sagen, daß ich es nicht sein werde. Mir ist es lieber, die hüpfenden Steine bleiben ein bescheidenes Geheimnis der Wissenschaft, wenigstens so lange, bis ich Gelegenheit hatte, meinen beiden Töchtern mein Geschick und meine Erfahrung auf diesem Gebiet zu vermitteln.

Register

C

D

E

G

H

I

J

K

L

W

Z

Suche nach der Dunklen Materie

James Trefil

Fünf Gründe, warum es die Welt nicht geben kann

Die Astrophysik der Dunklen Materie

«Stellen Sie sich bitte vor, wie Sie Ihren Sessel verlassen und mit mir zu den äußeren Grenzen menschlicher Erkenntnis und Vorstellungskraft reisen. Unser Ziel ist nichts Geringeres als das Wissen um Ursprung, Struktur und Schicksal des Universums.» Der Physikprofessor James Trefil führt das wohl bedeutendste Forschungsprojekt der modernen Astrophysik: die Suche nach der geheimnisvollen Dunklen Materie, die mehr als 90 Prozent des Alls ausmacht. Spannend und in witziger, bildhafter Sprache hält James Trefil den Leser genauso in Atem wie Stephen Hawkings Bestseller «Eine kurze Geschichte der Zeit».

«James Trefil beschäftigt sich mit den allerneuesten Theorien, die heute in der Fachwelt über die Entstehung unseres Universums diskutiert werden. Das tut er außerordentlich amüsant und locker. Ich kenne nur ganz wenige Bücher, die eine derart komplizierte Materie in einer so verständlichen, witzigen und lesbaren Art beschreiben.»

Reinhard Krol, Süddeutscher Rundfunk

Deutsch von Hubert Mania. 256 Seiten inkl. Abb. Geb.

John David Morley
Grammatik des Lächelns
Japanische Innenansichten

Japan John David Morley enträtselt Japans Lächeln. Er taucht ein in die widersprüchliche und faszinierende japanische Gesellschaft und findet ein Japan fern von Sony und Toyota, frei von Leistungsstreß und westlicher Kultur. Eine Prosa, die mit Charme und Humor gefangennimmt.

Deutsch von Peter Weber-Schäfer. 352 Seiten. Geb.

Amos Elon
Jerusalem
Innenansichten einer Spiegelstadt

Jerusalem Der israelische Schriftsteller und Journalist Amos Elon hat mit diesem Buch ein Porträt Jerusalems gezeichnet. Juden, Moslems und Christen beanspruchen sie gleichermaßen als ihre Heilige Stadt. Die Konflikte und Widersprüche, die sich aus der Wahrung der verschiedenen Traditionen einerseits und den Ansprüchen der Moderne andererseits ergeben, lassen Jerusalem nicht zur Ruhe kommen.

Deutsch von Irene Rumler. 400 Seiten. Geb.

Howard Jacobson
Im Herzen der Sehnsucht
Australische Innenansichten

Australien – roter Kontinent, Traumland für Weltenbummler, das heute noch von seinen Mythen lebt. Howard Jacobson ist aufgebrochen und hat sich mit wachen Sinnen den Schrecken und Verheißungen dieses Erdteils hingegeben.

Deutsch von Walle Bengs, ca. 400 Seiten. Geb.